全国高等职业教育资源开发类专业“十三五”规划教材
高等职业教育应用型人才培养规划教材

矿井通风与安全

主　编　田俊峰
副主编　元永国　貟少强
　　　　董付科　王会琼
主　审　李永怀

黄河水利出版社
·郑州·

内 容 提 要

本书是全国高等职业教育资源开发类专业“十三五”规划教材之一。全书共11个项目，包括矿井空气成分、矿井通风压力、矿井通风阻力、矿井通风动力、矿井通风系统、矿井风量分配与调节、通风管理的内容与标准、矿井瓦斯、矿井火灾防治、矿井水灾防治及矿尘。

本书可作为高职高专矿山地质、矿山安全工程、矿山测量专业教材使用，还可供从事矿山地质工作、矿山测量工作、矿山监督和矿山管理工作的技术人员参考使用。

图书在版编目(CIP)数据

矿井通风与安全/田俊峰主编．—郑州：黄河水利出版社，2016.1

全国高等职业教育资源开发类专业“十三五”规划教材

高等职业教育应用型人才培养规划教材

ISBN 978－7－5509－1276－2

Ⅰ.①矿… Ⅱ.①田… Ⅲ.①矿山通风－高等职业教育－教材②矿山安全－高等职业教育－教材 Ⅳ.①TD7

中国版本图书馆CIP数据核字(2015)第265030号

出 版 社：黄河水利出版社

地址：河南省郑州市顺河路黄委会综合楼14层　　邮政编码：450003

发行单位：黄河水利出版社

发行部电话：0371－66026940、66020550、66028024、66022620(传真)

E-mail：hhslcbs@126.com

承印单位：河南承创印务有限公司

开本：787 mm×1 092 mm　1/16

印张：13.5

字数：310千字　　印数：1—3 000

版次：2016年1月第1版　　印次：2016年1月第1次印刷

定价：29.00元

全国高等职业教育资源开发类专业“十三五”规划教材
高等职业教育应用型人才培养规划教材

参 与 院 校

（排名不分先后）

辽宁地质工程职业学院
江西应用技术职业学院
湖南工程职业技术学院
重庆工程职业技术学院
湖北国土资源职业学院
福建水利电力职业技术学院
河北工程技术高等专科学校
湖南安全技术职业学院
黄河水利职业技术学院
广东水利电力职业技术学院
河南工业和信息化职业学院
辽源职业技术学院
长江工程职业技术学院
内蒙古工程学校
陕西能源职业技术学院
石家庄经济学院
山西水利职业技术学院
郑州工业贸易学校
山西工程技术学院
安徽矿业职业技术学院
云南国土资源职业学院
兰州资源环境职业技术学院
甘肃工业职业技术学院
昆明冶金高等专科学校
河北地质职工大学
安徽工业经济职业技术学院
湖北水利水电职业技术学院
湖南有色金属职业技术学院
晋城职业技术学院
杨凌职业技术学院
河南建筑职业技术学院
江苏省南京工程高等职业学校
安徽水利水电职业技术学院
山西煤炭职业技术学院
昆明理工大学
河南水利与环境职业学院
云南能源职业技术学院
河南工程学院
吉林大学应用技术学院

出版说明

为更好地贯彻执行教育部《关于加强高职高专教育人才培养工作的意见》，切实做好高职高专教育教材的建设规划，我社以探索出版内容丰富实用、形式新颖活泼、符合高职高专教学特色的专业教材为己任，在充分吸收既有教材建设成果的基础上，通过大胆改革、积极创新，出版了一批特色鲜明的高职高专教材，得到了广大使用院校的一致好评。我们在走访高校过程中发现，有不少教师反映资源开发类专业教材相对缺乏，应广大师生要求，我社于2012年开始着手该系列教材的前期调研工作。在这个过程中，我们深入走访全国50多座城市的近百所开设相关专业的高职院校，与近百位一线任课教师进行交谈，获得了大量的第一手资料，并最终确定了第一批拟编写的教材名称。当我们发出教材编写邀请函之后，得到了相关院校的积极响应，共有200多位老师提交了编写意愿。介于首批拟编写教材数量所限，此次我们只能邀请部分教师参与。在此，特向所有提交编写意愿的老师们表示深深的感谢，希望您们继续关心和支持我们的工作，争取在下一批教材出版中，能把更多专家和老师纳入我们的编写队伍中来。

经过前期的充分调研，2014年7月，我社组织召开了全国高等职业教育资源开发类与基础工程技术专业“十三五”规划教材大纲研讨会，共有30多所高职高专院校老师及相关专家100余人参加会议。为确保教材的编写质量，参会老师分组对每种教材的编写大纲逐一进行了充分的研讨，有些讨论甚至持续到深夜还在进行，这种敬业精神深深地激励着我们，也为教材的高质量出版提供了保障。

本套教材适合高、中等职业教育资源开发类专业教学使用。在形式上，采用项目化教学模式组织编写，突出实用性与新颖性。在内容上，尤其注重将新技术及新方法融入其中，使学生在课堂上就能接触到较前沿的信息，在保证学习理论知识的同时，提高实际动手能力和操作技能。

本套教材的出版，得到了很多相关院校领导及专家的支持和帮助。为确保教材的编写质量，成立了由相关院校校级领导任主任委员的编审委员会。得益于各位委员大力支持，以及各位审稿专家不辞辛劳、认真细致的审稿，本教材才得以顺利出版。在此，我们再次向所有给予我们指导和帮助的各位领导和专家表示感谢！

尽管我们付出了百分之百的努力，但受条件所限，教材在编写及出版过程中难免还会存在一些问题和不足，恳请广大读者批评指正，以便教材再版时完善。

本套教材均附带教学课件，任课老师如有需要，请联系黄河水利出版社陶金志（电话:0371－66025273；邮箱:838739632@qq.com）。本套教材建有学术交流群，内有相关资料及信息以供分享，欢迎各位老师积极加入，QQ 交流群号:8690768。

黄河水利出版社

2015 年 10 月

前 言

采矿工业是生产原材料的基础工业，在国民经济发展中占有重要的地位。矿产资源的开采与利用支撑着国民经济的快速发展，随着矿产开采的深度和强度不断增加，工作环境相对恶劣，保证狭小作业空间的空气质量至关重要，这也是保证矿山从业人员安全和生产正常进行的前提条件。因此，在了解和掌握矿井通风的基础知识和理论的同时，应不断加强矿井通风管理，依据风流在矿井内的运动规律，通过机械通风等方式，不断向矿井内提供新鲜空气，稀释并排出矿内有毒有害物质，为从业人员创造良好的环境，防止灾害事故的发生，实现矿业的可持续发展。

为实现高职高专培养应用型人才的办学理念和高职高专人才培养目标，以培养复合型采矿工程人才为出发点，本教材采用项目教学的教材体例模式组织编写。本书在编写过程中，除参考新规程、新规范、新标准外，还吸收了新理论、新技术及新方法，以保证先进性、科学性和系统性。

本书共有 11 章，具体分工如下：项目一、项目二、项目三、项目七、项目十、项目十一由甘肃工业职业技术学院田俊峰编写；项目四由辽源职业技术学院元永国编写；项目五由云南能源职业技术学院王会琼编写；项目六由河北地质职工大学董付科编写；项目八由陕西能源职业技术学院負少强编写；项目九由陕西能源职业技术学院宝银昙编写。本书由田俊峰担任主编，并对全书进行了统稿；由元永国、負少强、董付科、王会琼担任副主编；由陕西能源职业技术学院李永怀担任主审。

本书编写过程中，参考了其他教材的优点，参阅了国内外近年来发表的科技文献，在此特向各位作者表示感谢，同时对本书编写过程中给予大力支持的院校和煤矿企业表示衷心的感谢！

由于编者水平有限，加上时间仓促，书中的疏漏和不妥之处在所难免，恳请读者批评指正。

编 者

2015 年 10 月

目 录

项目一　矿井空气成分

在矿井生产过程中，必须将地面空气源源不断地输送到井下各个作业地点，供给人员呼吸，并稀释和排除井下各种有毒、有害气体和粉尘，创造良好的工作环境，保障井下作业人员的身体健康和安全生产。这种向矿井连续输送新鲜空气，供给人员呼吸，稀释并排除有害气体主粉尘，改善井下气候条件的作业称为矿井通风。矿井通风是保障矿井安全的最主要技术手段之一，其首要任务就是要保证矿井空气的质量符合要求。

为此，本项目将重点阐述矿井空气的主要成分，井下常见的有害气体，空气成分和有害气体的安全浓度标准及测定方法，矿井的气候条件，风速、风量测定等主要内容，为进一步学习矿井通风理论奠定基础。

单元一　矿井有害气体的检测与防治

【学习目标】

1. 了解矿井空气成分及其主要性质和对人体的影响。
2. 掌握井下主要有害气体的性质、来源、危害。
3. 能使用仪器检测矿井中有毒有害气体的浓度。
4. 能根据有害气体的危害程度，编制防治措施。

【导入】

矿井中的有毒、有害气体对人体健康和安全生产危害极大，因此必须经常检测，以便及时发现问题并进行处理。要完成该任务，必须知道矿井空气的主要成分和常见的有害气体，掌握常用气体检测仪器的操作使用方法，熟悉矿井空气的检测方法、步骤等知识。

【正文】

一、矿井内空气的主要成分

矿井内的空气来源于地面空气。地面空气主要由氧气（O_2）、氮气（N_2）和二氧化碳（CO_2）组成。这些气体在空气中所占比例如表 1-1 所示。

所谓矿井空气，是指来自地面的新鲜空气和井下产生的有害气体及粉尘的混合体。地面空气进入矿井以后，由于受到污染，其成分和性质要发生一系列的变化，如氧气含量降低，二氧化碳含量增加；混入各种有毒、有害气体和粉尘；空气的状态参数（温度、湿度、压力等）发生改变。通常将井巷中用风地点以前、受污染程度较轻的进风巷道内的空气称为新鲜空气；将用风地点以后、受污染程度较重的回风巷道内的空气称为污浊空气。

表 1-1　干空气主要成分

气体成分	按体积计(%)	按质量计(%)	备注
氧气(O_2)	20.96	23.23	稀有气体氦、氖、氩、氪、氙等计在氮气中
氮气(N_2)	79.00	76.71	
二氧化碳(CO_2)	0.04	0.06	

尽管矿井空气与地面空气相比,在性质上存在许多差异,但在新鲜空气中其主要成分仍然是氧气、氮气和二氧化碳。

(一)氧气(O_2)

氧气是维持人体正常生理机能所需要的气体,相对密度为1.1。人类在生命活动过程中,必须不断吸入氧气,呼出二氧化碳。人体维持正常生命过程所需的氧气量,取决于人的体质、精神状态和劳动强度等。一般情况下,人体需氧量与劳动强度的关系见表1-2。

表 1-2　人体需氧量与劳动强度的关系

劳动强度	呼吸空气量(L/min)	氧气消耗量(L/min)
休息	6~15	0.2~0.4
轻劳动	20~25	0.6~1.0
中度劳动	30~40	1.2~1.6
重劳动	40~60	1.8~2.4
极重劳动	60~80	2.5~3.0

当空气中的氧浓度降低时,人体就可能产生不良的生理反应,出现种种不舒适的症状,严重时可能导致缺氧死亡。人体缺氧症状与空气中氧浓度的关系见表1-3。

表 1-3　人体缺氧症状与空气中氧浓度的关系

氧浓度(体积)(%)	主要症状
17	静止时无影响,工作时会引起喘息和呼吸困难
15	呼吸及心跳急促,耳鸣目眩,感觉和判断能力降低,失去劳动能力
10~12	失去理智,时间稍长有生命危险
6~9	失去知觉,呼吸停止,如不及时抢救,几分钟内可能导致死亡

(二)二氧化碳(CO_2)

二氧化碳是一种无色、略带酸臭味、略带毒性、易溶于水的气体,比空气重,相对密度为1.52,不助燃也不能供人呼吸。

在新鲜空气中含有微量的二氧化碳对人体是无害的。二氧化碳对人体的呼吸中枢神经有刺激作用，如果空气中完全不含有二氧化碳，人体的正常呼吸机能就不能维持，所以在抢救遇难者进行人工输氧时，往往要在氧气中加入5%的二氧化碳，以刺激遇难者的呼吸机能。但当空气中二氧化碳的含量过高时，也可使空气中的氧浓度相对降低，轻则使人呼吸加快，呼吸量增加，严重时也可能造成人员中毒或窒息。二氧化碳中毒症状与浓度的关系见表1-4。

表1-4 二氧化碳中毒症状与浓度的关系

二氧化碳浓度(体积)(%)	主要症状
1	呼吸急促，心跳加快，头痛，人体很快疲劳
3	呼吸加深，但对工作效率无明显影响
5	呼吸困难，头痛，恶心，呕吐，耳鸣
6	严重喘息，极度虚弱无力
7～9	动作不协调，大约10 min内可发生昏迷
9～11	几分钟内可导致死亡

(三)氮气(N_2)

氮气是一种无色、无味、无臭、无毒、不助燃、难溶于水的惰性气体，略轻于空气，相对密度为0.97，不能供人呼吸。但空气中含氮量升高，则势必造成含氧量相对降低，从而可能造成人员的窒息性伤害。正因为氮气具有惰性，因此可将其用于井下防灭火和防止瓦斯爆炸。

二、矿井内空气中常见的有害气体

矿井空气中常见的对安全生产威胁最大的有害气体主要有一氧化碳(CO)、硫化氢(H_2S)、二氧化硫(SO_2)、氨气(NH_3)、氢气(H_2)、甲烷(CH_4)等。

(一)一氧化碳(CO)

一氧化碳是一种无色、无味、无臭的气体，对空气的相对密度为0.97，微溶于水，能与空气均匀地混合。一氧化碳能燃烧，当空气中一氧化碳浓度达到13%～75%时，遇火源有爆炸的危险；当浓度达到30%时，爆炸最为强烈。

一氧化碳有剧毒。人体血液中的血红素与一氧化碳的亲和力比它与氧气的亲和力大250～300倍(血红素是人体血液中携带氧气和排出二氧化碳的细胞)，因此当人体吸入含有一氧化碳的空气时，一氧化碳首先与血红素相结合，阻碍了其与氧气的正常结合，使血红素失去输氧的功能，从而造成人体血液“窒息”。所以，医学上又将一氧化碳称为血液窒息性气体。由于一氧化碳与血红素结合后产生鲜红色的碳氧血红素，故一氧化碳中毒最显著的特征是中毒者黏膜和皮肤均呈樱桃红色。一氧化碳的中毒程度与中毒浓度、中毒时间、呼吸频率和深度及人的体质有关。一氧化碳中毒症状与浓度的关系见表1-5。

表 1-5 一氧化碳中毒症状与浓度的关系

一氧化碳浓度(体积)(%)	主要症状
0.02	2~3 h 内可能引起轻微头痛
0.08	40 min 内出现头痛、眩晕和恶心,2 h 内发生体温和血压下降,脉搏微弱,出冷汗,可能出现昏迷
0.32	5~10 min 内出现头痛、眩晕,30 min 内可能出现昏迷并有死亡危险
1.28	几分钟内出现昏迷和死亡

(二)硫化氢(H_2S)

硫化氢是一种无色、微甜、略带臭鸡蛋味、易溶于水的气体,比空气重,相对密度为1.19,当浓度达4.3%~46%时具有爆炸性。

硫化氢有剧毒。它不但能使人体血液缺氧中毒,同时对眼睛黏膜及呼吸道具有强烈的刺激作用,能引起鼻炎、气管炎和肺水肿。当空气中的硫化氢浓度达到0.000 1%时,可闻到臭味,但当浓度较高(0.005%~0.01%)时,因嗅觉神经中毒麻痹,臭味"减弱"或"消失",反而闻不到。硫化氢中毒症状与浓度的关系见表1-6。

表 1-6 硫化氢中毒症状与浓度的关系

硫化氢浓度(体积)(%)	主要症状
0.002 5~0.003	有强烈臭鸡蛋味
0.005~0.01	1~2 h 内眼及呼吸道有刺激感,臭味"减弱"或"消失"
0.015~0.02	出现恶心、呕吐、头晕、四肢无力、反应迟钝现象,眼睛及呼吸道有强烈刺激感
0.035~0.045	0.5~1 h 内严重中毒,可发生肺炎、支气管炎及肺水肿,有死亡危险
0.06~0.07	很快昏迷,短时间内死亡

(三)二氧化硫(SO_2)

二氧化硫是一种无色、有强烈硫黄气味及酸味的气体,当空气中二氧化硫浓度达到0.000 5%时即可嗅到刺激性气味。它易溶于水,比空气重,相对密度为2.2,是井下有害气体中密度最大的,易积聚在井下巷道的底部。

二氧化硫有剧毒。空气中的二氧化硫遇水后生成硫酸,对眼睛有刺激作用,矿工们将其称为"瞎眼气体"。此外,二氧化硫也能对呼吸道的黏膜产生强烈的刺激作用,引起喉炎和肺水肿。二氧化硫中毒症状与浓度的关系见表1-7。

表 1-7 二氧化硫中毒症状与浓度的关系

二氧化硫浓度(体积)(%)	主 要 症 状
0.000 5	嗅到刺激性气体
0.002	头痛,眼睛红肿,流泪,喉痛
0.05	引起急性支气管炎和肺水肿,短时间内有生命危险

(四)二氧化氮(NO_2)

二氧化氮是一种红褐色、有强烈刺激性气味、易溶于水的气体,比空气重,相对密度为1.57。

二氧化氮是井下毒性最强的有害气体,它遇水后生成硝酸,对眼睛、呼吸道黏膜和肺部组织有强烈的刺激及腐蚀作用,严重时可引起肺水肿。二氧化氮中毒具有潜伏期,容易被人忽视,中毒初期仅是眼睛和喉咙有轻微的刺激症状,常不被注意,有的在严重中毒时尚无明显感觉,还可坚持工作,经过6~24 h后才出现中毒征兆,主要特征是手指尖及皮肤出现黄色斑点,头发发黄,吐黄色痰液,发生肺水肿,引起呕吐甚至死亡。二氧化氮中毒症状与浓度的关系见表1-8。

表1-8　二氧化氮中毒症状与浓度的关系

二氧化氮浓度(体积)(%)	主要症状
0.004	2~4 h内可出现咳嗽症状
0.006	短时间内感到喉咙刺激,咳嗽,胸痛
0.01	短时间内出现严重中毒症状,神经麻痹,严重咳嗽,恶心,呕吐
0.025 2~4	短时间内可能出现死亡

(五)氨气(NH_3)

氨气是一种无色、有浓烈臭味的气体,对空气的相对密度为0.6。空气中的氨气浓度达到30%时遇火有爆炸危险。

氨气有剧毒。它对皮肤和呼吸道黏膜有刺激作用,可引起喉头水肿,严重时失去知觉,以致死亡。

(六)氢气(H_2)

氢气是一种无色、无味、无毒的气体,比空气轻,相对密度为0.07,是井下最轻的有害气体。空气中氢气浓度达到4%~74%时具有爆炸危险。

(七)甲烷(CH_4)

甲烷由煤层中涌出,煤矿中又称之为瓦斯,是煤层的伴生气体,是对煤矿安全危害最为严重的有害气体。

甲烷是一种无色、无味、无毒的气体,相对空气的密度为0.554,在空气中具有较强的扩散性。瓦斯是一种可燃性气体,热值为3.7×10^{13} J/m^3,是天然气和煤层气的主要成分。甲烷的化学性质不活泼,通常情况下不与其他物质发生反应,在具备一定的浓度和点火条件下,能够在空气中燃烧爆炸。

三、矿井空气成分的质量浓度标准

由于矿井空气质量对人员健康和矿井安全有着重要的影响,所以《煤矿安全规程》(又称《安全规程》)对其标准浓度作了明确规定。

(一)矿井空气主要成分的质量(浓度)标准

(1)采掘工作面的进风流中,氧气浓度不低于20%,二氧化碳浓度不超过0.5%。

(2)矿井总回风巷或一翼回风巷风流中,二氧化碳浓度超过0.75%时,必须立即查明原因,进行处理。

(3)采区回风巷、采掘工作面回风巷风流中二氧化碳浓度超过1.5%时,采掘工作面风流中二氧化碳浓度达到1.5%时,都必须停止工作,撤出人员,采取措施,进行处理。

此外,《安全规程》对临时停工地点、停风区内的二氧化碳浓度及相应措施也都有明确的要求。

(二)有害气体的浓度

矿井有害气体的浓度不超过表1-9规定。

表1-9　矿井有害气体的最高允许浓度

有害气体名称	符号	最高允许浓度(%)
一氧化碳	CO	0.002 4
氧化氮(换算成二氧化氮)	NO_2	0.000 25
二氧化硫	SO_2	0.000 5
硫化氢	H_2S	0.000 66
氨	NH_3	0.004

采掘工作面的进风流中瓦斯浓度不得超过0.5%;采区回风巷、采掘工作面回风巷风流中瓦斯浓度不得超过1.0%;矿内总回风巷或一翼回风巷中瓦斯浓度不得超过0.75%。

井下充电室风流中以及局部积聚处的氢气浓度不得超过0.5%。

单元二　矿井气候条件的测定

【学习目标】

1. 了解矿井气候条件对人体的影响。
2. 能概述矿井空气温度、湿度、风速的概念、影响因素和变化规律。
3. 能正确使用仪器测定矿井空气的温度、相对湿度。
4. 能根据矿井温度的高低,提出改善气候条件的措施和方法。

【导入】

矿井气候条件直接影响着井下工作人员的身体健康和劳动生产率的提高。为保证良好的矿井气候条件,必须使矿井气候条件的几个参数符合《安全规程》规定。因此,必须准确测定矿井空气的温度、相对湿度、风速等。

【正文】

矿井气候是指矿井空气温度、湿度、大气压力和风速等反映的综合状态。这几个参数的不同组合,便构成了不同的矿井气候条件。为保持工人在生产过程中产生的热量与散发热量的平衡,就必须创造适宜的井下气候条件。

一、矿井气候对人体热平衡的影响

新陈代谢是人类生命活动的基本过程之一。人从食物中摄取营养,在体内进行缓慢氧化而生成热量,其中一部分用来维持人体自身的生理机能活动以及满足对外做功的需要,其余部分必须通过散热的方式排出体外,才能保持人体正常的生理机能。

人体散热主要是通过人体皮肤表面与外界的对流、辐射和汗液蒸发这三种基本形式进行的。对流散热取决于周围空气的温度和流速;辐射散热主要取决于环境温度;蒸发散热取决于周围空气的相对湿度和流速。在正常情况下,人体依靠自身的调节机能使产热量和散热量之间保持动平衡,体温维持在36.5~37 ℃。人体的这种热平衡关系可表示如下:

$$q_m - q_w = q_d + q_z + q_f + q_{ch} \tag{1-1}$$

式中 q_m——人体在新陈代谢过程中产生的热量,取决于人体活动量的大小;

q_w——人体用于做功而消耗的热量;

$q_m - q_w$——必须从体内排出的多余热量,因人体的活动强度不同而异;

q_d——人体对流散热量,当空气温度低于人体表面温度时,q_d 为正,反之为负;

q_z——汗液蒸发和呼出水蒸气所带出的热量;

q_f——人体与周围物体表面间的辐射散热量,q_f 可能为正,也可能为负;

q_{ch}——由热量转化而来没有排出体外的能量。

当人体处于热平衡状态时,$q_{ch}=0$,这时人体因保持了热平衡而感到舒适;当受外界环境影响,人体的这种热平衡遭到破坏时,人体的体温会升高($q_{ch}>0$)或降低($q_{ch}<0$),从而产生种种不舒适的症状,严重时甚至可能导致疾病和死亡。

因此,矿井气候条件的几个参数是影响人体热平衡的主要因素。

空气温度对人体对流散热起着主要作用。当气温低于体温时,对流辐射是人体的主要散热方式,温差越大,对流散热量越多;当气温等于体温时,对流散热完全停止,蒸发散热成了人体的主要散热方式;当气温高于体温时,人体不仅不能依靠对流散热,反而要从外界吸热,这时蒸发散热几乎成为人体唯一的散热方式。

相对湿度影响人体蒸发散热的效果。随着气温的升高,蒸发散热的作用越来越强。当气温较高时,人体主要依靠蒸发散热来维持人体热平衡。此时,若相对湿度较大,汗液就难以蒸发,不能起到蒸发散热的作用(因为只有在汗液蒸发过程中才能带走较多的热量)。当气温较低时,若相对湿度较大,又由于空气潮湿增强了导热,会加剧空气对人体的冷感。

风速影响人体对流散热和蒸发散热的效果。对流散热强度随风速增大而增大。当气温低于体温时,风速越大,对流散热量也越大;当气温高于体温时,风速越大,对流得到的热量也越多。同时,湿交换效果也随风速增大而加强。

可见,矿井气候条件对人体热平衡的影响是一种综合的作用,各要素之间相互联系、相互影响。如人处在气温高、湿度大、风速小的环境中,这三者的散热效果都很差,这时由于人体散热慢,体内产热量得不到及时散发,就会使人出现体温升高、心率加快、身体不舒服,严重时可导致中暑甚至死亡。相反,如人处在气温低、湿度小、风速大的低温干燥环境中,这三者的散热效果都很强,这时由于人体散热快,就会使人体温降低,引起感冒或其他疾病。因此,调节和改善矿井气候条件是矿井通风的基本任务之一。

二、矿井空气的温度、湿度和风速

(一)矿井空气的温度

矿井空气的温度是影响矿井气候条件的主要因素之一。根据测定,最适宜的矿井空气温度为 15 ~20 ℃。

矿井空气的温度受岩层温度、地面空气温度、煤炭等有机物的氧化、水分蒸发、空气的压缩与膨胀、地下水、通风强度、人体散热、机电设备散热等多种因素的影响，有的起升温作用，有的起降温作用。在不同矿井、不同的通风地点，影响因素和影响大小也不尽相同，但总的来看，升温作用大于降温作用。因此，随着井下通风路线的延长，矿井空气温度逐渐升高。

(二)矿井空气的湿度

空气的湿度是指空气中所含的水蒸气量或潮湿程度，有绝对湿度和相对湿度两种表示方法。

1. 绝对湿度

绝对湿度是指单位体积湿空气中所含水蒸气的质量(g/m^3)，用 f 表示。

空气在某一温度下所能容纳的最大水蒸气量称为饱和水蒸气量，用 $F_{饱}$ 表示。此时的水蒸气压力称为饱和水蒸气压力或简称水蒸气压力，用 $P_{饱}$ 表示。温度越高，空气的饱和水蒸气量越大。在标准大气压下，不同温度时的饱和水蒸气量、饱和水蒸气压力见表 1-10。

表 1-10 标准大气压下不同温度时的饱和水蒸气量、饱和水蒸气压力

温度(℃)	饱和水蒸气量(g/m^3)	饱和水蒸气压力(Pa)	温度(℃)	饱和水蒸气量(g/cm^3)	饱和水蒸气压力(Pa)
-20	1.1	128	14	12.0	1 597
-15	1.6	193	15	12.8	1 704
-10	2.3	288	16	13.6	1 817
-5	3.4	422	17	14.4	1 932
0	4.9	610	18	15.3	2 065
1	5.2	655	19	16.2	2 198
2	5.6	705	20	17.2	2 331
3	6.0	757	21	18.2	2 491
4	6.4	811	22	19.3	2 638
5	6.8	870	23	20.4	2 811
6	7.3	933	24	21.6	2 984
7	7.7	998	25	22.9	3 171
8	8.3	1 068	26	24.2	3 357
9	8.8	1 143	27	25.6	3 557
10	9.4	1 227	28	27.0	3 784
11	9.9	1 311	29	28.5	4 010
12	10.0	1 412	30	30.1	4 236
13	11.3	1 496	31	31.8	4 490

2. 相对湿度

相对湿度是指空气中水蒸气的实际含量 f 与同温度下饱和水蒸气量 $F_{饱}$ 比值的百分数，用公式表示如下：

$$\phi = \frac{f}{F_{饱}} \times 100\% \tag{1-2}$$

式中　ϕ——相对湿度(%)；

f——空气中水蒸气的实际含量(绝对湿度)，g/m^3；

$F_{饱}$——同一温度下空气的饱和水蒸气量，g/m^3。

通常所说的湿度指的是相对湿度，它反映的是空气中所含水蒸气量接近饱和的程度。实践证明，对人体最适宜的空气相对湿度为50%～60%。如果空气相对湿度低于30%，水分蒸发过快，人体就会感到干燥。如果空气相对湿度达到90%～100%，水分蒸发困难，人体又会感到潮湿，如果此时气温又较高，人体就会感到湿热和不舒服，这时一般可采用提高风速的方法来增强人体的散热效果。

除温度的影响外，矿井空气的湿度还与地面空气的湿度、井下涌水量大小及井下生产用水状况等因素有关。

(三)井巷中的风速

风速是指风流的流动速度。风速过低，汗水不易蒸发，人体感到闷热，有害气体和矿尘也不能及时排散；风速过高，散热过快，易使人感冒，并造成井下落尘飞扬，对安全生产和人体健康也不利。因此，井下工作地点和通风井巷中都要有一个合理的风速范围。井下不同温度下适宜的风速范围见表1-11。《安全规程》规定的不同井巷中的允许风速标准见表1-12。

表1-11　风速与温度之间的合适关系

空气温度(℃)	<15	15～20	20～22	22～24	24～26
适宜风速(m/s)	<0.5	<1.0	>1.0	>1.5	>2.0

表1-12　不同井巷中的允许风速

井巷名称	允许风速(m/s)	
	最低	最高
无提升设备的风井和风硐		15
专为升降物料的井筒		12
风桥		10
升降物料和人员的井筒		8
主要进、回风巷		8
架线电机车	1.0	8
运输机巷、采进区、回风巷	0.25	6
采煤工作面、掘进中的煤巷和半煤岩巷	0.25	4
掘进中的岩巷	0.15	4
其他通风人行巷道	0.15	

注：1. 设有梯子间的井筒或修理中的井筒，风速不得超过8 m/s；梯子间四周经封闭后，井筒中的最高允许风速可按表中有关规定执行。

2. 无瓦斯涌出的架接线电机车巷道中的最低风速可低于1.0 m/s，但不得低于0.5 m/s。

3. 综合机械化采煤工作面，在采取煤层注水和采煤机喷雾降尘等措施后，其最大风速可高于4 m/s的规定值，但不得超过5 m/s。

4. 专用排瓦斯巷道的风速不得低于0.5 m/s，抽放瓦斯巷道的风速不应低于0.5 m/s。

三、衡量矿井气候条件的指标和安全标准

(一)衡量矿井气候条件的指标

卡他度是1916年由英国的L·希尔等提出的。卡他度用卡他计测定。卡他计是一种酒精温度计,其外形如图1-1所示。卡他计下端有一个比普通温度计大的贮液球,上端有一个小空腔,玻璃管上只有35 ℃和38 ℃两个刻度,这两个温度的平均值恰好等于人体的正常体温(36.5 ℃)。测定时,先把贮液球置于热水中加热,当酒精柱上升至小空腔的一半时取出,擦干贮液球表面水分,然后将其悬挂于待测空气中,此时由于贮液球散热,酒精柱开始下降。用秒表记下从38 ℃降到35 ℃所需时间t,即可用式(1-3)求得干卡他度$H_{干}$:

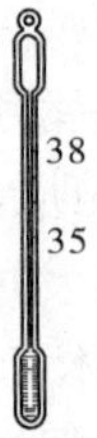

图1-1　卡他计

$$H_{干} = 41.868 \frac{F}{t} \tag{1-3}$$

式中　$H_{干}$——干卡他度,mJ/(cm^2·s);

F——卡他常数,每支卡他计玻璃管上都标有F值,mJ/cm^2;

t——温度由38 ℃降到35 ℃所需的时间,s。

干卡他度反映了气温和风速对气候条件的影响,但没有反映空气湿度的影响。为了测出温度、湿度和风速三者的综合作用效果,需要采用湿卡他度$H_{湿}$。湿卡他度是在卡他计贮液球上包裹上一层湿纱布时测得的卡他度,其实测和计算方法完全与干卡他度相同。

对于高温、高湿矿井,用湿卡他度来衡量矿井气候条件比干卡他度更合适。根据希尔的研究,不同劳动强度时较适宜的卡他度值见表1-13。

表1-13　不同劳动强度时较适宜的卡他度值

劳动强度	干卡他度(mJ/(cm^2·s))	湿卡他度(mJ/(cm^2·s))
坐或轻劳动	6	18
中等劳动	8	25
重劳动	10	30

(二)矿井气候条件的安全标准

(1)进风井口以下的空气温度必须在2 ℃以上。

(2)生产矿井采掘工作面空气温度不得超过26 ℃,机电设备硐室的空气温度不得超过30 ℃;当空气温度超过30 ℃时,必须缩短超温地点工作人员的工作时间,并给予高温保健待遇。

(3)当采掘工作面的空气温度超过30 ℃、机电设备硐室的空气温度超过34 ℃时,必须停止作业。

(4)新建、改扩建矿井设计时,必须进行矿井风温预测计算,超温地点必须有制冷降温设计,配齐降温设施。

四、矿井气候条件的改善

改善矿井气候的目的在于创造良好的劳动环境，以保障工人的生产安全和身体健康，提高劳动生产率和经济效益。由于控制矿井空气相对湿度比较困难，所以改善矿井气候主要是从调节空气温度和调整风速入手。其中，常用的调节温度的措施有以下两种。

（一）空气预热

空气预热就是使用蒸汽、水暖或其他设备，将一部分空气预热到70～80 ℃，再使其与冷空气混合，混合后的空气温度达到2 ℃以上。按冷热空气混合方式的不同，预热方式分为井筒混合式、井口房混合式、井筒和井口房混合式三种。

1. 井筒混合式

这种布置方式是将被加热的空气通过专用通风机和热风道送入井口以下2 m处，在井筒内进行热风和冷风的混合。

2. 井口房混合式

这种布置方式是将热风直接送入井口房内进行混合，使混合后的空气温度达到2 ℃以上后再进入井筒。

3. 井筒和井口房混合式

这种布置方式是前两种方式的结合，是将大部分热风送入井筒内混合送入井口房内混合，然后送入井下。

（二）降温措施

1. 通风降温

（1）增加风量。当热害不太严重时，用提高通风强度即增大风量的方法来降温是行之有效的降温措施。

（2）选择合理的通风系统。矿井通风系统或采区通风系统中应尽量缩短进风风流的路线长度，并使进风巷道位于热源温度较低的层位中，以减少风流被加热的机会；采煤工作面通风时，可选择下行通风方式，将机电设备、煤炭运输地点等选择在回风风流中，以降低这些局部热源对工作面的影响。

（3）改革采煤工作面通风方式。传统的采煤工作面通风方式为一道一出的U型通风，如果视情况改为E型、W型通风，既缩短了工作面的风路长度，又增大了风量，还能使工作面的气温降低。

2. 改革采煤方法和顶板控制

（1）与前进式采煤法相比，后退式采煤法风阻小，风量大，有利于降温。

（2）倾斜长壁式采煤法的通风路线短，风阻小，风量大，工作面入口风流温度相应较低，对改善工作面的气候有利。

（3）采用充填法管理顶板，避免或减少了全部垮落法管理顶板所造成的采空区冒落岩石的散热和采空区热风的散热，可降低工作面风流的温度。

3. 减少各种热源散热

减少煤炭在井下的暴露时间；在高温岩壁与巷道支架之间充填隔热材料；井下大型机电设备硐室设置单独的通风道；对温度较高的压气管路和排热水管用绝热材料包裹；及时

封堵或合理排除井下热水等。

4. 制冷降温

当采用通常的降温措施不能有效地解决采掘工作面等局部地点的高温问题时，就必须采用机械制冷设备强制制冷，即矿井空调技术。目前采用的机械制冷方法有三种，即地面集中制冷机制冷、井下集中制冷机制冷、井下移动冷冻机制冷。

项目小结

【技能训练】

一 矿井空气中主要有害气体浓度的测定

一、实验目的

(1)学习使用 AQY－50 型手动采样器测定 CO、CO_2 和 H_2S 含量的方法。

(2)学习使用比长式检测管测定 CO、CO_2 和 H_2S 含量的方法。

二、实验要求

(1)掌握 AQY－50 型手动采样器的构造、原理和使用方法。

(2)掌握比长式检测管测定 CO、CO_2 和 H_2S 的原理及方法。

三、实验仪器和设备

实验所用的仪器和设备见表 1-14。

表 1-14 实验所用的仪器和设备

序号	名称	型号或规格	数量(个)
1	手动采样器	AQY－50	10
2	秒表	普通	10
3	气普发生器	普通	1
4	CO 检测管	Ⅰ、Ⅱ、Ⅲ型	10
5	CO_2 检测管	Ⅰ、Ⅱ型	10
6	H_2S 检测管	Ⅰ型	10
7	长颈漏斗	普通	5
8	烧瓶	普通	5
9	烧杯	普通	10
10	广口瓶	普通	10

四、实验内容及步骤

(一)仪器构造和原理

1. 检测管的结构

检测管的结构如图 1-2 所示。它由堵塞物、活性炭、硅胶、消除剂、玻璃粉以及指示剂等组成。

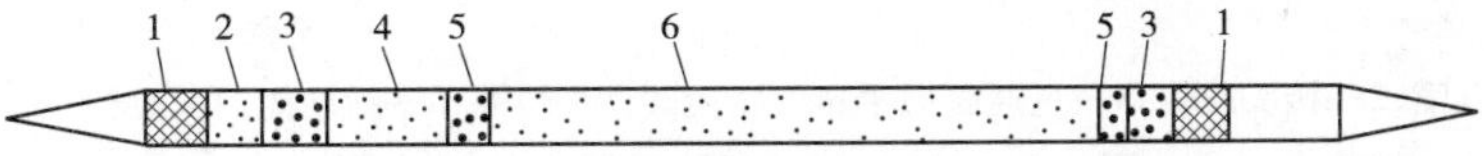

1—堵塞物;2—活性炭;3—硅胶;4—消除剂;5—玻璃粉;6—指示剂

图 1-2 检测管结构示意图

2. 检测管的工作原理

当含有被测气体的空气以一定的速度通过检测管时,被测气体与指示剂发生化学反应,根据指示剂变色的程度或变色的长度来确定其浓度,前者称为比色式,后者称为比长式。由于比色式检测管存在灵敏度低,颜色不易辨认,两个色阶代表的浓度间隔太大,成本高,定量测定准确性差等缺点,所以目前主要采用比长式检测管。比长式检测管的主要性能见表 1-15。

表 1-15 比长式检测管的主要性能

检测管名称	型号	测量范围(体积比)	最小分辨值	最小检测浓度	颜色变化	检测剂组成
CO	Ⅰ Ⅱ Ⅲ	$(5\sim50)\times10^{-6}$ $(10\sim500)\times10^{-6}$ $(100\sim5\,000)\times10^{-6}$	5×10^{-6} 20×10^{-6} 200×10^{-6}	5×10^{-6} 10×10^{-6} 100×10^{-6}	白—棕褐色	五氧化二碘、发烟硫酸、硅酸
CO_2	Ⅰ Ⅱ	0.2% ~0.3% 1% ~15%	0.2% 1%	0.1% 0.5%	蓝—白色	氢氧化钠、百里酚酞、活性氧化铝
H_2S	Ⅰ	$(3\sim100)\times10^{-6}$	5×10^{-6}	3×10^{-6}	白—棕色	醋酸铅、硅胶

测定时应注意,测定不同的气体必须使用不同的检测管,或者说必须使用与待测气体相一致的检测管,不得出差错。

(二)采样器

与比长式检测管配套使用的还有圆筒形压入式手动采样器,其主要结构如图 1-3 所示。

采样器由变换阀和活塞筒等部分组成。活塞筒用来抽取气样,变换阀可以改变气样流动方向或切断气流。当三通阀把手处于垂直位置时,活塞筒与接头胶管相通;当三通阀把手处于水平位置时,活塞筒与气嘴相通;当三通阀把手处于 45°位置时,变换阀将活塞筒与外界气体隔断。在活塞拉杆上刻有标尺,可以表示出手柄拉动到某一位置时吸入活塞筒的气样体积(mL)。

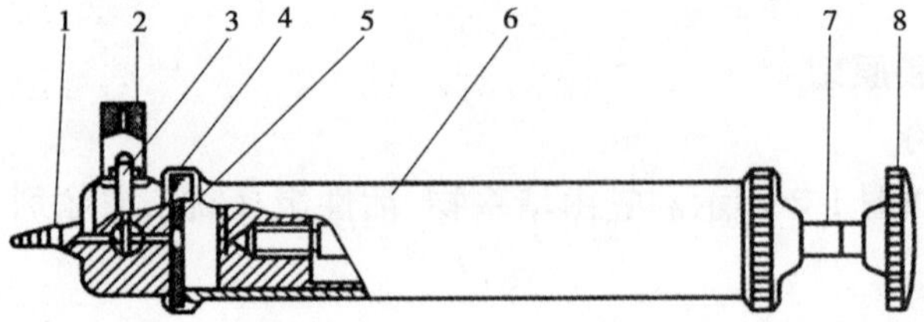

1—气嘴;2—接头胶管;3—三通阀把手;4—变换阀;5—垫圈;6—活塞筒;7—拉杆;8—手柄

图 1-3　AQY－50 型采样器结构示意图

(三)测定方法及步骤

使用 AQY－50 型手动采样器时,先将三通阀把手置于水平位置,气喷入口插入盛 CO 等被测气体的容器中,拉动活塞取样,然后将三通阀把手置于 45°位置,打开检测管,把浓度标尺“0”的一端插入采样器的接头胶管上,按规定的送气时间以均匀的速度送入检测管,之后从检测管浓度标尺上读出被测气体的浓度,填入实验报告中。

五、实验数据表格

将实验室空气中 CO、CO_2 和 H_2S 浓度填入表 1-16 中。

表 1-16　实验室空气中 CO、CO_2 和 H_2S 浓度记录表

检定气体	检测管型号	吸气装置	环境温度(℃)	吸气时间(s)	浓度读数(%)			
					第 1 次	第 2 次	第 3 次	平均浓度
CO								
CO_2								
H_2S								

六、思考题

(1)测定 CO 含量时,棕色环并没有出现,或者棕色环超过检测管最大量程,这是怎么回事?请解释。

(2)如果测量环境空气中的 CO、CO_2 或 H_2S 浓度较大或特小,如何利用比长式检测管测定其浓度?

二　矿井大气主要参数的测定

一、实验目的

(1)学习使用温度计、湿度计、气压计测量空气的湿度和密度。

(2)学习使用卡他温度计测量环境气候的卡他度和风速。

二、实验要求

(1)掌握使用湿度计、气压计、卡他温度计测量矿井大气的温度、湿度、大气压力、风速及卡他度的方法。

(2)掌握测算矿井空气密度的方法,会用卡他度值计算空气的平均风速。

三、实验仪器和设备

实验所用的仪器和设备见表1-17。

表1-17 实验所用的仪器和设备

序号	名称	型号或规格	数量
1	温度计	普通	7
2	水银大气压力计	DYM	1
3	空盒气压计	DYM－3	6
4	数字式气压计	WFQ－2	1
5	手摇湿度计	DHM_{1-1}	7
6	风扇式湿度计	DHM_2	7
7	卡他温度计		7
8	秒表	普通	7

四、实验内容及步骤

(一)空气温度的测定

使用普通温度计或湿度计中的干温度计测定空气湿度,然后换算成绝对温度,记入实验报告中。

(二)大气压力的测定

1. 使用水银气压计测定大气压

水银气压计是一种固定式气压计,一般用于井上下固定机房或井下和室内测大气压力,有动槽式和定槽式两种。其原理相同,都是一端封闭的玻璃管内装水银,先将装满水银的玻璃管放正,然后倒送入水银槽内,使封闭端成为绝对真空。图1-4所示为动槽式水银气压计结构。

测定时,转动底部调节螺丝,使槽内水银液面正好与象牙指针触及,然后转动中部螺丝,使游标的切口与水银顶面相切,由刻度尺和游标尺读出大气压的读数值。因为刻度尺是金属的,热胀冷缩,所以要进行读值的校正。校正方法是:从水银柱上的温度计读出测定时的温度,从表1-18中查出温度校正值 $P_{校}$,则实际的大气压值 P 为

$$P = P_{读} + P_{校} \tag{1-4}$$

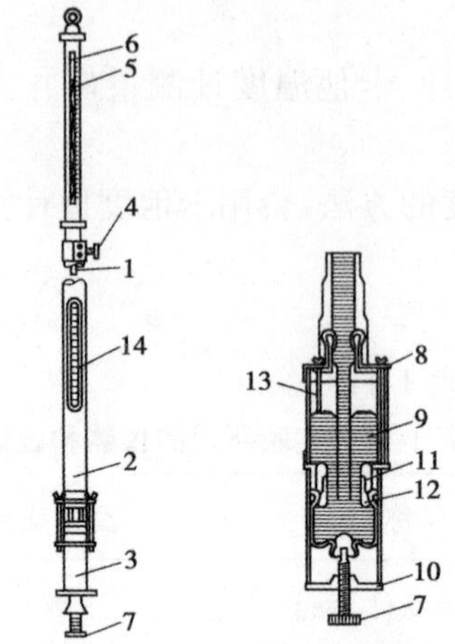

(a) 气压计　(b) 水银杯

1—水银柱玻璃管;2—保护钢管;3—水银杯;4—调游标旋钮;5—游标尺;6—观测孔;7—调水银面旋钮;
8—铜盖;9—玻璃筒;10—保护铜管的底部;11、12—水银内杯;13—象牙指针;14—温度计

图 1-4　动槽式水银气压计结构

定槽式水银气压计的下部水银槽是固定不动的,除不必调节槽内液面高低外,其余使用方法和动槽式水银气压计相同。

表 1-18　水银气压计温度校正($P_{校}$)

温度(℃)	水银气压计读值 $P_{读}$(mmHg)				
	740	750	760	770	780
10	-1.21	-1.22	-1.24	-1.26	-1.27
15	-1.81	-1.83	-1.86	-1.89	-1.91
20	-2.41	-2.44	-2.48	-2.51	-2.54
25	-3.01	-3.05	-3.09	-3.13	-3.17
30	-3.61	-3.66	-3.71	-3.75	-3.80

注:1 mmHg = 133.322 Pa。

2.使用空盒气压计测定大气压

1)测压原理

空盒气压计的外形和构造原理如图 1-5 所示。其原理是以随大气压力变化而产生轴向移动的真空膜盒为感应元件,通过拉杆和传动机构带动指针,指示出当时某测点的绝对静压值。当大气压力增加时,膜盒被压缩,通过传动机构使指针沿顺时针方向偏转一定角度;当大气压力减小时,膜盒就膨胀,通过传动机构使指针沿逆时针方向偏转一定角度。根据指针在刻度盘上的位置,便可直接读出压力值。

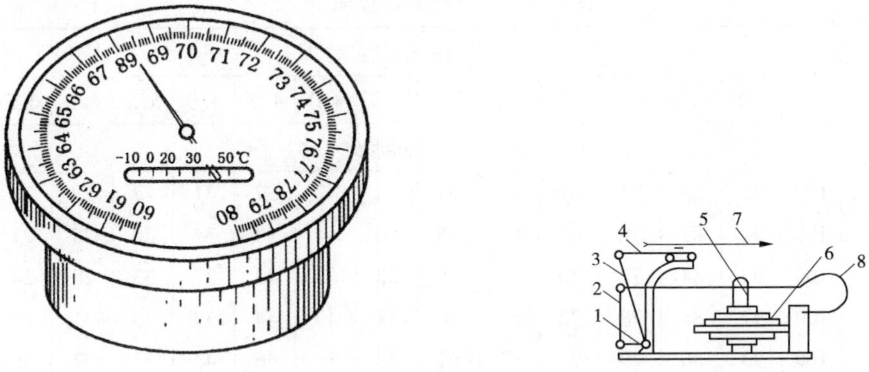

1～4—传动机构;5—拉杆;6—真空膜盒;7—指针;8—弹簧

(a)外形示意图　　(b)构造原理示意图

图 1-5　空盒气压计

空盒气压计一般用于测量绝对压力。测量绝对静压时,将空盒气压计水平放置于测点,待指针变化稳定后,即可从刻度盘上直接读出静压显示值,然后根据测点温度和仪器($P_{静}$)。

2)操作步骤

(1)将空盒气压计放到测定地点,水平放置。

(2)用手指轻轻敲击盆面数次,消除指针的蠕动现象。

(3)等待几分钟后再读数。

(4)读值应根据仪器附带的说明书进行刻度、温度和补充校正。

(5)校正后的值即是所测的当时当地大气压力。

3.使用数字式气压计测定大气压力

数字式气压计具有体积小、质量轻、测量参数多、数据准确、读数简便、使用寿命长等特点,目前,在实验室、煤矿井下测量大气压力多用数字式气压计。使用时,只要按一下"总清"键,液晶显示屏就会显示当时当地大气压力值。将所得数值换算成 kPa 记入实验报告中。

(三)空气湿度的测定

矿井大气的相对湿度一般用手摇湿度计或风扇湿度计测定。它们的结构不同,但原理相同,都是由干温度计和湿温度计(水银球部包以湿纱布)组成的。前者用手摇,后者有带发条转动的小风扇。用前者测量时,以 120 转/min 的速度旋转 60 s,使湿温度计外包的湿纱布水分蒸发,吸收热量,湿温度计的指示值下降,分别读出两温度计上的干温度值和湿温度值,查表可得到相对湿度值 ϕ。用后者测量时,首先上紧发条,然后开启风扇,此时小风扇吸风,在湿球周围形成 2～5 m/s 的风速,60 s 后同样读出干温度和湿温度值,查表 1-19 可得到相对湿度值 ϕ。

上述温度、大气压力、相对湿度要读数三次,取其平均值计算。

表 1-19　空气相对湿度表

湿球温度计（℃）	干、湿球温度差（℃）														
	0	0.5	1.0	1.5	2.0	2.5	3.0	3.5	4.0	4.5	5.0	5.5	6.0	6.5	7.0
	相对湿度 ϕ（%）														
0	100	91	83	75	67	61	54	48	42	37	31	27	22	18	14
1	100	91	83	76	69	62	56	50	44	39	34	30	25	21	17
2	100	92	84	77	70	64	58	52	47	42	37	33	28	24	21
3	100	92	85	78	72	65	60	54	49	44	39	35	31	27	23
4	100	93	86	79	73	67	61	56	51	46	42	37	33	30	26
5	100	93	86	80	74	68	63	57	53	48	44	40	36	32	29
6	100	93	87	81	75	69	64	59	54	50	46	42	38	34	31
7	100	93	87	81	76	70	65	60	56	52	48	44	40	37	33
8	100	94	88	82	76	71	66	62	57	53	49	46	42	39	35
9	100	94	88	82	77	72	68	63	59	55	51	47	44	40	37
10	100	94	88	83	78	73	69	64	60	56	52	49	45	42	39
11	100	94	89	84	79	74	69	65	61	57	54	50	47	44	41
12	100	94	89	84	79	75	70	66	62	59	55	52	48	45	42
13	100	95	90	85	80	76	71	67	63	60	56	53	50	47	44
14	100	95	90	85	81	76	72	68	64	61	57	54	51	48	45
15	100	95	90	85	81	77	73	69	65	62	59	55	52	50	47
16	100	95	90	86	82	78	74	70	66	63	60	57	54	51	48
17	100	95	90	86	82	78	74	71	67	64	61	58	55	52	49
18	100	95	91	87	83	79	75	71	68	65	62	59	56	53	50
19	100	95	91	87	83	79	76	72	69	65	62	59	57	54	51
20	100	96	91	87	83	80	76	73	69	66	63	60	58	55	52
21	100	96	92	88	84	80	77	73	70	67	64	61	58	56	53
22	100	96	92	88	84	81	77	74	71	68	65	62	59	57	54
23	100	96	92	88	84	81	78	74	71	68	65	63	60	58	55
24	100	96	92	88	85	81	78	75	72	69	66	63	61	58	56
25	100	96	92	89	85	82	78	75	72	69	67	64	62	59	57
26	100	96	92	89	85	82	79	76	73	70	67	65	62	60	57
27	100	96	93	89	86	82	79	76	73	71	68	65	63	60	58
28	100	96	93	89	86	83	81	77	74	71	68	66	63	61	59
29	100	96	93	89	86	83	80	77	74	72	69	66	64	62	60
30	100	96	93	90	86	83	80	77	75	72	69	67	65	62	60
31	100	97	93	90	87	84	81	78	75	73	70	68	65	63	61
32	100	97	93	90	87	84	81	78	76	73	71	68	66	63	61

(四)空气密度计算,按以下两式分别计算

(1)精确式。

$$\rho = \frac{\gamma}{g} = 0.465\frac{P}{gT}(1 - 0.378\frac{\phi P_w}{p}) \tag{1-5}$$

式中 P——大气压力,mmHg;

T——空气绝对温度,$T=273+t$,K,t为空气温度,℃;

ϕ——空气相对湿度(%);

P_w——空气饱和水蒸气分压力,mmHg;

γ——空气的重力密度,N/m^3。

(2)近似式。

$$\rho \approx (3.485 \sim 3.473)\frac{P}{T} \tag{1-6}$$

(五)卡他度确定

卡他计是检查气温、湿度、风速综合作用的一种仪器,如图1-1所示,其下端是长圆形的贮液球,长约40 mm,直径为16 mm,表面积为22.6 cm^2,内贮酒精。上端也有长圆形的空间,以便在测定时容纳上升的酒精,全长约200 mm。其上刻38 ℃和35 ℃,其平均值正好等于人体温度。

测定时,将卡他计先放入55 ℃左右的热水中,使酒精面升至仪器上部空间1/3处,取卡他计抹干,然后挂在待测点,此时酒精液面开始下降。记录由38 ℃下降到35 ℃所需时间,然后用式(1-3)计算卡他度。

测定湿卡他度时,仅需将贮液球包上湿纱布后,按上述方法进行,然后用下式计算湿卡他度$H_{湿}$:

$$H_{湿} = \frac{F}{t} \tag{1-7}$$

式中 $H_{湿}$——湿卡他度,$mcal/(m^2 \cdot s)$;

F——卡他常数(附于仪器上);

t——温度38 ℃下降到35 ℃所需时间,s。

根据用卡他度所测定的上述数据,可用以下两式分别计算风速:

(1)当$H/\theta \leqslant 0.6$时,
$$v = (\frac{H/\theta - 0.20}{0.40})^2 \tag{1-8}$$

(2)当$H/\theta > 0.6$时,
$$v = (\frac{H/\theta - 0.13}{0.40})^2 \tag{1-9}$$

式中 v——待测定风速,m/s;

θ——卡他计的平均温度,即36.5减去该处的空气温度,℃;

其他符号意义同前。

五、实验数据表格

将大气压力、空气温度、卡他度与风速等相关数据填入表1-20~表1-22。

表 1-20　大气压力记录表

仪器类别	大气压力							
	读数				刻度定值(mmHg)	温度定值(mmHg)	补充定值(mmHg)	实际气压(Pa)
	第 1 次	第 2 次	第 3 次	平均值				
空盒气压计								
水银气压计								
数字气压计								

表 1-21　空气温度记录表

仪器类别	测定次数	空气温度(℃)		平均干温度(℃)	平均湿温度(℃)	绝对温度(K)	相对湿度(%)	饱和蒸汽压力(Pa)	空气密度(kg/m^3)
		干	湿						
手摇温度计	1								
	2								
	3								
风扇温度计	1								
	2								
	3								

表 1-22　卡他度与风速记录表

仪器类别	测定次数	时间(s)	时间平均值(s)	干卡他度($mcal/(m^2 \cdot s)$)	湿卡他度($mcal/(m^2 \cdot s)$)	环境温度(℃)	卡他常数(mJ/cm^2)	平均风速(m/s)
干卡他计	1							
	2							
	3							
湿卡他计	1							
	2							
	3							

六、思考题

(1)为何要对空盒气压计的读数进行校正？

(2)为什么说卡他计是检查气温、湿度及风速综合作用的一种仪器？

复习思考题

1-1　地面空气的主要成分是什么？地面空气进入井下后发生了哪些变化？

1-2　氧气有哪些性质？造成矿井空气中氧浓度减少的主要原因有哪些？

1-3　矿井空气中常见的有害气体有哪些？按其危害可以分为几类？《安全规程》对矿井空气有害气体的最高允许浓度有哪些具体规定？

1-4　试说明 CO 对人体的危害以及矿井空气中 CO 的主要来源。

1-5　简述矿井气体成分的主要检测方法。

1-6　防治井下有害气体危害的基本措施有哪些？

1-7　什么叫矿井气候条件？简述矿井气候条件对人体热平衡的影响。

1-8　何谓卡他度？从事采掘劳动时适宜的卡他度值为多少？

1-9　《安全规程》对井下工作场所的温度是如何规定的？

1-10　某矿一工作面 CO_2 的涌出量为 7.6 m^3/min，当供风量为 8.0 m^3/min 时，该工作面回风流中 CO_2 的浓度为多少？能否进行正常工作？

项目二　矿井通风压力

本项目作为矿井通风的理论基础，结合矿井风流流动的特点，介绍空气的主要物理参数、风流的能量与压力、压力测量方法及风流点压力之间的相互关系，重点阐述能量方程及其在矿井通风中的应用。

单元一　空气的主要物理参数及测定

【学习目标】

1. 理解并掌握空气的密度和压力等物理参数的基本概念和表达式。
2. 掌握测定大气压力及空气密度的方法和步骤。

【导入】

正确理解和掌握空气的主要物理参数是学习矿井通风的基础。要了解空气的主要物理性质，还需要了解矿井主要物理参数的测算方法。

【正文】

矿井空气的常用物理参数除反映矿井气候条件的温度、湿度外，还有密度、比容和压力等。

一、空气的密度和比容

（一）空气的密度

单位体积空气的质量称为空气的密度，以 ρ 表示

$$\rho = \frac{m}{V} \tag{2-1}$$

式中　ρ——空气的密度，kg/m^3；

m——空气的质量，kg；

V——空气的体积，m^3。

空气的密度是表示空气疏密程度的一个物理量，它与空气的压力、温度和湿度等因素有关。

在矿井通风中，由于通风系统内的空气温度、湿度、压力各有不同，空气的密度也有所变化，但变化范围有限。

一般将空气压力为 101 325 Pa、温度为 20 ℃、相对湿度为 60% 的矿井空气称为标准矿井空气，其密度为 1.2 kg/m^3。

（二）空气的比容

空气的比容是指单位质量空气所占有的体积，用符号 ν（m^3/kg）表示。比容和密度互

为倒数，它们是一个状态参数的两种表达方式，即

$$\nu = \frac{V}{m} = \frac{1}{\rho} \tag{2-2}$$

二、空气的压力

（一）空气压力的定义

空气的压力也称为空气的静压，用符号 P 表示。压强在矿井通风中习惯称为压力。它是空气分子热运动对器壁碰撞的宏观表现。其大小取决于在重力场中的位置（相对高度）、空气温度、湿度（相对湿度）和气体成分等参数。根据物理学的分子运动理论，空气的压力可用下式表示：

$$P = \frac{2}{3}n \cdot \left(\frac{1}{2}mv^2\right) \tag{2-3}$$

式中　P——空气压力，Pa；

n——单位体积内的空气分子数；

$\frac{1}{2}mv^2$——分子平移运动的平均动能。

由式（2-3）可知，空气的压力是单位体积空气分子不规则热运动产生的总动能的 2/3 转化为能对外做功的机械能。单位体积内的空气分子数越多，分子热运动的平均动能越大，空气压力越大。

（二）空气压力的单位

空气压力的单位为帕斯卡（Pa），工程上常用的压力单位还有毫米水柱（mmH_2O）、毫米汞柱（mmHg）、千克力/米²（kgf/m^2）等。各种单位之间的换算关系如表 2-1 所示。

表 2-1　压力单位及换算

帕斯卡（Pa）	巴（bar）	毫米水柱（mmH_2O）	工程大气压（at）	毫米汞柱（mmHg）	标准大气压（atm）
1	10^{-5}	0.101 972	$0.101\ 927 \times 10^{-4}$	$7.500\ 62 \times 10^{-3}$	$9.869\ 23 \times 10^{-6}$
9.806 65	$9.806\ 65 \times 10^{-5}$	1	1×10^{-4}	$7.355\ 59 \times 10^{-2}$	$9.678\ 41 \times 10^{-5}$
133.322	$1.333\ 22 \times 10^{-3}$	13.595	$1.359\ 5 \times 10^{-3}$	1	$1.315\ 79 \times 10^{-3}$
101 325	1.013 25	10 332.2	1.033 23	760	1

地面空气压力习惯称为大气压力。由于地球周围大气层的厚度高达数千千米，越靠近地表，空气密度越大，空气分子数越多，分子热运动的平均动能越大，所以大气压力也越大。此外，大气压力还与当地的气候条件有关，即便是同一地区，也会随季节不同而变化，甚至一昼夜内都有波动。

单元二　矿井空气压力的测定

【学习目标】

1. 掌握静压能、动能、位能和空气的静压、动压、位压的概念，并能解释其相互关系。

2. 掌握抽出式通风、压入式通风矿井中压力之间的关系，并学会计算风流中某点的压力值。

3. 熟悉主要测压仪器的构造、原理和使用方法，并学会测定井巷风流点压力。

【导入】

矿井生产属于地下作业，其自然条件和生产条件都很复杂。进行矿井通风压力测定，及时、准确地提供井下空气的压力，是搞好矿井通风、预防矿井事故、处理灾害事故和救护人员的重要手段。从事采掘生产的职工，必须知道矿井通风压力的基本概念及分类，了解常用测压仪器的使用方法，掌握测压步骤及注意事项等知识。

【正文】

矿井通风系统中，风流在井巷某断面上所具有的总机械能（包括静压能、动能和位能）及内能之和称为风流的能量。风流之所以能够流动，其根本原因是系统中存在着能量差，所以风流的能量是风流流动的动力。单位体积空气所具有的可以对外做功的机械能就是压力。能量与压力既有区别又有联系，除内能是以热的形式存在于风流中外，其他三种能量一般通过压力来体现。也就是说，井巷中任一通风断面上存在的静压能、动能和位能可用静压、动压、位压来体现。

一、空气静压

空气分子间的压力或空气分子持续无规则的热运动对容器壁面产生的压力称为空气的静压。空气的静压在各个方向上均相等。大气压力是地面静止空气的静压力，它等于单位面积上空气柱的重量。

空气静压又可分为绝对静压和相对静压，主要区别在于度量空气静压大小所选择的基准。

绝对静压是以真空状态绝对零压为比较状态的静压，即以零压力为起点表示的静压。绝对静压恒为正值，用 P_s 表示。

相对静压是以当地大气压（Pa）为比较基准的静压，即绝对静压与大气压之差。井巷内某点的绝对静压 P_s 大于大气压（Pa），则称为正压，反之称为负压。相对静压用 h_s 表示。

二、位压（位能）

任一断面上单位体积风流对某基准面的位能，是指该风流受地球引力作用对该基准面产生的重力位能，习惯称为位压，用 h_p 表示。其计算式为

$$h_p = \sum \rho_{ij} Z_{ij} g \tag{2-4}$$

式中 ρ_{ij}、Z_{ij}——两测点间的平均空气密度和垂直距离；

g——重力加速度。

三、动压

流动空气具有一定的动能，因此风流中任一点除有静压 h_s 外，还有动压 h_v。动压因

空气运动而产生，它恒为正值，具有方向性。其计算式为

$$h_{vi} = \frac{1}{2}\rho_i v_i^2 \tag{2-5}$$

四、空气全压

风流中某点的全压即该点静压和动压的叠加，当静压用绝对静压 P_s 表示时，相对的动压用 P_v 表示，叠加后风流的压力为绝对全压 P_t，则三者关系为

$$P_t = P_s + P_v \tag{2-6}$$

即风流中任一点的绝对静压 P_s 与相应的动压 P_v 之和等于该点的绝对全压 P_t。

如果静压用相对静压表示，叠加后风流的压力就是相对全压 h_t，其值等于相对静压 h_s 与动压 h_v 的代数和。

在矿井负压通风风流中，某点相对全压的绝对值 h_t 为

$$h_t = h_s + h_v \tag{2-7}$$

在矿井正压通风风流中，某点相对全压的绝对值 h_t 为

$$h_t = h_s - h_v \tag{2-8}$$

单元三　能量方程及其在矿井通风中的应用

【学习目标】

1. 掌握矿井通风中的能量方程及其意义。
2. 理解并掌握能量方程解决风流方向的判定以及不同断面之间阻力的计算。

【导入】

通过前面的学习，我们已经知道矿井通风系统中风流的各种能量、压力间的关系，那么风流在井巷中连续流动时，风流的各种能量的守恒和相互间转化的关系是怎样的呢？要解决这些问题，还需要进一步学习矿井通风中的能量方程及其应用。

【正文】

空气在井巷中流动时，将会受到通风阻力的作用，消耗其能量。为保证空气连续不断地流动，就必须有通风动力对空气做功，使得通风阻力和通风动力相平衡。空气在流动过程中，由于自身的因素和流动环境的综合影响，空气的压力、能量和其他状态参数沿程将发生变化。

一、空气流动的连续性方程

质量守恒是自然界中基本的客观规律之一。根据质量守恒定律，对于稳定流（流动参数不随时间变化的流动称为稳定流），流入某空间的流体质量必然等于流出该空间的流体质量。风流在井巷中的流动可以看作是稳定流，同样满足质量守恒定律。

如图 2-1 所示，风流从 1—1 断面流向 2—2 断面，在流动过程中既无漏风又无补给，则两个过流断面的空气质量流量相等，即

$$\rho_1 v_1 S_1 = \rho_2 v_2 S_2 \tag{2-9}$$

式中 ρ_1、ρ_2——1—1、2—2 断面上空气的平均密度，kg/m^3；

v_1、v_2——1—1、2—2 断面上空气的平均流速，m/s；

S_1、S_2——1—1、2—2 断面的断面面积，m^2。

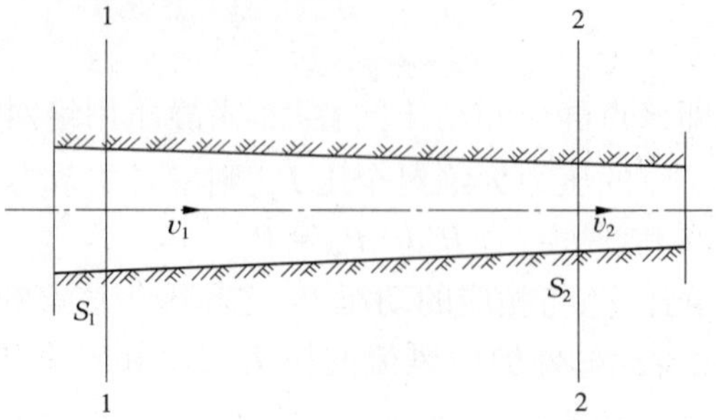

图 2-1 风流在巷道中稳定流动

式(2-9)就是空气流动的连续性方程，它适用于可压缩流体和不可压缩流体。

对于不可压缩流体，即 $\rho_1=\rho_2$，有 $v_1S_1=v_2S_2$。这说明，在流量一定的条件下，井巷断面上风流的平均流速与过流断面的面积成反比，断面越大，流速越小；断面越小，流速越大。考虑到矿井风流可近似地认为是不可压缩流体，应用空气流动的连续性方程可以方便地解决风速、风量测算和风量平衡问题。空气流动的连续性方程为井巷风量的测算提供了理论依据。

二、矿井通风中的能量方程

能量方程是用能量守恒定律描述风流沿程流动的能量转换和守恒规律的数学表达式。矿井通风中应用的能量方程则表达了空气的静压能、动能和位能在井巷流动过程中的变化规律，是能量守恒和转换定律在矿井通风中的应用。

根据机械能守恒定律，单位质量不可压缩的实际流体从 1—1 断面流向 2—2 断面的能量方程为

$$\frac{p_1}{\rho_1}+\frac{v_1^2}{2}+z_1g=\frac{p_2}{\rho_2}+\frac{v_2^2}{2}+z_2g+h_{损1-2} \tag{2-10}$$

式中 $\frac{p_1}{\rho_1}$、$\frac{p_2}{\rho_2}$——单位质量流体在 1—1、2—2 断面上所具有静压能，J/kg；

$\frac{v_1^2}{2}$、$\frac{v_2^2}{2}$——单位质量流体在 1—1、2—2 断面上所具有的动能，J/kg；

z_1g、z_2g——单位质量流体在 1—1、2—2 断面上相对于基准面所具有的位能，J/kg；

$h_{损1-2}$——单位质量流体在 1—1、2—2 断面之间克服流动阻力所损失的能量，J/kg。

上述能量方程的适用条件在于：流体的运动是稳定流且流体是不可压缩的。由于矿井风流可以认为是近似于不可压缩的稳定流，故上述单位质量不可压缩实际流体的能量方程也可应用于矿井通风中。

在矿井通风中，习惯应用单位体积流体的能量方程。将式(2-10)中的各项乘以 ρ 得

$$p_1+\frac{\rho_1 v_1^2}{2}+\rho_1gz_1=p_2+\frac{\rho_2 v_2^2}{2}+\rho_2gz_2+h_{阻1-2}$$

即 $$h_{阻1-2} = \left(p_1 + \frac{\rho_1 v_1^2}{2} + \rho_1 g z_1\right) - \left(p_2 + \frac{\rho_2 v_2^2}{2} + \rho_2 g z_2\right) \tag{2-11}$$

或 $$h_{阻1-2} = (p_1 - p_2) + \left(\frac{\rho_1 v_1^2}{2} - \frac{\rho_2 v_2^2}{2}\right) + (\rho_1 g z_1 - \rho_2 g z_2) \tag{2-12}$$

式中 p_1、p_2——单位体积风流在1—1、2—2断面上所具有的静压能,J/m^3,或静压,Pa;

$\frac{\rho_1 v_1^2}{2}$、$\frac{\rho_2 v_2^2}{2}$——单位体积风流在1—1、2—2断面上所具有的动能,J/m^3,或动压,Pa;

$\rho_1 g z_1$、$\rho_2 g z_2$——单位体积风流在1—1、2—2断面上相对于基准面所具有的位能,J/m^3,或位压,Pa;

$h_{阻1-2}$——单位体积风流在1—1、2—2断面之间克服流动阻力所损失的能量,J/m^3,或消耗的压力(下文皆称为通风阻力),Pa。

式(2-11)和式(2-12)就是常用的单位体积不可压缩风流的能量方程。从能量观点来讲,它表示单位体积空气流经1—1、2—2断面之间的能量损失等于第一断面上的总机械能与第二断面上的总机械能之差。从压力观点来讲,它表示风流在1—1、2—2断面之间的通风阻力等于第一断面上的总压力与第二断面上的总压力之差。

应用式(2-11)或式(2-12)计算时,应注意:

(1)各项单位要统一(统一使用Pa)。

(2)动压计算中的ρ_1与ρ_2要分别代入1—1、2—2两断面的空气密度。

(3)位压计算中的ρ_1与ρ_2应分别取1—1、2—2两断面与基准面之间的空气柱的平均密度。

三、能量方程在矿井通风中的应用

能量方程是矿井通风的理论基础,有关通风阻力测定、通风机性能试验、通风技术管理、通风仪表设计,以及推导矿井通风总阻力的测算式等方面都与能量方程密切相关。在此仅以计算井巷通风阻力并判断风流方向为例说明能量方程的应用。

【例2-1】 某倾斜巷道如图2-2所示,已知断面1—1和断面2—2的绝对静压p_1 = 100 421 Pa,p_2 = 100 782 Pa;v_1 = 4 m/s,v_2 = 3 m/s;ρ_1 = 1.21 kg/m^3;ρ_2 = 1.20 kg/m^3;1—1断面和2—2断面的高差为z_2 = 60 m。试求两断面间的通风阻力,并判断风流方向。

解:设风流方向是由1—1断面流向2—2断面,基准面选定为通过1—1断面中心的水平面。根据通风能量方程,两断面之间的通风阻力为两断面的总压力之差,即

$$\begin{aligned}
h_{阻1-2} &= \left(p_1 + \frac{\rho_1 v_1^2}{2} + \rho_1 g z_1\right) - \left(p_2 + \frac{\rho_2 v_2^2}{2} + \rho_2 g z_2\right) \\
&= \left(100\,421 + \frac{1.21 \times 4^2}{2} + 0\right) - \left(100\,782 + \frac{1.20 \times 3^2}{2} + 1.20 \times 9.81 \times 60\right) \\
&= (100\,421 + 9.7) - (100\,782 + 5.4 + 706.3) \\
&= 100\,430.7 - 101\,493.7 \\
&= -1\,063(\text{Pa})
\end{aligned}$$

计算结果为负值,说明1—1断面的总压力小于2—2断面的总压力,原假设的风流方

向是错误的，实际风流方向是从2—2断面流向1—1断面，其通风阻力为1 063 Pa。

【例2-2】 将图2-2所示的倾斜巷道改为水平巷道（见图2-3），而其他条件不变。试求两断面间的通风阻力，并判断风流方向。

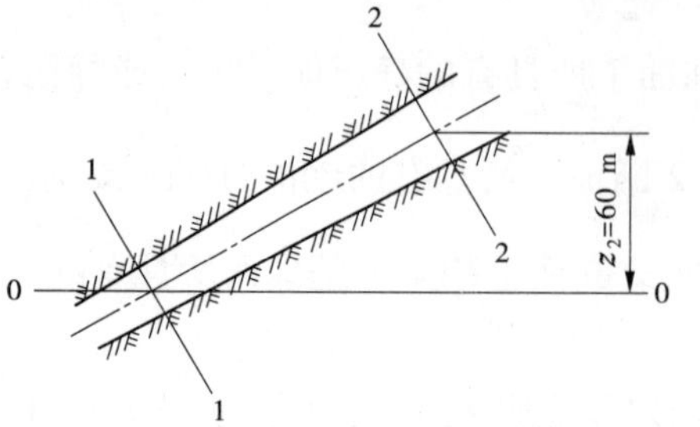

图2-2 倾斜巷道断面不等

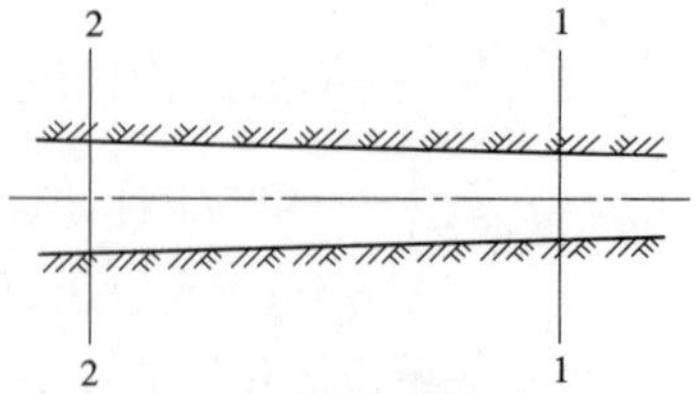

图2-3 水平巷道断面不等

解：设风流方向是由2—2断面流向1—1断面，基准面选定为通过巷道轴线的水平面。此时两断面间的通风阻力就是两断面的绝对全压差，即

$$
\begin{aligned}
h_{阻2-1} &= p_{t2} - p_{t1} \\
&= \left(p_2 + \frac{\rho_2 v_2^2}{2}\right) - \left(p_1 + \frac{\rho_1 v_1^2}{2}\right) \\
&= \left(100\ 782 + \frac{1.20 \times 3^2}{2}\right) - \left(100\ 421 + \frac{1.21 \times 4^2}{2}\right) \\
&= (100\ 782 + 5.4) - (100\ 421 + 9.7) \\
&= 100\ 787.4 - 100\ 430.7 \\
&= 356.7(\text{Pa})
\end{aligned}
$$

计算结果为正值，说明原假设风流方向正确，通风阻力为356.7 Pa。

【例2-3】 将图2-2所示倾斜巷道改为水平巷道（见图2-4），且断面面积相等，即$S_1 = S_2$，其他条件不变。试求两断面间的通风阻力，并判断风流方向。

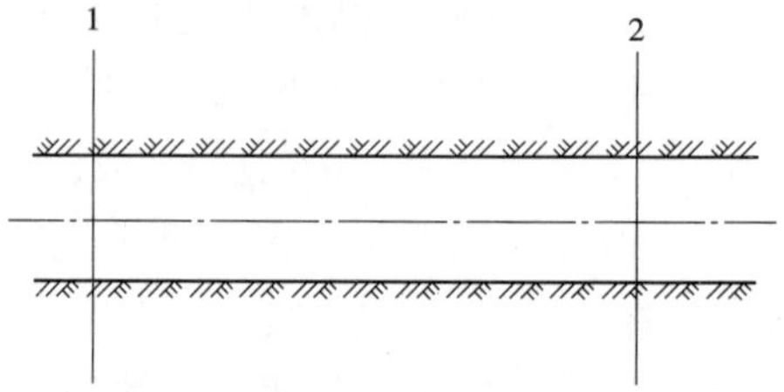

图2-4 水平巷道断面相等

（1）因为 $S_1 = S_2$

所以 $v_1 = v_2$

又因为1—1、2—2两断面的空气密度近似相等，所以

$$h_{v1} = h_{v2}$$

即 $h_{v1} - h_{v2} = 0$

（2）因为 $z_1 = z_2 = 0$

所以

$$z_1\rho_1 g = z_2\rho_2 g = 0$$

综上分析可知，对于断面相等的水平巷道，两断面间的通风阻力就等于两断面的绝对静压差，即

$$\begin{aligned} h_{阻1-2} &= p_1 - p_2 \\ &= 100\ 421 - 100\ 782 \\ &= -361(\mathrm{Pa}) \end{aligned}$$

计算结果为负值，说明原假设风流方向不正确，即实际风流方向是从2—2断面流向1—1断面，其通风阻力为361 Pa。

通过上述三例分析，可得出如下结论：

(1)不论在任何条件下，风流总是从总压力大的断面流向总压力小的断面。

(2)如果说风流是从绝对全压大的断面流向绝对全压小的断面，其条件是水平巷道，且两断面间的空气密度近似相等。

(3)如果说风流是从绝对静压大的断面流向绝对静压小的断面，其条件是水平巷道，断面面积相等，且两断面间的空气密度近似相等。

项目小结

【技能训练】

通风管道中风流点压力和风速的测定

一、实验目的

(1)学习用皮托管及压差计测定通风管道中的点压力，并了解皮托管及压差计的构造。

(2)学习用皮托管及压差计测定通风管道中某断面的平均风速并计算风量。

二、实验要求

(1)掌握用皮托管及压差计测定通风管道中某点空气的静压、动压和全压的方法，以巩固 $h_t = h_s \pm h_v$ 的概念。

(2)掌握用皮托管及压差计测定通风管道中某点平均风速、最大风速和速度场系数 K 的方法，并计算风量。

三、实验仪器和设备

实验所用的仪器和设备如表2-2所示。

表 2-2　实验所用的仪器和设备

序号	名称	型号或规格	数量(个)
1	通风管道	大直径	1
2	通风管道	小直径	6
3	皮托管	AFP－8A	10
4	皮托管	微型	15
5	U 型垂直压差计	±200 mm	10
6	U 型倾斜压差计	AFJ－150	7
7	单管倾斜压差计	YYT－200;Y－61	7
8	补偿式微压计	DJM9	7

四、实验内容及步骤

(一)测压仪器

1. 皮托管

皮托管是承受和传递压力的工具,由两个同心圆管相套组成,其结构如图 2-5 所示。内管前端有中心孔与标着"＋"的接头相通,外管前端侧壁上分布着一组小孔与标着"－"的接头相通,内外管之间互不连通。测压时,将皮托管插入风筒,将前端中心孔正对风流,中心孔接受的是风流的绝对静压和动压之和(即绝对全压),用胶皮管将皮托管的"＋"接头与压差计相连,可感受绝对全压。侧壁孔口平行于风流方向,只能感受绝对静压,故称为静压孔;用胶皮管将皮托管的"－"接头与压差计相连,可感受绝对静压。

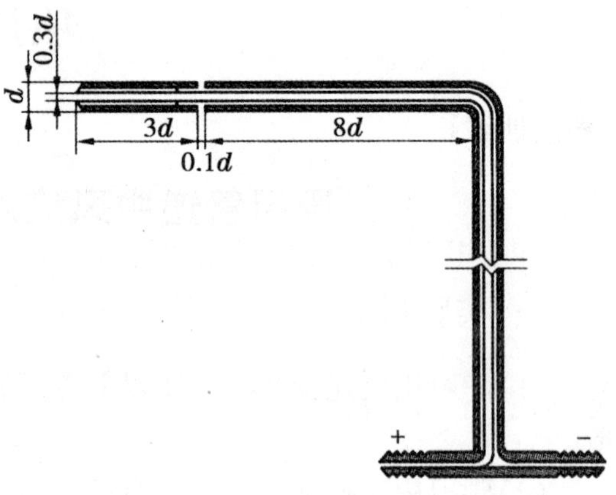

图 2-5　皮托管示意图

2. 压差计

压差计是度量压力差或相对压力的仪器。在矿井通风中测定较大压差时,常用如图 2-6、图 2-7 所示的 U 型压差计;测值较小或要求测定精度较高时,则用各种倾斜压差计或补偿式微压计。另外,一些先进的电子微压计已经进入通风测定中,使用效果较好。

U 型垂直压差计如图 2-6 所示,它是由垂直放置的 U 型玻璃管和刻度尺组成,U 型玻璃管中通常装入纯净水。测压时,当接入玻璃管两端的空气压力不相等时,则 U 型玻璃管中的两侧水面会形成高低差,通过两端液面的高低差,在刻度尺上直接读出空气压力差。

在测量压差时,为了减小读数误差,将 U 型垂直压差计放成倾斜位置来使用,称其为

U 型倾斜压差计,如图 2-7 所示。测量时其倾斜角度可以根据需要进行调节,压差计显示的读数为倾斜液柱值,必须用下式计算出实际压差值,即

$$h = L\Delta g\sin\alpha \tag{2-13}$$

式中 L——倾斜压差计的读数,毫米液柱;

Δ——仪器中所灌液体的比重,为其密度与水的密度之比值;

g——重力加速度,m/s^2;

α——仪器的倾角,(°)。

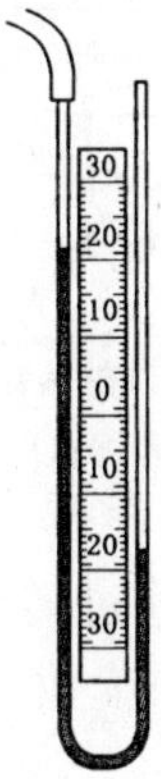

图 2-6 U 型垂直压差计

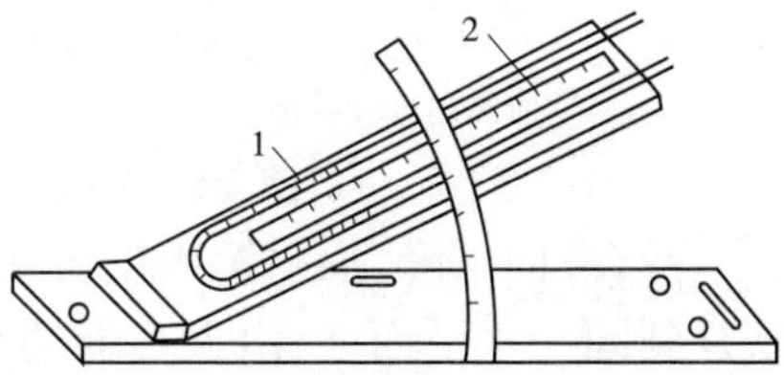

1—U 型玻璃管;2—刻度尺

图 2-7 U 型倾斜压差计

3. 单管倾斜压差计

YYT-200 型单管倾斜压差计结构如图 2-8 所示。它由一个大断面容器(面积为 F_1)和一个小断面的倾斜测压管(面积为 F_2)及标尺等组成。大断面容器和倾斜测压管互相连通,并在其中装有用工业酒精和蒸馏水配成的密度为 0.81 kg/m^3 的工作液。两断面之比(F_1/F_2)为 250~300。仪器固定在装有两个调平螺钉和水准指示器的底座上,弧形支架可以根据测量范围的不同将倾斜测压管固定在 5 个不同的位置上,刻在支架上的数字即为校正系数。大断面容器通过胶管与仪器的"+"接头相通,倾斜侧压管的上端通过胶皮管与仪器的"-"接头相连,当"+"接头的压力高于"-"接头的压力时,虽然大断面容器内液面下降甚微,但倾斜测压管端的液面上升十分明显,用下式可计算相对压力或压差 h,即

$$h = LKg \tag{2-14}$$

式中 L——倾斜测压管的读数,mm;

K——仪器的校正系数(又称常数因子),测压时倾斜测压管在弧形支架上的相应数字。

4. 补偿式微压计

在作精确的压差测量时,要使用补偿式微压计。DJM9 型补偿式微压计(见图 2-9(a))是由两个先水的容器 1 和 2 组成。下部用胶皮管连通。大容器与仪器的"-"接头相通,小容器与仪器的"+"接头相通。转动读数盘,大容器可随之上下移动。当"+""-"接头的压力相同时,两容器液面处于同一平面上,通过装在小容器上的反射镜可以看到水准器的尖端同其影像正好相接(见图 2-9(b))。当"+"接头压力大于"-"接头压

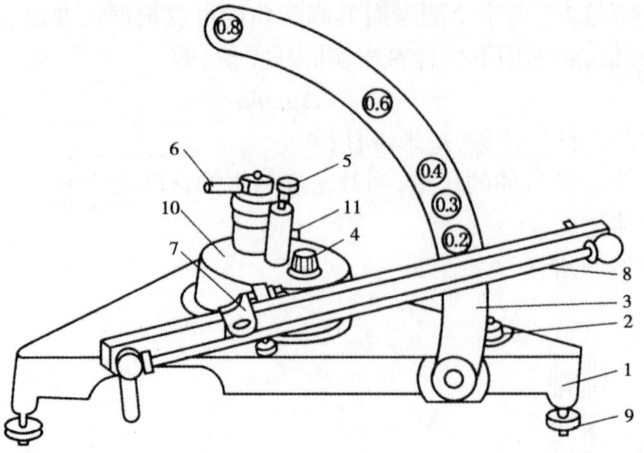

1—底座;2—水准指示器;3—弧形支架;4—加液盖;5—零位调整旋钮;
6—三通阀门柄;7—游标;8—倾斜测压管;9—调平螺钉;10—大断面容器;11—多向阀门

图 2-8　YYT-200 型单管倾斜压差计结构

力时,小容器液面下降,反射镜内的尖端和影像互相接触重叠,通过转动读数盘,使两液面再次恢复到同一水平面上,由大容器的垂直移动距离(从标尺和读数盘上读出)来确定大小容器所受到的压力差。

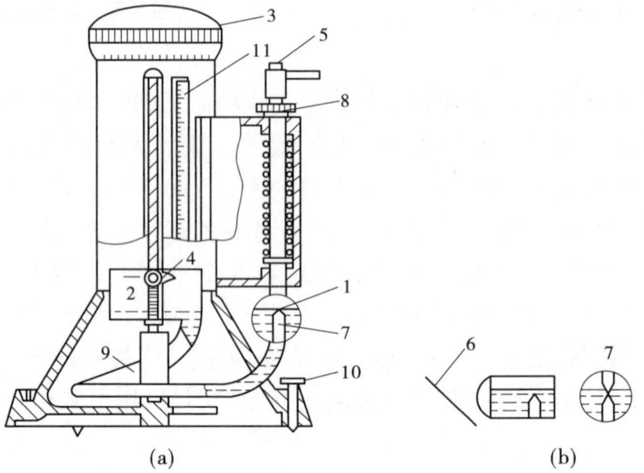

1—小容器;2—大容器;3—读数盘;4—指针;5—螺盖;6—反射镜;
7—水准器;8—调节螺母;9—胶皮管;10—调平螺钉;11—标尺

图 2-9　DJM9 型补偿式微压计结构

(二)管道中空气点压力的测定

1. 原理

皮托管与压差计布置如图 2-10 所示,图 2-10(a)为压入式通风,图 2-10(b)为抽出式通风。

皮托管“+”管脚接受该点的绝对全压 P_t,皮托管“-”管脚接受该点的绝对静压 P_s,压差计开口端接受同标高的大气压 P_0。所以,1、4 压差计的读数为该点的相对静压 P_s;

2、5 压差计的读数为该点的动压 P_v；3、6 压差计的读数为相对全压 P_t。就相对压力而言，$h_t = h_s \pm h_v$，压入式通风为“+”，抽出式通风为“-”。通过本实验数据可以验证相对压力之间的关系。

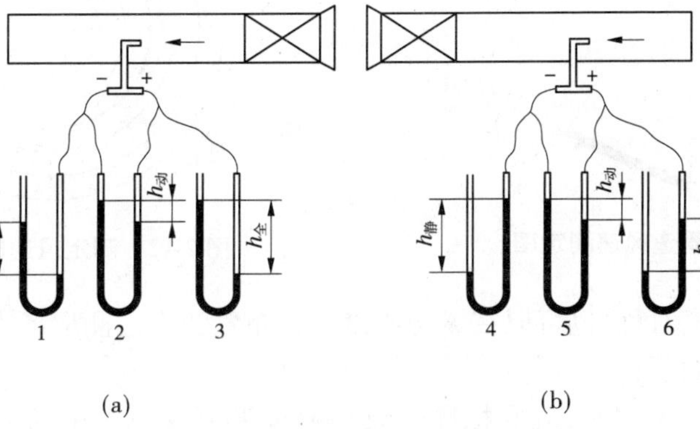

图 2-10 管道中空气点压力测定

2. 实验方法和步骤

(1)将 U 型垂直压差计和皮托管用胶皮管按图 2-10 连接。先验证压入式通风相对压力之间关系。

(2)检查无误后，开动风机。

(3)当水柱稳定时，同时读取 h_t、h_s、h_v。

(4)用同样的方法读取抽出式管道的 h_t、h_s、h_v。

(5)将实验数据填写于实验报告中。

(三)测定管道中某断面的平均风速并计算风量

1. 原理

风流在管道中流动时，各点的风速并不一致，用皮托管测得的动压，实际上是风流在管道中流动时皮托管所在测试断面风流某点的动压值，而不是整个断面风流动压的平均值。在实际工作中，由于时间限制，逐点测定并计算平均值比较困难的。通常只测量断面中心点最大动压值，然后用式$\overline{v_i} = K\sqrt{\dfrac{2h_{vimax}}{\rho_i}}$计算平均风速。其中，$K$ 是速度场系数。

求得测点断面的平均风速后，将平均风速乘以测点的管道断面面积 S_i，即为管道通过的风量($Q_i = \overline{v_i}S_i$)。

2. 测定方法和步骤

1)测定速度场系数

速度场系数 K 即为管道断面的平均风速 $\overline{v_i}$ 与最大风速 v_{imax} 之比值。因此，测算速度场系数，必须首先计算管道的平均风速。为了保证测值准确性，合理地布置测点是十分重要的。测点一般选择在管道的直线段，皮托管与压差计连接方法如图 2-11 所示。

在测点断面上，要布置若干个测点。对于圆形管道，一般将圆断面分成若干个等面积环，并在各等面积环的面积平分线上布置测点，如图 2-12 所示。

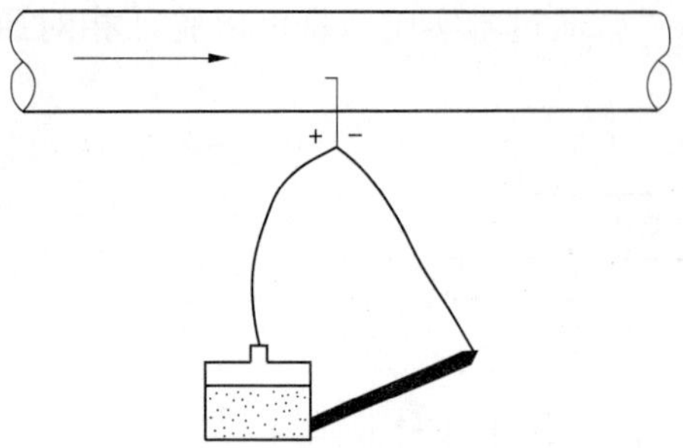

图 2-11　管道风速测定图

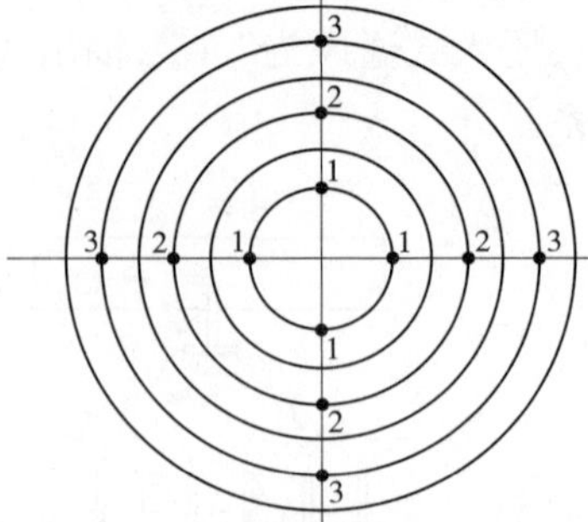

图 2-12　测定风速时测点布置

如果速度场纵横对称，也可以在纵向或横向上布置测点。测取各点动压值后，计算平均风速。具体步骤如下：

(1)确定等面积环个数。等面积环个数一般按管道直径大小确定，环数越多则精度越高，可按表 2-3 选取。

表 2-3　管道直径与等面积环个数关系

管道直径(m)	0.3	0.4	0.5	0.6
等面积环个数(个)	2～3	3～4	4～5	5～6

(2)计算各测点距中心点的距离 r_i。

$$r_i = r_0\sqrt{\frac{2i-1}{2n}} \tag{2-15}$$

式中　r_i——各测点距中心点的距离，m；

r_0——管道的半径，m；

i——由管道中心点算起的等面积环编号数；

n——等面积环个数。

为了安装皮托管方便，一般将 r 值换算成从管道一侧面插到测点的深度 l_i 值，如图 2-13 所示，可计算如下：

$$l_1 = r_0 - r_3, l_2 = r_0 - r_2, l_3 = r_0 - r_1$$
$$l_4 = r_0 + r_1, l_5 = r_0 + r_2, l_6 = r_0 + r_3$$

(3)依次测定各点动压。先测定管道断面中心的最大动压，然后依次测定各测点的动压，将测定结果记录在实验报告书中。应当强调的是，在测定的过程中风流应保持稳定，否则对各测点的动压最好用多支皮托管与压差计同时测定。

(4)测定管道中的空气密度。管道流动的空气密度与外界相对静止的空气密度有所不同，但差别不大，为了节省时间，可采用项目一技能训练二矿井大气主要参数的测定中的测定结果。

(5)计算中心最大风速(m/s)、平均风速(m/s)及速度场系数。

$$v_{i\max} = \sqrt{\frac{2h_{i\max}}{\rho_i}} \tag{2-16}$$

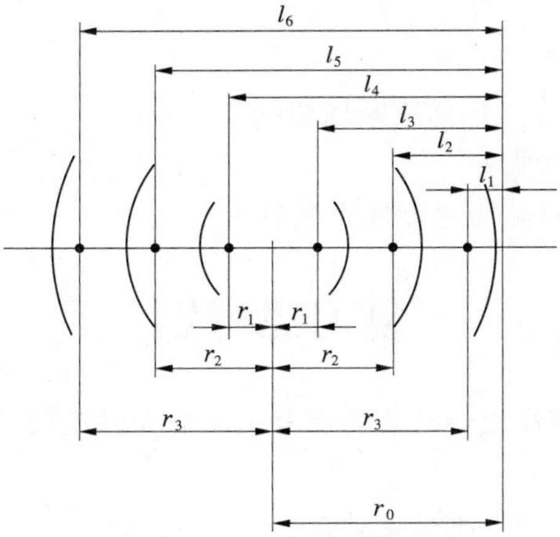

图 2-13　r_i 与 l_i 换算图

$$\bar{v}_i = \sqrt{\frac{2}{\rho_i}} \times \frac{\sqrt{h_{v1}} + \sqrt{h_{v2}} + \cdots + \sqrt{h_{vn}}}{n} \tag{2-17}$$

$$K = \frac{\bar{v}_i}{v_{imax}} \tag{2-18}$$

2）计算通过管道的风量

根据管道直径计算管道断面面积 S_i，按式 $Q_i = \bar{v}_i S_i$ 计算管道风量。

五、实验数据

将管道中某点空气相对压力值和某断面动压分别填于表 2-4 和表 2-5 中。

表 2-4　管道中某点空气相对压力值记录表

测量次数	压入式通风			抽出式通风		
	h_t(Pa)	h_s(Pa)	h_v(Pa)	h_t(Pa)	h_s(Pa)	h_v(Pa)
1						
2						
3						
平均						

表 2-5　管道中某断面动压记录表

测量次数	h_{v1}(Pa)	h_{v2}(Pa)	h_{v3}(Pa)	h_{v4}(Pa)	h_{vmax}(Pa)	平均风速(m/s)	最大风速(m/s)	速度场系数 K	管道风量(m^3/s)
1									
2									
3									
平均									

六、思考题

(1)从 U 型垂直压差计上如何判断风机的工作方法?

(2)如何确定皮托管管脚?

(3)管道中风量大小对测定速度场系数有无影响?

复习思考题

2-1 说明影响空气密度大小的主要因素。压力和温度相同的干空气与湿空气相比,哪种空气的密度大? 为什么?

2-2 什么叫空气的压力? 单位是什么?

2-3 什么叫空气的比容? 单位是什么?

2-4 何谓空气的静压能和静压? 它们是怎样产生的? 空气的静压有什么特点? 说明其物理意义和单位。

2-5 什么叫全压、势压和总压力?

2-6 通常使用的测压仪器分为哪几类?

2-7 简述单管倾斜压差计测压的方法和步骤。

2-8 测得某回风巷的温度为 20 ℃,相对湿度为 90%,绝对静压为 102 500 Pa,求该回风巷空气的密度和比容。

2-9 用皮托管和压差计测得通风管道内某点的相对静压 $h = 250$ Pa,相对全压 $h_t = 200$ Pa。已知管道内的空气密度 $\rho = 1.22\ \text{kg/m}^3$,试判断管道内的通风方法并求出该点的风速。

2-10 已知某抽出式通风风筒中某点 i 的 $h = 1\ 000$ Pa,$h_v = 150$ Pa,风筒外与 i 点同标高 $P_0 = 101\ 332$ Pa,求:

(1)i 点的绝对静压 P。

(2)i 点的相对全压 h_t。

(3)i 点的绝对全压 P_t。

2-11 图 2-14 所示为两个不同的管道通风系统,试判断它们的通风方法,区别各压差计的压力种类并填涂液面高差和读数。

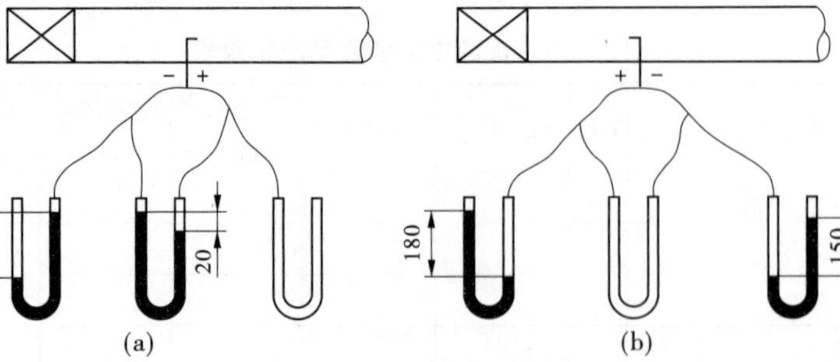

图 2-14 习题 2-11 图

2-12　在图 2-15 所示断面不等的水平巷道中，测得 1—1 断面的绝对静压 P_1 = 96 170 Pa，断面面积 S_1 = 4 m^2，2—2 断面的绝对静压 P_2 = 96 200 Pa，断面面积 S_2 = 8 m^2，通过的风量 Q = 40 m^3/s，空气密度 $\rho_1 = \rho_2$ = 1.16 kg/m^3。试判断巷通风流方向并求其通风阻力 $h_{阻}$。若巷道断面都是 4 m^2，其他测定参数不变，结果又如何？

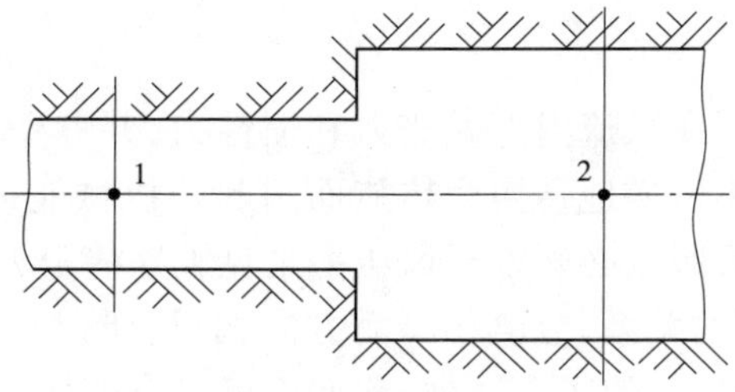

图 2-15　习题 2-12 图

2-13　某倾斜巷道如图 2-16 所示，已知断面Ⅰ—Ⅰ和断面Ⅱ—Ⅱ的有关参数：P_1 = 755 mmHg，P_2 = 750 mmHg；v_1 = 6 m/s，v_2 = 4 m/s；ρ_1 = 1.25 kg/m^3，ρ_2 = 1.20 kg/m^3。试计算两断面之间的通风阻力，并判断风流的方向。

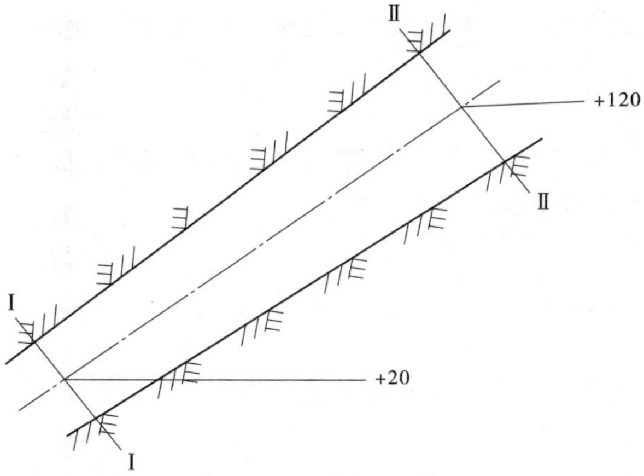

图 2-16　习题 2-13 图

项目三　矿井通风阻力

井巷风流流动过程中，在风流内部黏滞力和惯性力、井巷壁面的外部阻滞、障碍物的扰动作用下，部分机械能不可逆地转换为热能而引起的机械能损失，称为矿井通风阻力。因为风流沿途要遇到阻力，所以必须以通风压力来克服这些阻力，风流才能流动。阻力和风压是作用力和反作用力的关系，数值相等而方向相反，所以只要计算出通风阻力值，就知道了矿井通风所需要的压力值了。这样，我们就可以合理地选择和使用通风动力设备，调整和改善矿井通风系统。

【学习目标】

1. 理解并能解释风流的流动状态、摩擦阻力、局部阻力、风阻等概念及影响因素。

2. 掌握摩擦阻力、局部阻力、等积孔的表达式及意义。

3. 了解矿井通风阻力的产生原因、分类，能进行相关测算，掌握矿井通风难易程度的评价指标。

【导入】

矿井通风阻力产生的原因、阻力定律、阻力的计算及降低通风阻力的措施，是进行矿井通风设计、通风系统管理的基础。

【正文】

一、阻力规律

风流在井巷中流动时的阻力 h 与平均风速 v 和井巷特征有依存关系，其基本关系为

$$h = Cv^x \tag{3-1}$$

式中　h——风流在管道中运动时的能量损失，即压差；

v——风流平均速度；

C——流体特征及管道特征所决定的常数；

x——根据风流的流动状态所决定的指数。

这里提出了两个问题，即管道特征与风流状态。先讨论一下风流状态对阻力的影响。

空气在管道中流动时，若各个流束间互不相混，这种状态称为层流。当流速较大时，流束在速度和方向上都发生变化，成为互相混杂的紊乱流动，这种状态称为紊流。当风速逐渐增大时，风流中出现横向流动，这两种不同的风流状态在管路断面上的速度分布不同，如图 3-1 所示。层流中心点的风速与平均风速的比值大于紊流中的这一比值。

判断风流状态可根据雷诺数来确定。雷诺数是一个无因次的数据。当雷诺数小于2 300时流体运动状态为层流，当雷诺数大于 2 300 时流体运动状态即成为紊流，故雷诺数 2 300 称为临界雷诺数。

雷诺数可按公式求得：

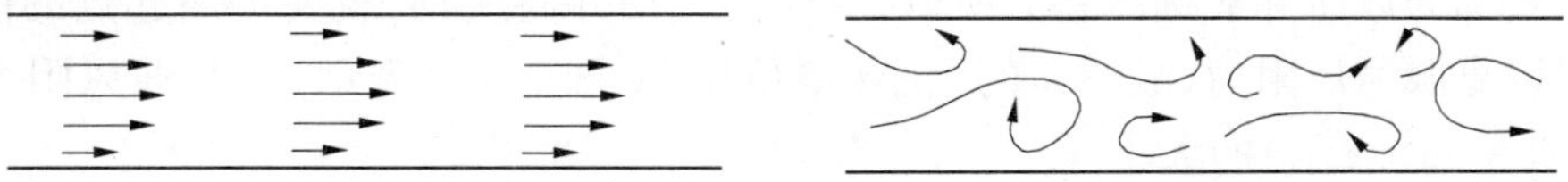

(a)层流　　(b)紊流

图 3-1　两种风流状态的风速分布

$$Re = \frac{vd}{\nu} \tag{3-2}$$

式中　v——管内流体的平均速度，m/s；

d——管道直径，m；

ν——流体的运动黏度，m^2/s。

非圆形管道可用巷道的等值直径代替 d。d 是与风流流过的巷道净断面面积相等的圆的直径：

$$d = 4 \times \frac{S}{U} \tag{3-3}$$

式中　S——管道断面面积；

U——管道的周边长。

在一管道中，流体达到临界雷诺数所具有的最低风速称为临界风速。空气的运动黏度一般可取 $15 \times 10^{-6} m^2/s$。按照式(3-3)可以计算出各种梯形断面巷道的临界风速，见表 3-1。

表 3-1　梯形断面中的临界风速

断面面积(m^2)	1	2	4	6	8
临界风速(m/s)	0.035	0.024	0.017	0.014	0.011

表 3-1 说明，断面越大，造成紊流所需的风速越小；如在 4 m^2 的巷道里，当风速大于 0.017 m/s 时即属紊流风流，而在矿井中，大多数巷道断面和平均风速都大于上述数值，因此井巷中的风流几乎都是紊流。当风流通过充填物的孔隙、岩石裂缝以及采空区时，一般是层流状态。这一部分漏风在矿井通风中往往是很难避免的。所以，矿内空气的流动，在井巷及工作面等主要地点风流是紊流状态，而在某些漏风地点是层流状态。

由于层流和紊流的运动形式不同，风速与压差之间的变化关系也各有特点，也就是说存在不同的阻力定律。从实验得知，这种关系在层流时为一次函数关系，即

$$x = 1, h = Cv \tag{3-4}$$

这种关系在紊流时为二次函数关系，即

$$x = 2, h = Cv^2 \tag{3-5}$$

二、矿井风流阻力的类型

空气在井巷中流动，沿途必然受到井巷对它所呈现的各种阻力的作用，因此要维持空气在井巷中流动，就必须克服这种阻力的作用，从而导致风流本身的能量损失。在通风时，空气沿井巷流动时，井巷对风流所呈现的阻力称为井巷的通风阻力；而单位体积风流

的能量损失称为风压降或称压差。所以,要使空气沿井巷流动,就要提高起点的能量,形成压力差以克服通风阻力,故压差的大小(单位用 Pa 即 N/m^2 表示)就是通风阻力(单位也用 Pa 即 N/m^2 表示)的大小。

空气流动的过程就是克服阻力的过程。这些阻力按其发生的原因归纳起来不外乎三种,即摩擦阻力、局部阻力和正面阻力。

(一)摩擦阻力

空气在井巷中流动时,由于井巷壁与风流间的摩擦引起风流本身分子间的相互干扰和摩擦而产生的阻力叫摩擦阻力,由该阻力所引起的风流能量损失叫摩擦阻力损失。

空气在井巷中流动和水在管道中流动很相似,所以可以把水力学中的有关公式应用于矿井通风中。根据水力学实验,摩擦阻力损失 h_f(Pa)为

$$h_f = \frac{\alpha UL}{S^3}Q^2 \tag{3-6}$$

式中　α——摩擦阻力系数,$N \cdot s^2/m^4$;

Q——风量,m^3/s;

U——管道壁的周边长,m;

L——管道的长度,m;

S——管道的面积,m^2。

摩擦阻力系数 α 是由巷道壁的粗糙程度决定的,不受风速的影响,受空气密度的影响很小。对于一条具体的井巷来说,巷道壁的粗糙程度是一定的,α 值可视为常数。各种巷道的 α 值,按空气密度 ρ 为 1.2 kg/m^3 计算,在通风类图书及设计参考书中都可以查出。

必须注意到,在相当一段时间内,还会存在工程单位制与法定单位制并用的情况。在工程单位制中摩擦阻力系数的单位用 $kg \cdot s^2/m^4$ 表示,则

$$1\ kg \cdot s^2/m^4 = 9.81\ N \cdot s^2/m^4 \tag{3-7}$$

在通风计算中要注意它们之间的关系。

每一条通风井巷,它的摩擦阻力系数、周边长、长度及断面面积等都是定值,可以令

$$R_f = \frac{\alpha UL}{S^3} \tag{3-8}$$

式中　R_f——摩擦风阻。

则

$$h_f = R_f Q^2 \tag{3-9}$$

式(3-9)适用于没有漏风、起点风量与终点风量相等的情况。有漏风时,起点风量 Q 与终点风量 Q' 不等,则应为

$$h_f = R_f\left(\frac{Q + Q'}{2}\right)^2 \tag{3-10}$$

(二)局部阻力

风流运动时,转弯、突然缩小等会导致风速的突然重新分布,引起分子之间的互相冲击产生的阻力称为局部阻力,该阻力引起的风流能量损失称为局部阻力损失。从实验得知:

$$h_{JU} = \xi \frac{\rho}{2} v^2 \tag{3-11}$$

式中　h_{JU}——局部阻力损失，Pa；

ξ——局部阻力系数，无因次；

ρ——空气密度，kg/m^3；

v——平均风速，m/s。

令 $\rho = 1.2$ kg/m^3，则

$$h_{JU} = 0.6\xi \frac{1}{S^2} Q^2 \tag{3-12}$$

由于断面面积 S 是定值，则令

$$R_{JU} = 0.6\xi \frac{1}{S^2} \tag{3-13}$$

式中　R_{JU}——局部风阻。

得

$$h_{JU} = R_{JU} Q^2 \tag{3-14}$$

矿井产生局部阻力的地点有风硐、风桥、弯道、断面变化的巷道、巷道交叉和会合处、扇风机扩散器等。就全矿而言，上述地点产生的局部阻力的总和在全矿通风阻力中所占比例通常小于 20%。但在特殊情况下，局部阻力有时可能加大，不应忽视。

（三）正面阻力

若风流中存在物体，则空气流动时，必然使风速突然重新分布，造成风流分子间的互相冲击而产生的阻力叫正面阻力，由正面阻力所引起的风流能量损失叫正面阻力损失。从实验可知 h_{ZH}（Pa）：

$$h_{ZH} = R_{ZH} Q^2 \tag{3-15}$$

式中　R_{ZH}——正面风阻。

正面风阻在矿井通风阻力中所占比例较小，一般都忽略不计，特殊情况下可包括在摩擦风阻中。

三、矿井巷道摩擦阻力系数的测定

一般通风类图书及设计手册都有各种不同井巷的摩擦阻力系数，可供参考使用。由于摩擦阻力系数与空气密度成正比，所以在书中所列的数值是以空气密度为 1.2 kg/m^3 为标准的。

为了摩擦阻力系数更加切合实际，可在现场实测。矿井里，可以用皮托管、倾斜压差计及风速表等测算出井巷的摩擦阻力系数 α。所测井巷的断面、形状及巷道壁的粗糙度应无变化，选择其中不小于 200 m 长的一段直线巷道，测出该巷道的风流差 h_M 和风量 Q，并量出巷道的周长 U、断面面积 S 及两测点之间的距离 L，即可求出摩擦阻力系数 α 值。同时，还要测出该地区的空气、温度、湿度、气压，求出空气的密度，再将 α 换算为标准值 α_β（N · s^2/m^4）：

$$\alpha_\beta = \frac{1.2\alpha}{\rho} \tag{3-16}$$

还应说明,当巷道漏风时,应按两测点的风量求出巷道的平均风量,再求出 α 值。测定时应注意以下几点:

(1)压差计应放在欲测段风流下方测点的后面距离 6 ~ 8 m 处,以免影响压差的测定。

(2)读数时,两测点之间不应有行人和车辆。

(3)胶皮管内不能进水,管内应畅通无阻。

(4)各接头处不能漏气。

(5)皮托管应用支架支撑牢固。

四、矿井风阻特性曲线及等积孔

(一)矿井风阻特性曲线

根据矿井通风阻力定律,对于一条风道和整个矿井来说,风阻 R 可以看成是常数,不同的风量 Q,相应地造成不同的压差 h。以压差为纵坐标,风量为横坐标,按照已给定的风阻值,即可做出一条 h—Q 曲线,如图 3-2 所示。风阻特性曲线是一条抛物线,即 R 所示。但是当风阻变化时,风阻特性曲线也随之变化。风阻增大,曲线变陡如图中Ⅰ所示;风阻减小,曲线变缓如图中Ⅱ所示。通风阻力是由风量及风阻两方面造成的,但是在压差一定时,风阻大风量小,风阻小风量大。所以,一个矿井的通风困难与否,在很大程度上决定于风阻大小。矿井风阻大表示通风困难,反之表示通风容易。

(二)矿井等积孔

衡量矿井通风的难易程度,除用风阻大小表示外,在实际中还常常用等积孔表示。如图 3-3 所示,设一容器,器壁上有一小孔,面积为 $A(\text{m}^2)$,孔中心线距水面的距离为 $h(\text{m})$。由于水压作用,水从孔口往外射出,并且产生收缩现象,平均收缩 35%,故使水流断面收缩到 $0.65A$。

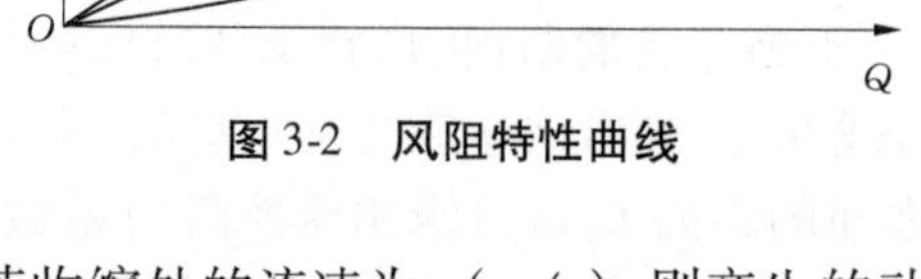

图 3-2　风阻特性曲线

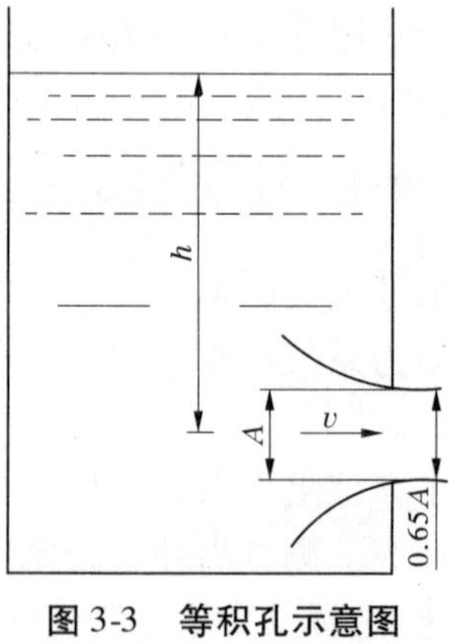

图 3-3　等积孔示意图

若收缩处的流速为 $v(\text{m/s})$,则产生的动压为 $\frac{1}{2}\rho v^2$。由于孔口周围的板壁很薄,对于水流的摩擦阻力极小,可以忽略不计,则水的位能就全部变为动能,即

$$h = \frac{1}{2}\rho v^2 \tag{3-17}$$

所以

$$v = \sqrt{\frac{2h}{\rho}} \tag{3-18}$$

而流量 $Q = v \times 0.65A$，则 $v = \frac{Q}{0.65A}$，代入式(3-18)得

$$\frac{Q}{0.65A} = \sqrt{\frac{2h}{\rho}}$$

$$A = \frac{Q}{0.65\sqrt{\frac{2h}{\rho}}} \tag{3-19}$$

可以看出，容器的断面很大，当水位 h 一定时，A(m^2)值大，流量 Q 值大，而 A 值小，流量 Q 值也小。即一定的压力对于一定的孔只能产生一定的流量。矿井通风也是如此，一定的压差对于一定的矿井也只能产生一定的风量。所以，风阻 R 和孔口的面积 A，都可反映出矿井通风的难易程度，这个孔叫等积孔。

将空气密度 $\rho = 1.2\ kg/m^3$ 代入式(3-19)，则得

$$A = 1.192\frac{Q}{\sqrt{h}} \tag{3-20}$$

$$A = 1.192\frac{1}{\sqrt{R}} \tag{3-21}$$

或

$$R = \frac{1.42}{A^2} \tag{3-22}$$

式中 A——等积孔面积，m^2；

R——风阻，$N \cdot s^2/m^8$。

等积孔只是衡量矿井通风难易程度的一个假想孔，而不是存在于矿井中的具体孔。为此，根据风阻或等积孔可将矿井按通风难易程度分为三级，如表 3-2 所示。

表 3-2 矿井按通风难易程度分级

矿井风阻等级	等积孔面积 A(m^2)	风阻 R($N \cdot s^2/m^8$)
大风阻矿井	<1	>1.42
中风阻矿井	1~2	0.355~1.42
小风阻矿井	>2	<0.355

五、降低矿井风阻的措施

矿井要求一定的风量。为了满足所需风量，需要使用扇风机。扇风机的电耗与矿井风阻及风量有关。当风量不能降低要求时，应通过降低风阻来降低电耗，从而降低矿井通风费用。降低风阻的措施如下。

(一)降低摩擦风阻

从式(3-8)可知,井巷的断面面积、长度、周边长及摩擦阻力系数都在不同程度地影响着摩擦风阻的大小,从降低风阻的角度来看,都属于应考虑的因素。

(1)增大风流断面面积。可以明显地看出,风流断面面积的三次方与摩擦阻力成反比关系。同一形状的断面,断面增大,周边也增加。例如梯形巷道,断面与周长存在如下关系:

$$U = 4.16\sqrt{S} \tag{3-23}$$

式中 U——井巷的周边长;

S——井巷的断面面积。

式(3-8)可以理解为

$$R_{\mathrm{f}} \propto \frac{U}{S^3}$$

$$R_{\mathrm{f}} \propto \frac{\sqrt{S}}{S^3}$$

所以:

$$R_{\mathrm{f}} \propto \frac{1}{S^{5/2}}$$

虽然摩擦风阻与井巷断面面积没有达到三次方的反比关系,但它仍然是降低风阻的一个重要的因素。从通风的角度,断面越大,风阻越小,耗电越少。但是断面增大,掘进成本增高。所以,其中存在着合理的经济断面,其通风费用与掘进费用之和达到最低。

(2)减少周边长。面积相同、形状不同的井巷断面,其周边长也各不相同。设圆形周边长为1时,其他同面积但断面形状不同的周边长列于表3-3中,可根据生产需要选用。

表3-3 不同断面与圆形断面相比在断面面积相等的条件下周边长为圆周长的倍数

断面形状	周边长为圆周长的倍数
圆形	1
正方形	1.13
梯形	1.18
椭圆形	1.09~1.23
矩形	1.2~1.5

(3)减少风流长度,为了降低摩擦风阻,应以最短距离送风。

(4)减少摩擦阻力系数。井巷壁的光滑程度直接影响摩擦风阻。一般来说,混凝土砌碹及喷浆支护具有较小的摩擦阻力系数。保证设计的井巷断面规格是摩擦风阻的有效措施。

(二)降低局部风阻

在通风井巷中,应尽量避免风流的直角转弯、突然扩大及突然缩小等现象。

(三)降低正面风阻

在通风井巷中,应清除不必要的堆积物,尤其是抽出式通风的回风道,往往不易引起人们的重视。

（四）合理选择降低风阻的井巷

降低风阻的目的是降低电耗。在同样风阻条件下，风量的大小对阻力的影响更加突出一些。那么风量大的井巷采取降低风阻的措施，收获就显著得多。所以，对主要的进、出风井巷，采用适当措施降低风阻就显得特别重要。

项目小结

【技能训练】

通风管道中摩擦阻力与摩擦阻力系数的测定

一、实验目的

学习测算通风阻力及摩擦阻力系数的方法，加深对矿井通风阻力的理解。

二、实验要求

（1）掌握测定通风阻力、求算风阻和等积孔、绘制风阻特性曲线的方法。

（2）掌握在通风管道中测算摩擦阻力系数的方法。

三、实验仪器和设备

同项目二技能训练通风管道中风流点压力和风速的测定仪器和设备相同。

四、实验内容及步骤

（一）原理

根据能量方程可知，当管道水平放置时，两测点之间管道断面相等，没有局部阻力，且空气密度近似相等，则两点之间的摩擦阻力就是通风阻力，它等于两点之间的绝对静压差（$h_f = h_{1-2} = P_1 - P_2$）。

根据项目三内容可知：

管道的摩擦阻力 h_f（Pa）：

$$h_f = a\frac{UL}{S^3}Q^2$$

风阻 R_f（$N \cdot s^2/m^8$）：

$$R_f = \frac{h_f}{Q^2}$$

等积孔 A（m^2）：

$$A = \frac{1.192}{\sqrt{R}}$$

摩擦阻力系数 $a_{测}$（$N \cdot s^2/m^4$）：

$$a_{测} = \frac{h_f S^3}{ULQ^2}$$

换算为标准状态的 $a_{标}$(N·s²/m⁴)：

$$a_{标} = \frac{1.2a_{测}}{p_{测}}$$

最大动压平均值 $\bar{h}_{vmax}$(Pa)：

$$\bar{h}_{vmax} = \frac{h_{vmax1} + h_{vmax2}}{2}$$

平均最大风速 $\bar{v}_{max}$(m/s)：

$$\bar{v}_{max} = \sqrt{\frac{2\bar{h}_{vmax}}{p}}$$

管道平均风速 $\bar{v}$(m/s)：

$$\bar{v} = K\bar{v}_{max}$$

管道风量 Q(m³/s)：

$$Q = \bar{v}S$$

(二)测定方法和步骤

(1)将 U 型管垂直压差计和皮托管按图 3-4 连接，检查无误后开机测定。

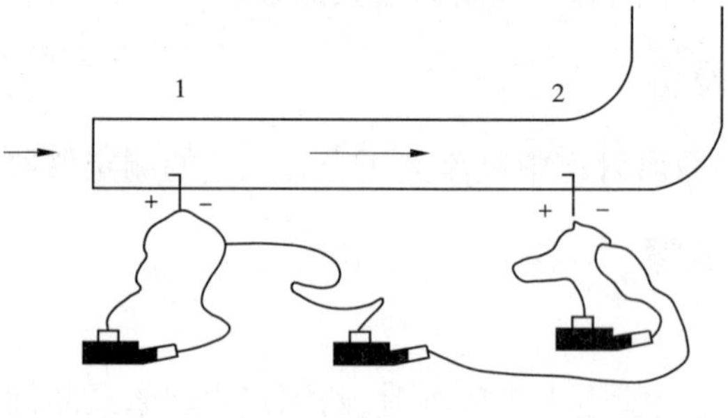

图 3-4　通风管道中摩擦阻力测定布置图

(2)当水柱计稳定时，同时读取 h_{vmax1}、h_{vmax2} 和 h_{1-2}，记入实验报告书中。

(3)用皮尺两处测点 1、2 之间的距离，根据管道直径计算出管道面积和周边长，记入实验报告书中。

(4)根据上述数据计算风阻、等积孔、摩擦阻力系数，记入实验报告书中。

(5)计算时空气的密度和速度场系数用项目一技能训练二矿井大气主要参数的测定与项目二技能训练通风管道中风流点压力和风速的测定的实验结果。

五、实验数据

将管道参数与压力计读数填入表 3-4 中。

表 3-4　管道参数与压力计读数

测量次数	h_{vmax1}(Pa)	h_{vmax2}(Pa)	h_{1-2}(Pa)	测点间距离(m)	管道直径(m)	周边长(m)	断面面积(m^2)	空气密度(kg/m^3)	速度场系数
1									
2									
3									
平均									

将管道摩擦风阻与摩擦阻力系数计算结果填入表 3-5 中。

表 3-5　管道摩擦风阻与摩擦阻力系数计算结果

平均风速(m/s)	风量(m^3/s)	管道风阻值($N \cdot s^2/m^8$)	等积孔面积(m^2)	摩擦阻力系数($N \cdot s^2/m^4$)	摩擦阻力系数标准值($N \cdot s^2/m^4$)

六、思考题

(1)如果改变试验管道的断面、长度、风量,对实验结果有无影响?为什么?

(2)为什么要同时读取 h_{vmax1}、h_{vmax2} 和 h_{1-2}?

复习思考题

3-1　何谓层流、紊流?如何判别流体的状态?

3-2　矿井通风阻力有几种?它们产生的原因是什么?

3-3　摩擦阻力系数与哪些因素有关?

3-4　局部阻力形式有哪些?造成能量损失的原因是什么?

3-5　风流流入断面突然扩大的阻力损失与流入断面突然缩小的阻力损失相比较哪一个更大?为什么?

3-6　等积孔的含义是什么?如何衡量矿井通风难易程度?

3-7　根据摩擦阻力计算式,简述降低摩擦阻力的方法。

3-8　根据局部阻力产生原因,简述降低局部阻力的方法。

3-9　已知某主要运输巷道长 1 000 m,用无底梁木支架支护,摩擦阻力系数 a 为 0.014 7 $N \cdot s^2/m^4$,巷道静断面面积 S 为 5 m^2,周边长 U 为 9.3 m,巷道中通过的风量 Q 为 30 m^3/s,试求该段巷道的摩擦风阻和摩擦阻力。

3-10　风流由断面面积 S_1 为 2 m^2 的巷道突然流入断面面积 S_2 为 10 m^2 的巷道中,若巷道中通过的风量 Q 为 20 m^2/s,空气密度 ρ 为 1.21 kg/m^3,查表得局部阻力系数为 0.64,试求风流断面突然扩大时的风压损失。

3-11　某巷道通过的风量 $Q=40\ m^3/s$，空气的密度 $\rho=1.25\ kg/m^3$，在突然扩大段，巷道断面面积由 $S_1=6\ m^2$ 变为 $S_2=10\ m^2$。求：

(1)突然扩大段的局部阻力。

(2)其他条件不变，若风流由大断面流向小断面，则突然缩小段的局部阻力是多少？

项目四　矿井通风动力

空气在井巷中流动会遇到矿井通风阻力，克服矿井通风阻力的能量或压力称为矿井通风动力。矿井通风动力分为自然条件产生的自然风压和通风机产生的机械风压两种。本项目主要介绍这两种通风动力的影响因素、特征及其对矿井通风的作用。

单元一　矿井自然风压利用和控制

【学习目标】

1. 能解释自然风压特性和对机械通风的影响。
2. 能解释自然风压的控制和利用方法。
3. 能测定矿井自然风压。

【导入】

因矿井进风井筒与出风井筒空气柱的重力不同而产生的自然压力差对矿井通风有各种影响，为了合理利用自然风压，趋利避害，我们应该知道自然风压产生的原因以及特征，能测定矿井的自然风压，并利用矿井自然风压。

【正文】

一、自然风压及其变化规律

（一）自然风压的产生

由矿井气候等自然条件产生的风压称为自然风压。矿井产生自然风压的原因是由于矿井进风井筒与出风井筒空气柱的重力不同而产生的自然压力差，如图 4-1 所示。自然风压的大小与两井筒内空气的温度、湿度、空气成分和井筒的深度有关，影响自然风压的主要因素是两井筒的深度和井筒内空气柱的温度差。

（二）自然风压的特征

自然风压的大小随季节气温的变化而变化，自然风压供给矿井的风量大小也是变化的，图 4-2 是某矿井全年自然风压随时间变化的曲线。

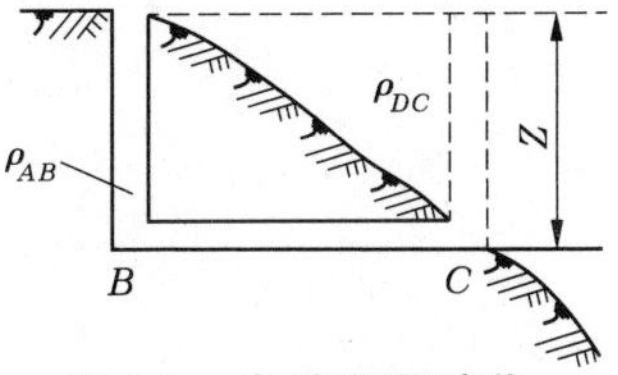

图 4-1　自然通风矿井

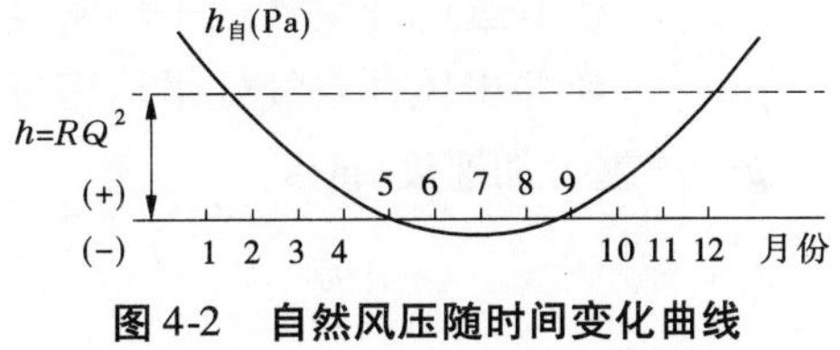

图 4-2　自然风压随时间变化曲线

在机械通风的矿井中，自然风压仍然存在，而且自然风压随矿井风量的增加而增加，如图4-3中斜线1、3所示。当矿井的通风量越大时，自然风压也越大，因为斜线1、3的斜率很小，在实际应用中为了方便常用水平直线2、4近似地代替1、3。

自然风压有正负之分，如果自然风压帮助矿井机械通风则为正值，如果自然风压阻碍矿井机械通风则为负值。

二、自然风压的测定

生产矿井自然风压的测定方法有直接测定法和间接测定法两种。

（一）直接测定法

矿井在无通风机工作或通风机停止运转时，在井下总风流的任何地点设置临时隔断风流的挡风墙，然后用压差计测出挡风墙两侧的静压差，该静压差即为矿井的自然风压值，如图4-4所示。

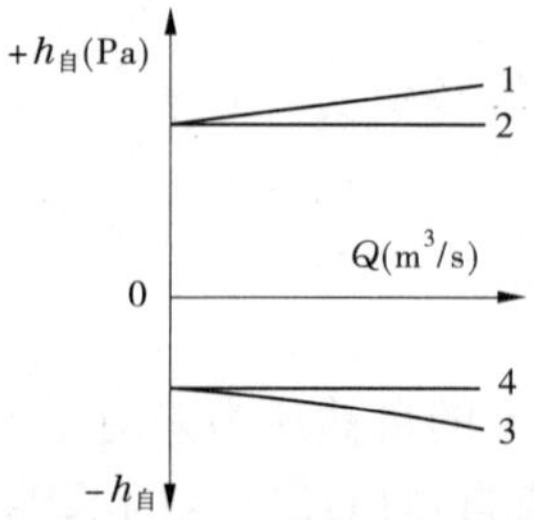

图4-3 自然风压随风量变化曲线

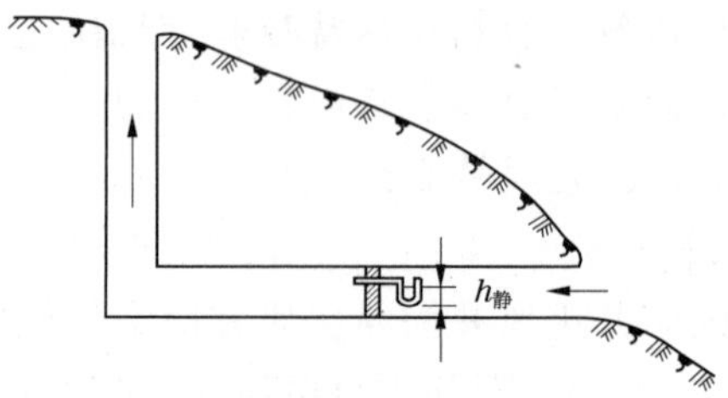

图4-4 设挡风墙测定自然风压

在生产矿井中，常用断流法直接测定矿井的自然风压。如图4-5所示，在通风机停止运转时，将风硐的闸门全部放下，然后由通风机房的U形水柱直接读出矿井自然风压值。当水柱的偏转方向与通风机开动时的偏转方向相反时，自然风压为正值，即帮助通风机工作；反之，自然风压为负值，即阻碍通风机工作。

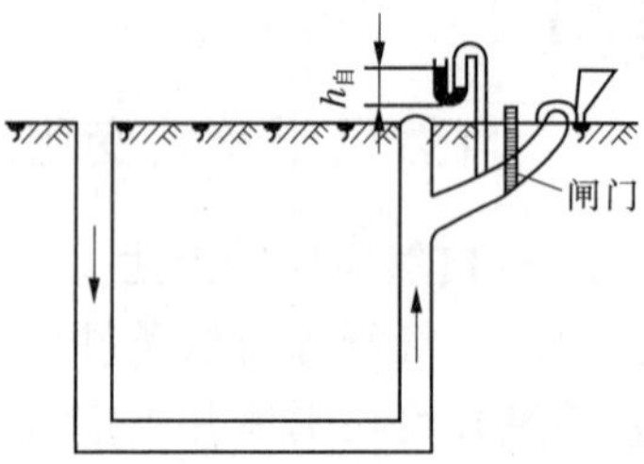

图4-5 利用闸门测定自然风压

（二）间接测定法

间接测定法就是测定矿井进、出风井侧空气的平均密度，然后用式（4-1）计算矿井自然风压的大小，即

$$h_自 = Z(\rho_进 - \rho_回)g \tag{4-1}$$

式中 $h_自$——矿井自然风压，Pa；

Z——矿井深度，m；

$\rho_进$——矿井进风井空气柱平均密度，kg/m³；

$\rho_回$——矿井出风井空气柱平均密度，kg/m³；

g——重力加速度，m/s²。

三、自然风压的利用

(一)自然风压对矿井机械通风的影响

采用机械通风的矿井,随着一年四季气温的变化,会因为自然风压的变化而引起井巷风流的风量发生变化,有的甚至造成井巷风流短滞或风流反向,由此可能引发矿井通风安全方面的严重事故。在矿井通风管理上,应特别注意自然风压对矿井通风的影响,预防自然风压使井巷风流反向。尤其在山区多井筒通风的高瓦斯矿井中应特别注意自然风压,以免造成风量不足或局部井巷风流反向酿成事故。为防止自然风压对矿井通风的不利影响,应对矿井自然通风情况作充分的调查研究和实际测量工作,掌握通风系统及各水平自然风压的变化规律,这是采取有效措施控制自然风压的基础。在掌握矿井自然风压特性的基础上,可根据情况采取安装高风压风机的方法来对自然风压加以控制,也可适时调整主要通风机的工况点,使其既能满足矿井通风需要,又可节约电能。

(二)自然风压的利用

《安全规程》规定:矿井必须采用机械通风;主要通风机必须安装在地面上;必须保证主要通风机连续运转。矿井不能采用自然通风,但自然通风的作用在矿井中普遍存在,它在一定程度上会影响矿井主要通风机的工况。

1. 设计和建立合理的矿井通风系统

由于矿区地形、开拓方式和矿井深度的不同,地面气温变化对自然风压的影响程度也不同。在山区和丘陵地带,应尽可能利用进、出风井口的标高差,将进风井布置在较低处,出风井布置在较高处。如果采用平硐开拓,有条件时应将平硐作为进风井,并将井口尽量迎向常年风向,或者在平硐口设置适当的导风墙,出风平硐口设置挡风墙。进、出风井口标高差较小时,可在出风井口修筑风塔,风塔高度以不低于 10 m 为宜,以增加自然风压。

2. 人工调节进、出风侧的气温差

在条件允许时,可在进风井巷内设置水幕或借助于井巷淋水冷却空气,以增加空气密度,同时可起到净化风流的作用。在出风井底处利用地面锅炉余热等措施来提高风流气温、减小回风井空气密度。

3. 降低井巷风阻

尽量缩短通风路线或采用平行巷道通风;当各采区距离地表较近时,可用分区式通风;各井巷应用足够的通风断面,且应保持井巷内无杂物堆积,防止漏风。

4. 消灭独井通风

在建井时期可能会出现独井通风现象,此时可根据条件用风障将风筒隔成一侧进风另一侧出风;或用风筒倒风,使较冷的空气由风筒进入,较热的空气从导风筒排出。也可利用钻孔构成通风回路,形成自然风压。

5. 注意自然风压在非常时期对矿井通风的作用

在制定《矿井灾害预防和处理计划》时,要考虑到若主要通风机因故停转,如何采取措施利用自然风压进行通风以及此时自然风压对通风系统可能造成的不利影响;制定预防措施,防患于未然。

单元二　矿井主要通风机及其附属装置

【学习目标】

1. 能概述通风机的种类、主要结构及原理。

2. 能陈述通风机附属装置的作用和要求。

【导入】

《安全规程》规定，我国煤矿普遍采用地面安装主要通风机的机械通风，所以我们应该对主要通风机的种类、主要结构及原理有所了解，并掌握通风机附属装置的作用和要求。

【正文】

按《安全规程》规定，我国煤矿普遍采用地面安装主要通风机的机械通风，而主要通风机的平均电耗占全矿总电耗的20% ~ 30%，甚至更大。因此，合理选择和使用主要通风机，对矿井安全生产、改善井下工作环境、节能降耗都有重要作用。

矿用通风机按照其服务范围的不同，分为矿井主要通风机、辅助通风机和局部通风机。矿井主要通风机担负全矿井或矿井的一翼或一个较大区域的通风，是矿井的主要通风设备；辅助通风机担负矿井中的某一分支（如某采区或某工作面）的通风，它帮助主要通风机克服某些分支的通风阻力，保证分支所需的风量，是矿井的辅助通风设备；局部通风机担负掘进工作面或局部通风地点的通风，是矿井掘进通风的主要设备。

矿用通风机按照结构和工作原理不同，可分为离心式通风机和轴流式通风机两类。此外，新型高效对旋式轴流式通风机也普遍应用于煤矿，可作局部通风机和主要通风机使用。

一、离心式通风机

如图4-6所示，离心式通风机主要由叶轮1、螺形机壳2、扩散器3、主轴4、前导器7及吸风口12组成。叶轮由两个圆盘，圆盘之间装有20多块叶片。叶轮装于轴4上，轴装在两个轴承上，一个为止推轴承5、一个为径向轴承6。轴4与电动机14的轴用齿轮联轴器9直接相连，形成直接传动。前导器7是用来调节风流进入通风机叶轮时的方向，可以调节通风机所产生的风压和风量。制动器10可使通风机急速停转。通风机吸风口12与风硐15相连，13为通风机房，通风机房设有通风机运转情况和矿井通风情况观察仪表和电力拖动装置。

当叶轮转动时，靠离心力的作用，空气由吸风口12进入，经前导器进入叶轮的中心部分，然后转90°沿径向离开叶轮流入机壳，再经扩散器3排出。空气经过通风机后，获得能量，形成通风机进出、风侧的压力差，用以克服矿井通风阻力，达到通风的目的。

我国生产的离心式通风机较多，煤矿主要通风机常用的离心式通风机有4－72－11型、G4－73－11型和K4－73－01No. 32型等，其含义以K4－73－01No. 32型为例说明如下：

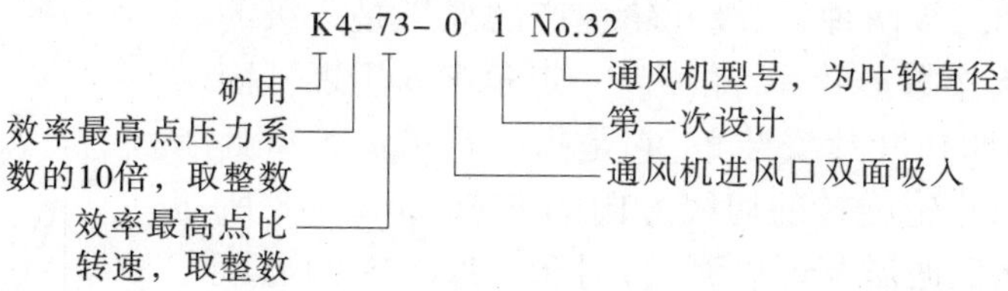

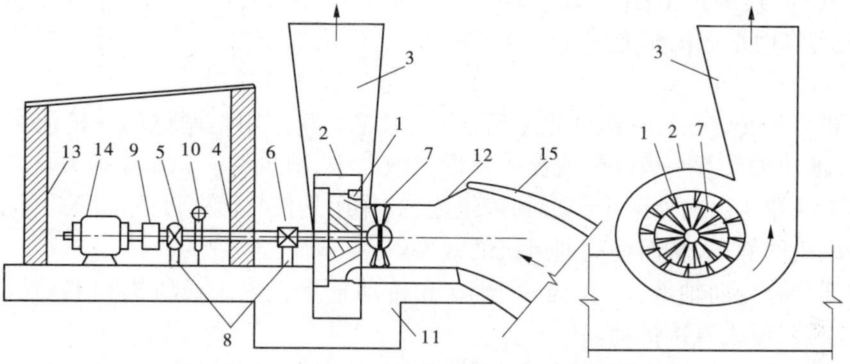

1—叶轮;2—螺形机壳;3—扩散器;4—主轴;5—止推轴承;6—径向轴承;7—前导器;
8—机架;9—联轴器;10—制动器;11—机座;12—吸风口;13—通风机房;14—电动机;15—风硐

图 4-6 离心式通风机构造示意图

二、轴流式通风机

如图 4-7 所示，轴流式通风机主要由通风机进风口、叶轮、整流器、扩散器和传动部分组成。进风口包括集风器 1 和流线体 2，其作用是使空气均匀地沿轴向流入风机主体风筒内，以减少气流冲击。工作叶轮 4、6 是通风机使空气增加能量的唯一旋转部件。轴流

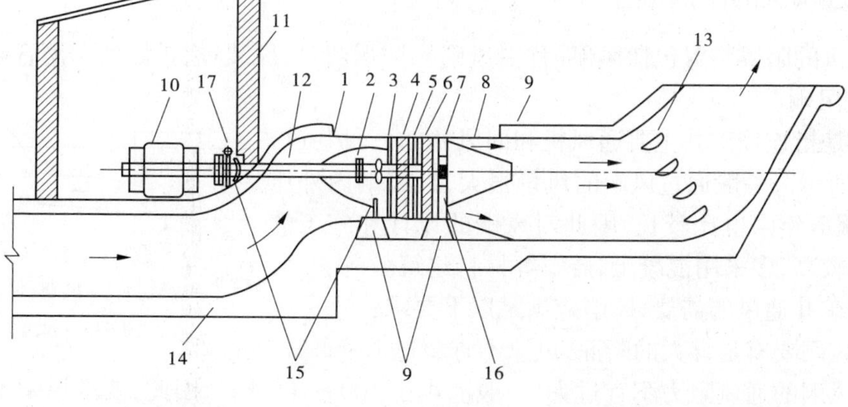

1—集风器;2—流线体;3—前导器;4—第一级叶轮;5—中间整流器;6—第二级叶轮;
7—后整流器;8—环形扩散器与水泥扩散器;9—机架;10—电动机;11—通风机房;12—风硐;
13—导风板;14—基础;15—径向轴承;16—止推轴承;17—制动闸

图 4-7 轴流式通风机构造示意图

式通风机有一级和二级两种，二级叶轮生产的风压是一级的2倍。叶轮上有16个翼形叶片，叶片以一定角度 θ 用螺杆固定在轮壳上。θ 角叫作叶片安装角，它是指叶片风流入口处与出口处的连线与叶轮旋转的切线方向的夹角，如图4-8所示。叶片安装角 θ 根据需要可以调整，对于一级叶轮的通风机，其调角范围有10°、15°、20°、25°、30°、35°和40°；对于二级叶轮的通风机，其调角范围有15°、20°、25°、30°、35°、40°和45°。叶轮的作用是把机械能转化为空气的能量，以增加空气全压。

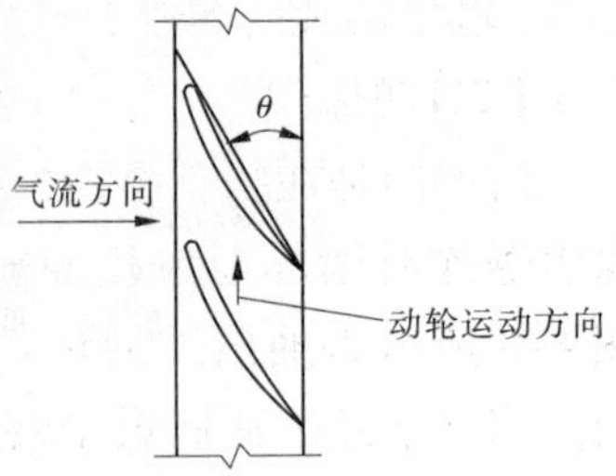

图4-8　叶片安装角

整流器5、7安装在每一级叶轮之后，为固定轮。其作用是调整前一轮流出的气流方向，使它按轴向进入下一级叶轮或流入环形扩散器中，减少动能和涡流损失。

环形扩散器8由内外两个锥形圆筒组成，其作用是使气流速度逐渐降低，把气流速压转换为通风机的静压，从而提高通风机的效率。

传动部分有径向轴承15、止推轴承16和传动轴承组成。通风机和电动机的轴用齿轮联轴器连接，形成直接传动。

通风机运转时，风流经集风器、流线体进入风机的第一级叶轮，再经中间整流器进入第二级叶轮，又经后整流器进入扩散器，最后排出风机，达到通风的目的。

煤矿主要通风机常用的轴流式通风机有2K60－1－No. 24型、6ZA14－11型、GAF型以及FBC系列等，其含义以2K60－No. 24型为例说明如下：

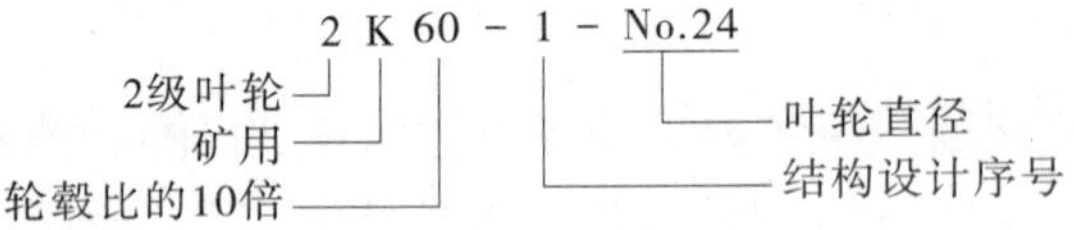

三、通风机的附属装置

通风机的附属装置包括风硐（称引风硐）、防爆门、反风装置、扩散器和消音装置。

（一）风硐

风硐是指连接矿井主要通风机和回风井的一段巷道，如图4-9所示。一般通过风硐的风量很大，且风硐内外压差较大，服务年限也比较长，因此对风硐的设计和施工的质量要求较高，多采用混凝土、砖石等材料建筑。

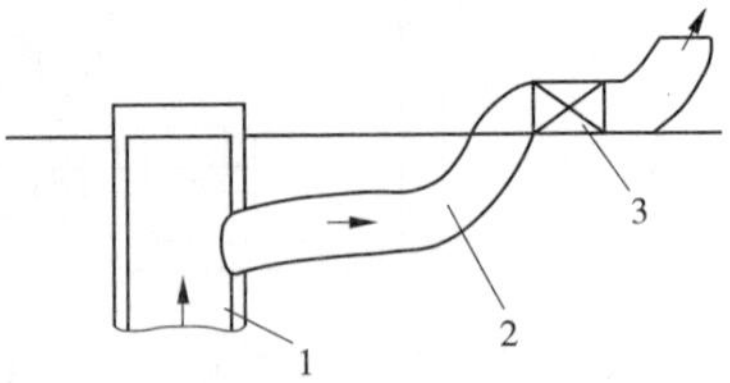

1—出风井；2—风硐；3—通风机
图4-9　风硐

根据矿井通风的需要，风硐应满足以下要求：

（1）风硐要有足够大的断面，风速不宜超过15 m/s。

（2）风硐的通风阻力不宜过大，一般应小于100～200 Pa。因此，要求风硐不宜过长，风硐与风井连接和拐弯处要平缓，呈圆弧形，内壁要光滑，并保持无堆积物，以减少风硐的通风阻力。

（3）风硐内须安设测量风速和压力的装置，因此风硐的长度不应小于 $10D \sim 20D$（D 为主要通风机叶轮的直径）。

(4)风硐及闸门等装置,结构要严密,以防止漏风。

(二)防爆门

防爆门是在装有通风机的井口上为防止瓦斯煤尘爆炸时毁坏通风机而安装的安全装置。如图4-10所示为抽出式通风矿井出风井口的防爆门。当井下发生瓦斯煤尘爆炸时,防爆门即能被爆破冲击波冲开,从而起到保护通风机(有利于抢险救灾、恢复生产)的作用。

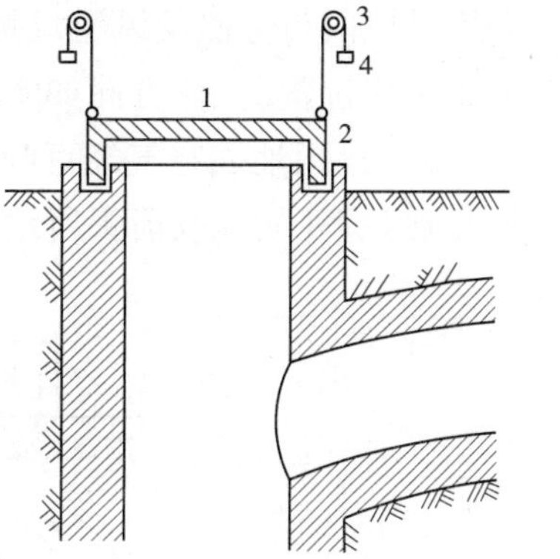

1 —防爆门;2 —井口阀;3 —滑轮;4 —平衡锤

图4-10 防爆门

《安全规程》规定:装有主要通风机的出风井口应安装防爆门,防爆门每6个月检查维修1次。防爆门应正对出风井口的风流方向,其面积不得小于出风井口的断面面积。为了防止防爆门漏风,防爆门的密闭采用水封或油封密闭,所以井口圈的凹槽应经常保持足够的水量,槽的深度必须大于防爆门内外的压力差要求的深度值。

(三)反风装置

当矿井在进风井口附近、井筒或井底车场及其附近的进风巷道发生火灾时,为了防止灾害范围扩大,有利于灾害事故的处理和救护工作,往往需要改变全矿井的风流方向,称为矿井反风。

1. 离心式通风机的反风装置

常用的离心式通风机的反风装置是反风门和旁侧反风道。如图4-11所示,通风机正常工作时,反风控制风门1和反风进风风门2处于实线位置;反风时,将反风控制风门1提起,把反风进风风门2放下,地表空气自反风进风风门2进入通风机,再从反风控制风门1通过旁侧反风道3,进入风井到井下,达到反风的目的。

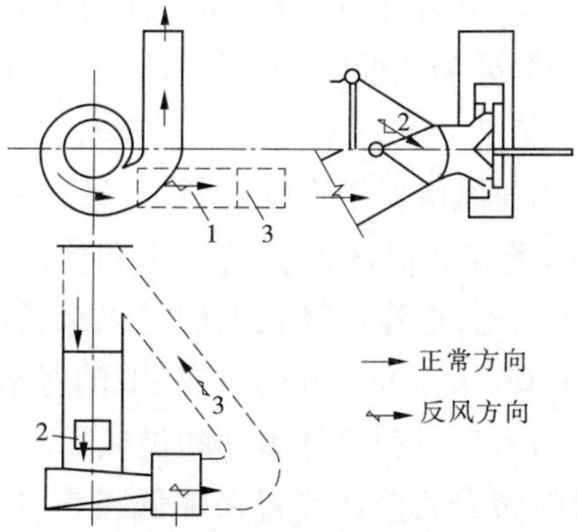

1—反风控制风门;2—反风进风风门;3—旁侧反风道

图4-11 离心式通风机反风装置示意图

2. 轴流式通风机的反风装置

轴流式通风机的反风装置有利用反风门与旁侧反风道反风、调整通风机叶片角度反风和通风机反转反风三种方式。

利用反风门与旁侧反风道反风的方法如图 4-12 所示，通风机正常工作时，反风门 a 和 b 处于实线位置（风流方向如实线箭头方向）；反风时，可提起反风门 a，把反风门 b 放下（如虚线位置），地表空气经百叶窗、活门 b 进入通风机，再由活门 a 通过旁侧反风道 c，进入风井到井下（如虚线箭头所示），达到反风的目的。

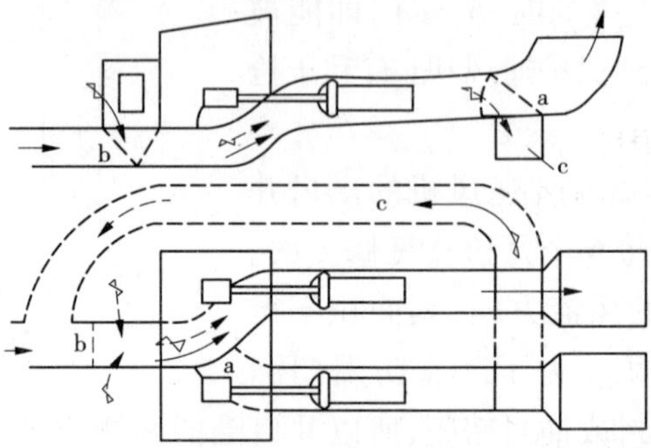

a、b—反风门；c—旁侧反风道

图 4-12　轴流式通风机反风装置示意图

（四）扩散器

为了降低通风机出口的动压以提高通风机的静压，在通风机出口处外接一定长度、断面逐渐扩大的风道，称为扩散器。

小型离心式通风机的扩散器由金属板焊接而成，大型离心式通风机的扩散器用砖或混凝土砌筑。扩散器的敞角 α 一般为 8°～10°；出口断面面积与入口断面面积之比为 3～4。

轴流式通风机的扩散器由环形扩散器与水泥扩散器组成（见图 4-7）。环形扩散器由圆锥形内筒和外筒构成，外圆锥体的敞角一般为 7°～12°，内圆锥体的敞角一般为 3°～4°。水泥扩散器为一段向上弯曲的风道，它与水平线所成的夹角为 60°，其高为叶轮直径的 2 倍，长为叶轮直径的 2.8 倍，出风口为长方形断面（长为叶轮直径的 2.1 倍，宽为叶轮直径的 1.4 倍）。扩散器的拐弯处为双曲线形，并安设一组导流叶片，以降低阻力。

（五）消音装置

矿井通风机特别是轴流式通风机属于强噪声源，其噪声一般在 90 dB 左右，有的甚至高达 110 dB，严重影响工业广场和居民区人员的工作和休息。为了保护环境，降低噪声污染，需要对通风机采取消音措施，把噪声降到人们可以承受的程度。《安全规程》规定，作业场所的噪声不应超过 85 dB，大于 90 dB 时，应采取消音措施。

通风机运转时产生空气动力噪声和机件震动的机械噪声。空气动力噪声主要采用在扩散器风道内装设用吸声材料做成的消音装置来降低噪声；机械噪声主要由机壳向外传播，一般采用隔音材料将机壳密封的办法隔离噪声。生产通风机的厂家，一般都开发有消音装置产品，可以选用。

单元三 矿井主要通风机的工作特性及其调节

【学习目标】

1. 能陈述各种通风机的个体特性曲线含义。

2. 能陈述抽出式、压入式通风矿井中通风机的风压与矿井通风阻力的关系。

【导入】

矿井主要通风机的个体特性曲线对风机选型具有重要意义，风机选型还要求我们掌握抽出式、压入式通风矿井中通风机的风压与矿井通风阻力的关系。

【正文】

一、通风机的特性

(一)通风机的基本参数

反映通风机工作特性的基本参数有 4 个，即通风机的风量 $Q_{通}$、风压 $h_{通}$、功率 $P_{通}$ 和效率 $\eta_{通}$。

1. 通风机的风量

$Q_{通}$ 表示单位时间内通过通风机的风量，单位为 m^3/s、m^3/min、m^3/h。当通风机做抽出式工作时，通风机的风量等于总回风道风量与回风井口漏入风量之和；当通风机做压入式工作时，通风机的风量等于总进风道风量与进风井口漏出风量之和。

通风机的风量一般用高速风表或皮托管在风硐或通风机圆锥形扩散器处实测。

2. 通风机的风压

通风机的风压有通风机全压($h_{通全}$)、静压($h_{通静}$)和动压($h_{通压}$)之分。通风机的全压表示单位体积的空气通过通风机后所获得的能量，单位为 Pa。通风机的全压为通风机的出口断面与入口断面的总能量差。因为出口断面与入口断面高差一般相对较小，即位压一般忽略不计，所以通风机的全压为通风机出口断面与入口断面的空气绝对全压之差，即

$$h_{通全} = P_{全出} - P_{全入} \tag{4-2}$$

式中 $h_{通全}$——通风机的全压，Pa；

$P_{全出}$——通风机出口空气的全压，Pa；

$P_{全入}$——通风机入口空气的全压，Pa。

通风机的全压包括通风机的静压和动压两部分。无论通风机是压入式工作还是抽出式工作，都有如下关系：

$$h_{通全} = h_{通静} + h_{通动} \tag{4-3}$$

式中 $h_{通全}$——通风机的全压，Pa；

$h_{通静}$——通风机的静压，Pa；

$h_{通动}$——通风机的动压，Pa。

通风机的动压等于通风机扩散器出口空气的动压，即

$$h_{扩动} = h_{通动} \tag{4-4}$$

式中 $h_{扩动}$——通风机扩散器出口空气动压,Pa。

3. 通风机的功率

通风机的输入功率 $P_{通入}$ 表示通风机轴从电动机得到的功率,单位为 kW。通风机的输入功率可用下式计算:

$$P_{通入} = \frac{\sqrt{3}UI\cos\varphi}{1\ 000}\eta_{电}\ \eta_{传} \tag{4-5}$$

式中 $P_{通入}$——通风机的输入功率,kW;

U——线电压,V;

I——线电流,A;

$\cos\varphi$——功率因数;

$\eta_{电}$——电动机的效率(%);

$\eta_{传}$——传动效率(%)。

通风机的输出功率 $P_{通出}$ 也叫有效功率,是指单位时间内通风机对通过的风量为 $Q_{通}$ 的空气所做的功,即

$$P_{通出} = \frac{h_{通}\ Q_{通}}{1\ 000} \tag{4-6}$$

式中 $P_{通出}$——通风机的输出功率,kW;

$h_{通}$——通风机的风压,Pa;

$Q_{通}$——通风机通过的风量,m^3/s。

因为通风机的风压有全压和静压之分,所以式(4-6)中 $h_{通}$ 为全压时,即为全压输出功率;当 $h_{通}$ 为静压时,即为静压输出功率。因为通风机的全压总是大于通风机的静压,所以通风机的全压输出功率也总是大于静压输出功率。

4. 通风机的效率

通风机的效率是指通风机输出功率与输入功率之比。因为通风机的输出功率有全压输出功率和静压输出功率,所以通风机的效率分全压效率和静压效率,即

$$\eta_{通全} = \frac{P_{全出}}{P_{通入}} = \frac{h_{通全}Q_{通}}{1\ 000P_{通入}} \tag{4-7}$$

$$\eta_{通静} = \frac{P_{静出}}{P_{通入}} = \frac{h_{通静}Q_{通}}{1\ 000P_{通入}} \tag{4-8}$$

式中 $\eta_{通全}$、$\eta_{通静}$——通风机的全压、静压效率(%);

$P_{通入}$、$P_{全出}$、$P_{静出}$——通风机的输入功率、全压输出功率和静压输出功率,kW;

$h_{通全}$、$h_{通静}$——通风机的全压、静压,Pa;

$Q_{通}$——通风机通过的风量,m^3/s。

通风机的效率越高,说明通风机的内部阻力越小,通风机的性能越好。

(二)通风机的个体特性曲线及工作范围

1.通风机的个体特性曲线

通风机的风量、风压、功率和效率这四个基本参数可以反映通风机的工作特性。通风机在一定的转速下,对应于一定的风量,就有一定的风压、功率和效率,如果调节通风机的风量,其他三者也随之发生改变。通常把表示通风机的风压、功率和效率随风量变化而变化的关系曲线,称为通风机的个体特性曲线。通风机的个体特性曲线通过通风机的性能试验测定绘制。

1)通风机的风压特性曲线

图 4-13 为实测绘制的离心式通风机的静压特性曲线、效率曲线和功率曲线,图 4-14 为实测绘制的轴流式通风机的全压与静压特性曲线、全压和静压效率及功率曲线。因为抽出式通风机的静压克服矿井通风阻力,压入式通风机的全压克服矿井通风阻力,所以现场抽出式通风机绘制静压特性曲线,压入式通风机绘制全压特性曲线。

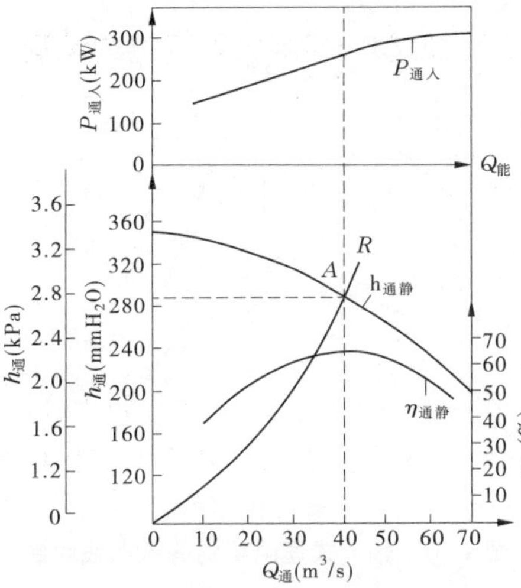

图 4-13　离心式通风机静压特性曲线、效率曲线和功率曲线

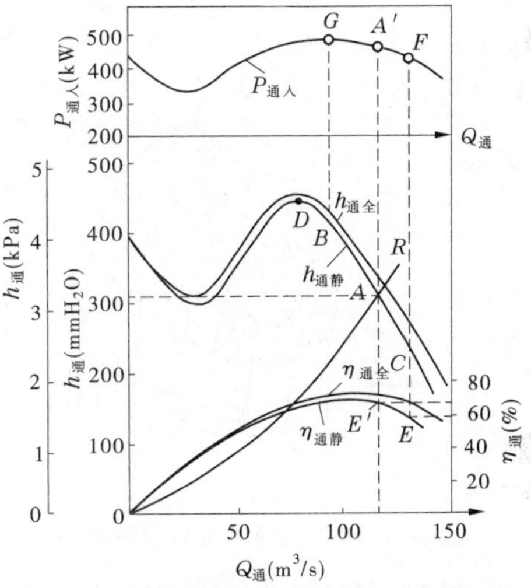

图 4-14　轴流式通风机全压与静压特性曲线、全压和静压效率及功率曲线

从图 4-13 与图 4-14 可以看出,离心式通风机的风压特性曲线比较平缓,当风量发生变化时,风压变化不太大;轴流式通风机的风压特性曲线比较陡斜,有一个马鞍形的"驼峰"区,当风量发生变化时,风压变化较大。

2)功率特性曲线

离心式通风机当风量增加时,功率也随之增大,为防止通风机启动时电流过大,引起电动机过负荷,所以在启动离心式通风机时,注意要关闭防爆门和通风机入口风硐的闸门,启动后再逐渐关闭防爆门,并将闸门调至合适位置,称为"开启动"。

3)效率曲线

离心式通风机和轴流式通风机的效率曲线都是当风量逐渐增加时,效率也逐渐增加,当效率增到最大值后便逐渐下降。因为轴流式通风机叶片的安装角是可以调整的,叶片的每个安装角都相应地有一条风压特性曲线和效率曲线。一般情况下，轴流式通风机的效率曲线用等效曲线来表示，如图 4-15 所示。

轴流式通风机的等效率曲线是把各条风压曲线上的效率相同的点连接起来绘制而成的。如图 4-16 所示为轴流式通风机等效曲线的绘制方法。轴流式通风机的两个叶片安装角 θ_1 和 θ_2 的风压特性曲线分别为 1 和 2，效率曲线分别为 3 和 4。自各个效率值（如 0.2、0.4、0.6、0.8）画水平虚线，分别与曲线 3 和 4 相交，得到 4 对效率相等的交点，从这 4 对交点作垂直横坐标的虚线分别与相应的个体风压曲线 1 和 2 相交，在曲线 1 和 2 上得到 4 对效率相等的交点，把效率相等的交点连接起来，即得出图中 4 条等效率曲线：η = 0.2、0.4、0.6、0.8。

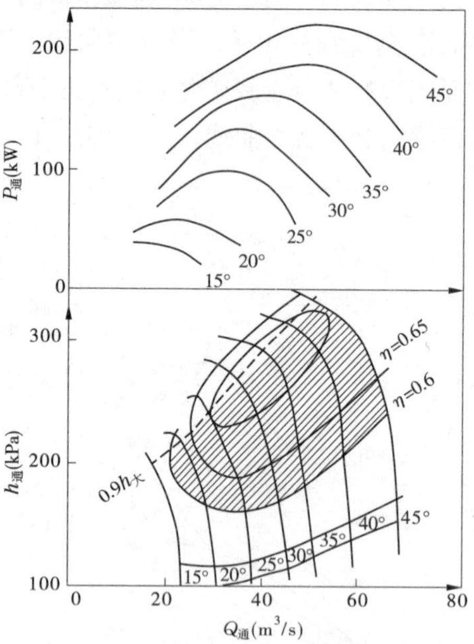

图 4-15 轴流式通风机的效率曲线

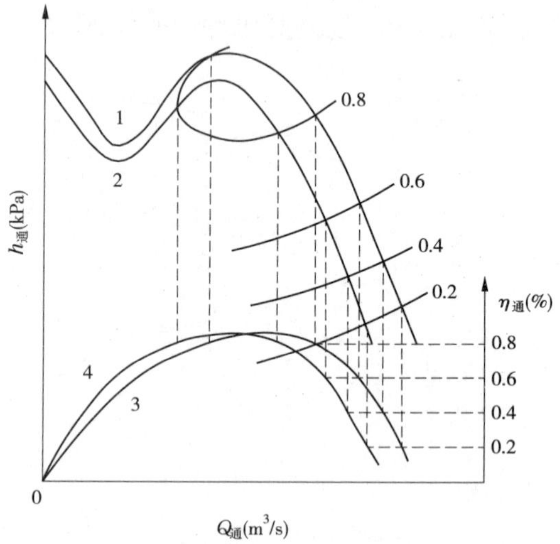

图 4-16 轴流式通风机的等效曲线绘制

2. 通风机的工况点及合理工作范围

以同样的比例把矿井风阻曲线绘制到通风机的个体特性曲线上时，风阻特性曲线与风压特性曲线交于 A 点，此点为通风机的工作点或称为通风机的工况点（见图 4-13、图 4-14）。通风机的工况点表明通风机在一定的转速下服务矿井时产生的风量、风压、通风机输入的功率和效率的参数。通风机的主要作用是保证向井下输送足够的新鲜空气，因此必须保证通风机在运转时的可靠性和较高的效率。通风机工况点的变动范围要受到一定的限制，所以将通风机工况点的允许变动区域称为通风机的合理工作范围。

离心式通风机的合理工作范围应是：通风机的转速应小于额定转速，实际工作风压不得超过最高风压的 90%，通风机的效率不得低于 0.6。

轴流式通风机的合理工作范围，除受通风机转速的限制外，应满足以下条件：

(1) 左限：轴流式通风机的叶片安装角度最小值，一级叶轮为 10°，二级叶轮为 15°。

(2) 右限：轴流式通风机的叶片安装角度最大值，一级叶轮为 40°，二级叶轮为 45°。

(3) 下限：从经济角度考虑，通风机的效率不得低于 0.6。

(4)上限:从安全稳定考虑,应在“驼峰区”右侧,实际工作风压不得超过最高风压的90%。

如图4-15所示,轴流式通风机的合理工作范围为图中阴影部分。

(三)同类型通风机的比例定律

1. 同类型通风机的比例定律

同类型(或同系列)通风机是指通风机的几何尺寸、运动和动力相似的一组通风机。所谓两个通风机相似,是指气体在通风机内流动过程、工况的流动过程彼此相似。对于同类型通风机,当通风机的转数、叶轮直径和空气密度发生变化时,通风机的性能也发生变化,这种变化用同类型通风机的比例定律说明。根据通风机相似条件,可求出同类型通风机的比例定律为

$$\frac{h_{通1}}{h_{通2}} = \frac{\rho_1}{\rho_2} \cdot \left(\frac{n_1}{n_2}\right)^2 \cdot \left(\frac{D_1}{D_2}\right)^2 \tag{4-9}$$

$$\frac{Q_{通1}}{Q_{通2}} = \frac{n_1}{n_2} \cdot \left(\frac{D_1}{D_2}\right)^3 \tag{4-10}$$

$$\frac{P_{通1}}{P_{通2}} = \frac{\rho_1}{\rho_2} \cdot \left(\frac{n_1}{n_2}\right)^3 \cdot \left(\frac{D_1}{D_2}\right)^5 \tag{4-11}$$

$$\eta_1 = \eta_2 \tag{4-12}$$

式中　$h_{通1}$、$h_{通2}$——通风机的风压,Pa;

$P_{通1}$、$P_{通2}$——通风机的功率,kW;

$Q_{通1}$、$Q_{通2}$——通风机通过的风量,m^3/s;

ρ_1、ρ_2——通风机通过的空气密度,kg/m^3;

n_1、n_2——通风机转数,r/min;

D_1、D_2——通风机叶轮直径,m;

η_1、η_2——通风机工况点的效率(%)。

上述公式说明:通风机的风压与空气密度的一次方、转数的二次方、叶轮直径的二次方成正比;通风机的风量与转数的一次方、叶轮直径的三次方成正比;通风机的功率与空气密度的一次方、转数的三次方、叶轮直径的五次方成正比;同类型通风机对应工况点的效率相等。

应用通风机的比例定律,可以根据一台通风机的个体特性曲线,推算或绘制另一台同类型通风机的个体特性曲线。

2. 同一台通风机改变转数时的比例定律

对于同一台通风机,当通风机改变转数时,符合同类型通风机的比例定律,即

$$\frac{h_{通1}}{h_{通2}} = \frac{\rho_1}{\rho_2} \cdot \left(\frac{n_1}{n_2}\right)^2 \tag{4-13}$$

$$\frac{Q_{通1}}{Q_{通2}} = \frac{n_1}{n_2} \tag{4-14}$$

$$\frac{P_{通1}}{P_{通2}} = \frac{\rho_1}{\rho_2} \cdot \left(\frac{n_1}{n_2}\right)^3 \tag{4-15}$$

在实际工作中，空气的密度在短时间内变化不大，可以认为是相等的，同一台通风机在改变转数时的比例定律简化为

$$\frac{h_{通1}}{h_{通2}} = \left(\frac{n_1}{n_2}\right)^2 \tag{4-16}$$

$$\frac{Q_{通1}}{Q_{通2}} = \frac{n_1}{n_2} \tag{4-17}$$

$$\frac{P_{通1}}{P_{通2}} = \left(\frac{n_1}{n_2}\right)^3 \tag{4-18}$$

上述公式说明：对于同一台通风机，当通风机改变转数时，通风机的风压与转数的二次方成正比；通风机的风量与转数的一次方成正比；通风机的功率与转数的三次方成正比；同类型通风机对应工况点的效率相等。

二、矿井主要通风机风压与通风阻力的关系

（一）抽出式通风矿井通风机风压与通风阻力的关系

由式(4-2)可知，对于抽出式通风矿井，通风机的全压为通风机扩散器出口断面与进口断面的绝对全压之差，即

$$H_{通全} = P_{全5} - P_{全4} = (P_{静5} + h_{动5}) - (P_{静4} + h_{动4}) = (P_{静5} - P_{静4}) + (h_{动5} - h_{动4}) \tag{4-19}$$

式中　$h_{通全}$——通风机的全压，Pa；

$P_{全5}$、$P_{全4}$——5、4 断面空气的绝对全压，Pa；

$P_{静5}$、$P_{静4}$——5、4 断面空气的绝对静压，Pa；

$h_{动5}$、$h_{动4}$——5、4 断面的动压，Pa。

因为断面 5 连通大气，断面 5 的绝对静压与该断面同标高大气压力 P_0 相等，即 $P_{静5} - P_{静4} = P_0 - P_{静4} = h_{静4}$。$h_{静4}$ 即为 4 断面的相对静压，也是通风机房静压压差计的读数，故式(4-19)可变化为

$$h_{通全} = h_{静4} - h_{动4} + h_{动5} = h_{全4} + h_{动5} \tag{4-20}$$

式(4-20)表明，抽出式通风机的全压等于该通风机进口断面 4 的相对静压减去该断面上的动压，再加上扩散器出口断面上的动压。通风机全压测算，一般是用通风机房内压差计直接读取断面 4 的相对全压，再测定出进口断面 4 和扩散器出口 5 断面的平均动压，然后代入式(4-20)计算。

因为 $h_{动5} = h_{通动}$，$h_{通全} - h_{通动} = h_{通静}$，所以式(4-20)变化为

$$h_{通静} = h_{静4} - h_{动4} \tag{4-21}$$

式(4-21)表明，抽出式通风机的静压等于该通风机进口断面 4 的相对静压减去该断面上的动压。

将 $h_{阻} = h_{全4} \pm h_{自}$ 代入式(4-20)和式(4-21)，则得

$$h_{通全} \pm h_{自} = h_{阻} + h_{动5} \tag{4-22}$$

$$h_{通静} \pm h_{自} = h_{阻} \tag{4-23}$$

式(4-22)和式(4-23)表明，抽出式通风机的全压和自然风压用来克服矿井通风阻力

和风流从扩散器出口进入大气的局部阻力；抽出式通风机的静压和自然风压用来克服矿井通风阻力。

由此可见，抽出式通风机是依靠通风机产生的静压来克服矿井通风阻力的。对于同一个矿井，通风机产生的静压越大，通风机的通风能力也越大。根据 $h_{通全}=h_{通静}+h_{通动}$ 可知，当通风机所产生的 $h_{通全}$（通风机对单位体积空气造成的能量差）一定时，$h_{通动}$ 越大，$h_{通静}$ 则越小，要增大 $h_{通静}$，就必须尽可能较小 $h_{通动}$。所以，抽出式通风机的静压是有效风压，动压则为无效风压。因此，抽出式通风机必须安装扩散器，使通风机出口断面由小变大，以减小 $h_{通动}$，达到增大 $h_{通静}$ 的目的。所以，扩散器是通风机必不可少的组成部分。

（二）压入式通风矿井通风机风压与通风阻力的关系

同理，对于压入式通风矿井，通风机的全压为通风机扩散器出口断面 3 与通风机吸风侧断面 2 的绝对全压之差，即

$$h_{通全}=P_{全3}-P_{全2}=(P_{全3}-P_0)+(P_0-P_{全2})=h_{全3}+h_{全2} \tag{4-24}$$

式中 $h_{通全}$——通风机的全压，Pa；

$P_{全3}$、$P_{全2}$——断面 3、2 空气的绝对全压，Pa；

P_0——断面 3、2 同标高大气压力，Pa；

$h_{全3}$、$h_{全2}$——断面 3、2 相对全压，Pa。

式(4-24)表明，压入式通风机的全压等于该通风机出口断面 3 的相对全压和入口断面 2 的相对全压之和。通风机全压测算，一般是用通风机房内压差计直接读取断面 2、3 的相对全压，然后代入式(4-23)计算。

因为 $h_{全3}=h_{静3}+h_{动3}$，$h_{动3}=h_{通动}$，$h_{通全}-h_{通动}=h_{通静}$，所以得

$$h_{通静}=h_{静3}+h_{全2}=h_{静3}+h_{静2}-h_{动2} \tag{4-25}$$

式(4-25)表明，压入式通风机的静压等于该通风机出口断面 3 的相对静压和进口断面 2 的相对静压之和减去断面 2 上的动压。

将 $h_{阻}=h_{全3}\pm h_{全2}\pm h_{自}$ 代入式(4-24)和式(4-25)，则得

$$h_{通全}\pm h_{自}=h_{阻} \tag{4-26}$$

$$h_{通静}\pm h_{自}=h_{阻}-h_{动3} \tag{4-27}$$

式(4-26)表明，压入式通风机的全压与自然风压用来克服矿井通风阻力；压入式通风机的静压与自然风压用来克服矿井通风阻力与通风机动压之差。

压入式通风矿井，如果主要通风机不设置抽出段，使其进风口 2 直接和地表大气相通，则通风机的全压和静压为

$$h_{通全}=P_{全3}-P_0=(P_{静3}+h_{动3})-P_0=h_{静3}+h_{动3} \tag{4-28}$$

$$h_{通静}=h_{静3} \tag{4-29}$$

因为 $h_{阻}=h_{全3}\pm h_{自}$，所以有

$$h_{通全}\pm h_{自}=h_{阻} \tag{4-30}$$

$$h_{通静}\pm h_{自}=h_{阻}-h_{动3} \tag{4-31}$$

可以得出，对于压入式通风矿井，主要通风机不设抽出段与设抽出段时风压与阻力关系的结论是相同的。

抽出式通风矿井，应用通风机的静压特性曲线对矿井进行工作，应用通风机的静压效

率衡量通风机的实际效率;压入式通风矿井,应用通风机的全压特性曲线对矿井进行工作,应用通风机的全压效率衡量通风机的实际效率。

单元四　主要通风机安全运转控制与管理

【学习目标】

1. 能概述《安全规程》关于通风机运转的有关规定。
2. 能概述矿井反风的方法。
3. 能编制反风演习报告书。

【导入】

矿井通风机是矿井主要的通风设施,学生应该了解《安全规程》关于通风机运转的有关规定,熟悉矿井的反风方法,并能独立编写反风演习报告书。

【正文】

一、通风机运转的规定

矿井主要通风机是矿井的主要设备,必须保证矿井通风机安全可靠地运转。在矿井生产过程中,必须严格按照《安全规程》的有关规定执行,具体要求如下:

(1)主要通风机必须安装在地面;装有通风机的井口必须封闭严密;其外部漏风率在无提升设备时不得超过5%,有提升设备时不得超过15%。

(2)必须保证主要通风机连续地运转。

(3)必须安装2套同等能力的主要通风机及其附属装置,其中1套作备用,备用通风机必须能在10 min内启动。在建井期间可安装1套通风机和1部备用电动机。生产矿井现有的2套不同能力的主要通风机,在满足生产要求时,可继续使用。

(4)严禁采用局部通风机或风机群作为主要通风机使用。

(5)装有主要通风机的出风井口应安装防爆门,防爆门每6个月检查维修1次。

(6)至少每月检查1次主要通风机。改变通风机转数或叶片角度时,必须经矿井技术负责人批准。

(7)新安装的主要通风机投入使用前,必须进行1次通风机性能测定和试运转工作,以后每5年至少进行1次性能测定。

(8)严禁主要通风机房兼作他用。主要通风机房内必须安装水柱计、电流表、电压表、轴承温度计等仪表,还必须有直通矿调度室的电话,并有反风操作系统图、司机岗位责任制和操作规程。主要通风机的运转应由专职司机负责,司机应每小时将通风机运转情况记入运转记录簿内;发现异常,立即报告。

(9)因检修、停电或其他原因需要停止主要通风机运转时,必须制定停风措施。变电所或电厂在停电以前,必须将预计停电时间通知矿调度室。主要通风机停止运转时,受停风影响的地点,必须立即停止工作、切断电源,工作人员先撤到进风巷道中,由值班矿长迅速决定全矿井是否停止生产、工作人员是否全部撤出。主要通风机停止运转期间,对由1台主要通风机担负全矿通风的矿井,必须打开井口防爆门和有关风门,利用自然风压通风；对由多台主要通风机联合通风的矿井，必须正确控制风流，防止风流紊乱。

二、矿井反风技术

矿井反风技术是当井下发生火灾时，利用已有的反风设施，改变火灾烟流方向，限制灾区范围，安全撤退受烟流威胁的人员的安全技术措施。

（一）矿井反风的要求

在进行新建或改扩建矿井设计时，必须同时作出反风技术设计，并说明采用的反风方式、反风方法及适用条件。生产矿井编制灾害预防和处理计划时，必须根据火灾可能发生的地点，对采取的反风方式、方法及人员的避灾路线作出明确规定。多进风井和多回风井的矿井，应根据各台主要通风机的服务范围和风网结构特点，经反风试验或计算机模拟，制定出反风技术方案，在灾害预防和处理计划中作出明确规定。

遵照《安全规程》的相关规定，如生产矿井主要通风机必须装有反风设施，并能在 10 min 内改变巷道中的风流方向；当风流方向改变后，主要通风机的供给风量不应小于正常供风量的 40%。每季度应至少检查 1 次反风设施，每年应进行 1 次反风演习；矿井通风系统有较大变化时，应进行 1 次反风演习。

（二）矿井反风方法

矿井反风方法主要采用反风道反风和反转反风两种。

1. 反风道反风

利用主要通风机装置设置的专用反风道和控制风门使通风机的排风口与反风道相连，风流由风硐压入回风道，而使风流反向的方法，称为反风道反风。离心式通风机和轴流式通风机都可以采用这种反风方法。主要通风机利用反风道反风的详细操作见本项目单元二中反风装置的叙述。

2. 反转反风

利用主要通风机反转，使风流反向的方法，称为反转反风。轴流式通风机可采用这种反风方法。

（三）矿井反风方式

矿井反风方式主要采用全矿井反风、区域性反风和局部反风三种：

1. 全矿井反风

实现全矿井总进风、回风井巷及采区主要进、回风巷风流全面反风的反风方式称为全矿井反风。当矿井在进风井口附近、井筒或井底车场及其附近的进风巷道发生火灾时，为了防止灾害范围扩大，有利于灾害事故的处理和救护工作，需要采用全矿井反风。

2. 区域性反风

在多进风井、多回风井的矿井一翼（或某一独立通风系统）进风大巷发生火灾时，调节一个或几个主要通风机的反风设施，而实现矿井部分地区的风流反向的反风方式称为区域性反风。

3. 局部反风

当采区内发生火灾时，主要通风机保持正常运行，通过调整采区内预设风门开关状态，实现采区内部部分巷道风流的反向，把火烟直接引向回风道的反风方式，称为局部反风。

救灾指挥人员应根据火灾发生的部位、灾情、蔓延情况和实施反风的可能条件，确定采取正确的反风方式。

（四）矿井反风演习

1. 矿井反风的要求

（1）每一个矿井每年至少进行1次反风演习，北方的矿井应在冬季结冰时期进行，南方的矿井一般在“五一”节假期间进行。当矿井有新的一翼、水平投产或更换主要通风机时，都应进行反风演习。对多台主要通风机通风的矿井，应分别进行多台主要通风机同时反风和单台主要通风机各自反风的演习，以分别观测反风效果。

（2）反风演习持续时间不应小于从矿井最远地点撤到地面所需的时间，且不得小于2 h。

（3）反风演习前，必须制订反风演习计划。

（4）反风演习结束后，由矿井技术负责人组织总结，并填写反风演习报告书，并报有关部门审查。矿通风区和矿山救护队各备1份反风演习报告书，并保存1年，对反风演习中发现的设备、操作以及其他问题，必须限期解决。

2. 反风演习报告内容

（1）按照矿井灾害预防和处理计划的要求，规定火灾发生的假设地点。

（2）确定反风演习开始时间和持续时间。

（3）明确反风设备的操作顺序。

（4）确定反风演习观测项目和方法。

（5）预计反风后的通风网络、风量和瓦斯情况。

（6）制定反风演习的安全措施。

（7）明确恢复正常通风的操作顺序和制定排除瓦斯的安全措施。

（8）规定参加反风演习的人员的分工和培训工作。

反风演习计划由矿技术负责人组织编制，报主管部门审批。

3. 反风演习的火源管理

反风演习必须严格管理火源，并遵守下列规定：

（1）反风演习前，应切断井下电源。反风结束，在风流恢复正常后，风流中瓦斯浓度不超过1%时，方可恢复送电。

（2）反风演习持续时间内，在反风后出风井井口附近20 m的范围内以及与反风后出风井井口相连通的井口房等建筑物内，都必须切断电源，禁止一切火源存在，并禁止交通。

（3）反风演习前，井下火区必须进行密闭或消除，并加强反风时及其前后的观测。

4. 反风演习的观测项目

（1）观测主要通风机运转状态，包括电动机负荷、轴承温升、风量和风压项目。电动机不得超负荷运转。

（2）测定全矿井、一翼、水平、采区的进、回风流中的瓦斯、二氧化碳的浓度和风量。瓦斯和二氧化碳的浓度每隔10 min测定1次，并观测巷道中风流方向。风量每隔半小时测定1次。

(3)选择瓦斯或二氧化碳涌出量大或涌出不正常的采掘工作面，测定瓦斯或二氧化碳的浓度、涌出量，并记录浓度达到2%的时间。

5. 编写反风演习报告书

反风演习报告书应表明矿井名称和反风起止时间，并包括以下内容：

(1)矿井通风情况，可参照表4-1填写。

(2)主要通风机运转情况，可参照表4-2填写。

(3)井巷中风量和瓦斯浓度，可参照表4-3填写。

(4)反风演习时，空气中瓦斯或二氧化碳浓度达到2%的井巷，可参照表4-4填写。

(5)反风设备的反风操作时间，恢复正常通风操作时间。

(6)矿井通风系统图(包括反风前、反风时的通风系统图)。

(7)反风演习参加人数，包括井下人数、地面人数。

(8)经验与教训。

表4-1　矿井通风情况

名　称	反风演习前	反风演习后
本年度矿井计划产量(t)		
上年度矿井实际产量(t)		
矿井总回风量(m^3/min)		
矿井瓦斯绝对涌出量(m^3/min)		
矿井二氧化碳绝对涌出量(m^3/min)		
矿井瓦斯相对涌出量(m^3/min)		
矿井二氧化碳相对涌出量(m^3/min)		
矿井等积孔面积(m^2)		

表4-2　主要通风机运转情况

名　称		No.1 主要通风机	No.2 主要通风机	No.3 主要通风机
主要通风机型号				
主要通风机转速(r/min)				
主要通风机叶片安装角度(°)				
主要通风机的风量(m^3/min)	反风演习前			
	反风演习时			
主要通风机的风压(Pa)	反风演习前			
	反风演习时			
电动机型号				
电动机转速(r/min)				
电动机输出功率(kW)	反风演习前			
	反风演习时			
反风方式				

表 4-3 井巷中风量和瓦斯浓度

顺序	测量地点	反风演习前				反风演习时			
		风流方向	风量 (m^3/min)	瓦斯浓度		风流方向	风量 (m^3/min)	瓦斯浓度	
				CH_4	CO_2			CH_4	CO_2

表 4-4 瓦斯或二氧化碳浓度达到 2% 的井巷

顺序	井巷名称	瓦斯		二氧化碳	
		反风开始时达到 2% 的时间(min)	持续大于 2% 的时间(min)	反风开始时达到 2% 的时间(min)	持续大于 2% 的时间(min)

单元五 主要通风机性能测试方法

【学习目标】

1. 能概述主要通风机的性能试验布置。
2. 能概述测定方法与步骤。

【导入】

矿井中的主要通风机随着矿井的生产其工作性能也在变化，所以定期的性能测试势在必行，这就要求我们应该了解主要通风机的性能试验布置、测定方法与步骤。

【正文】

通风机制造厂提供的通风机特性曲线，一般是根据不带扩散器的通风机设计模型测定获得的，实际运行的通风机都安装扩散器。另外，由于通风机安装质量和磨损的原因，通风机的实际运转性能和厂方提供的通风机的特性曲线是不相同的。因此，《安全规程》规定，新安装的主要通风机投入使用前，必须进行 1 次通风机性能测定和试运转工作，以后每 5 年至少进行 1 次性能测定。

通风机的性能试验内容是测量通风机通过的风量、风压、输入功率和转数，计算通风机的效率，然后绘制通风机实际运转的特性曲线。

因为抽出式通风矿井是通风机的静压克服全矿井通风阻力，压入式通风矿井是通风机的全压克服全矿井通风阻力，所以抽出式通风矿井一般测算通风机的静压特性曲线、输入功率和静压效率曲线，压入式通风矿井一般测算通风机的全压特性曲线、输入功率和全压效率曲线。

主要通风机的性能试验，一般安排在节假日矿井停产检修时进行，根据矿井具体情况，通过打开防爆门短路或带上井下通风网络进行通风机的工况调节。为了测量通风机风量和风压，应选择风硐内风流稳定区域，以使测出的数据准确可靠。

一、试验布置

对于生产矿井，主要通风机的性能试验是利用通风机的风硐进行试验的，其试验布置如图 4-17 所示。在Ⅰ—Ⅰ断面处设框架，用木板来调节通风机的工况；在Ⅱ—Ⅱ断面之后测量风硐的平均风速；在Ⅲ—Ⅲ断面的圆锥形扩散器的环形空间用皮托管和微压计测算风速。

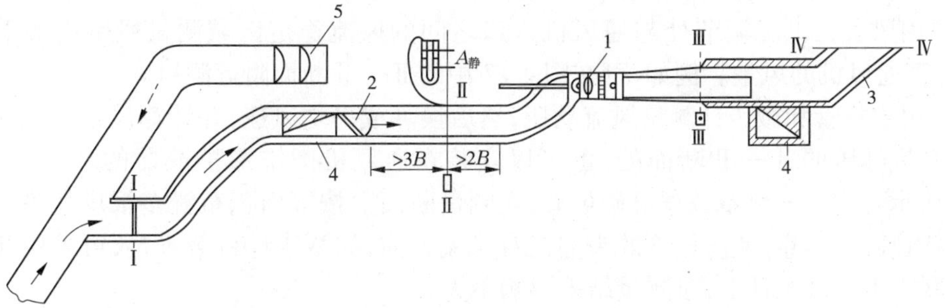

1—通风机；2—风硐；3—扩散器；4—反风通道；5—防爆门

图 4-17　通风机性能试验布置

二、测定方法与步骤

（一）通风机工况调节的位置和方法

进行通风机性能试验时，逐点改变通风阻力（改变通风机的风量）。测定通风机相应点的风压、输入功率，并计算效率，这种改变通风机阻力的过程叫作通风机的工况调节。通风机的工况调节地点一般在与回风井交接处的风硐内，如图 4-17 所示的Ⅰ—Ⅰ断面处（条件不许可时，也可以设在井下总回风道内或利用井口、防爆门和风硐闸门进行工况调节）。其方法是在调节地点的风硐内事先安设稳固的框架（框架采用木料或工字钢），如图 4-18 所示，靠通风机的负压将木板吸附在框架上，缩小或增大框架通风面积以改变通风阻力。框架必须牢固、结实，安装时必须插入巷道，深度不小于 150 mm。木板应有足够的强度，备有多种规格以备使用。

工况调节点的数目不应少于 8 ~ 10 个，以保证测得的特性曲线光滑、连续。在轴流式通风机风压曲线的“驼峰”区，测点应密些，在稳定区测点可以疏些。启动通风机时，离心式通风机采用“闭启动”，轴流式通风机采用“开启动”。

（二）通风机性能参数的测定

1. 静压的测定

静压测量的位置在通风机入口前的稳定风流的直线段布置，如图 4-17 中的Ⅱ—Ⅱ断面处。为了测出Ⅱ—Ⅱ断面处的平均相对静压，可在风硐内设十字形连通管，在连通管上均匀设置静压管，然后将总管连接到压差计上，如图 4-19 所示。

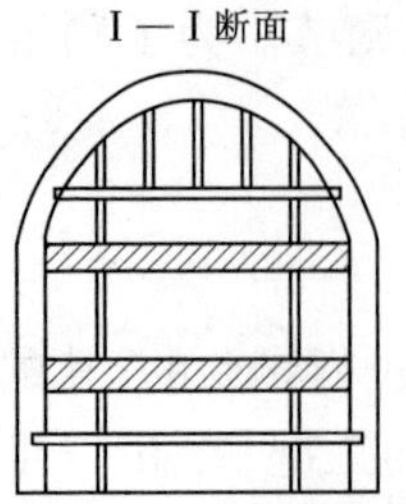

图 4-18　工况调节框架

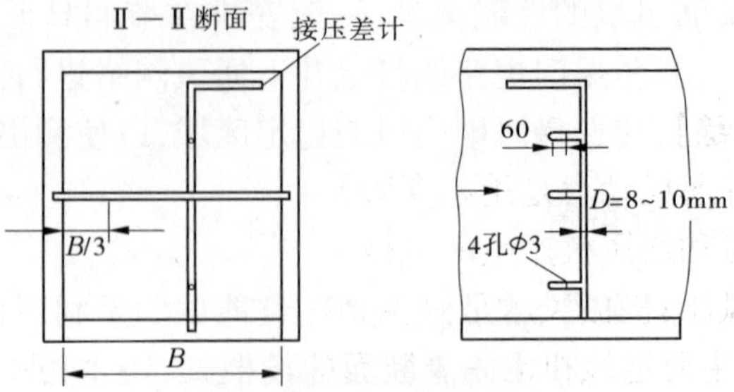

图 4-19　静压管的布置

2. 风速的测定

(1)用风表在工况调节处与通风机入口之间的风流稳定区域测量风硐内的平均风速，并计算通风机的风量。例如，可在图 4-17 中的Ⅱ—Ⅱ断面附近测风。

(2)用皮托管和微压计测量风流动压，然后换算成平均风速，并计算风量。皮托管可安装在测量静压的Ⅱ—Ⅱ断面处，也可以安装在通风机圆锥形扩散器的环形空间，如图 4-20所示。为了使测量数据准确可靠，在测量断面上按等面积布置多根皮托管。安装时将皮托管固定牢靠，使皮托管的头部正对风流方向，如微压计台数不足，可采用几支皮托管并联于 1 台微压计上，对测量结果影响不大。

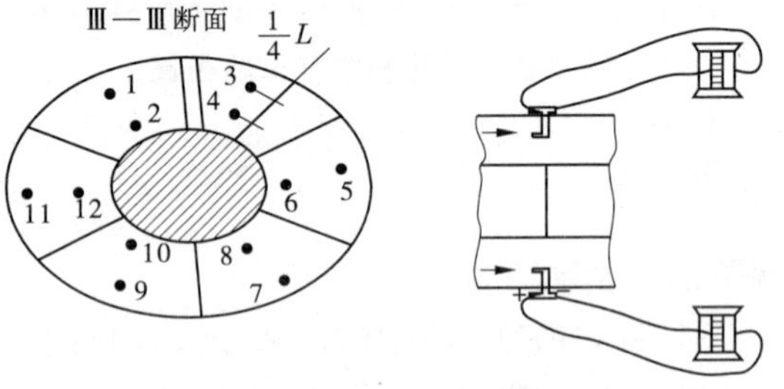

图 4-20　测速压时皮托管的布置

3. 电动机功率及效率的测定

电动机输入功率可用两个单相瓦特表或一个三相瓦特表来测量，也可以采用电压表、电流表和功率因数来测量。电动机的效率可根据制造厂家提供的曲线选取，使用时间较久的电动机可采用间接方法，即耗损法测定。

4. 通风机与电动机转数的测定

通风机与电动机转数可以用转数表测定。通风机与电动机直接联动时，应测定电动机的转数。如果用皮带轮联动，应分别测定通风机和电动机的转数。

5. 空气密度的测定

用空盒气压计或数字式气压计测量风流的绝对静压，用干湿温度计测量风流的干温度和湿温度，根据大气压力和干湿温度读数计算空气的密度。

项目小结

【技能训练】

矿井通风动力是用来克服矿井通风阻力的能量，矿井通风动力分为自然条件产生的自然风压和通风机产生的机械风压两种。我们应了解自然风压产生的原因，并能测定矿井自然风压；机械风压是由主要通风机产生的，我们应掌握主要通风机的种类、主要结构及原理，主要通风机的附属装置的作用和要求，各种主要通风机个体特性曲线含义，以及抽出式、压入式通风矿井中主要通风机风压与矿井通风阻力的关系，并能编制反风演习报告书和概述测定方法与步骤。

【例4-1】 某自然通风矿井如图4-21所示，测得$\rho_A=1.3\ kg/m^3$、$\rho_B=1.26\ kg/m^3$、$\rho_C=1.16\ kg/m^3$、$\rho_D=1.14\ kg/m^3$、$\rho_E=1.15\ kg/m^3$、$\rho_F=1.3\ kg/m^3$。试求该矿井的自然风压，并判断其风流方向。（解题参考：可利用式(4-1)来解题）

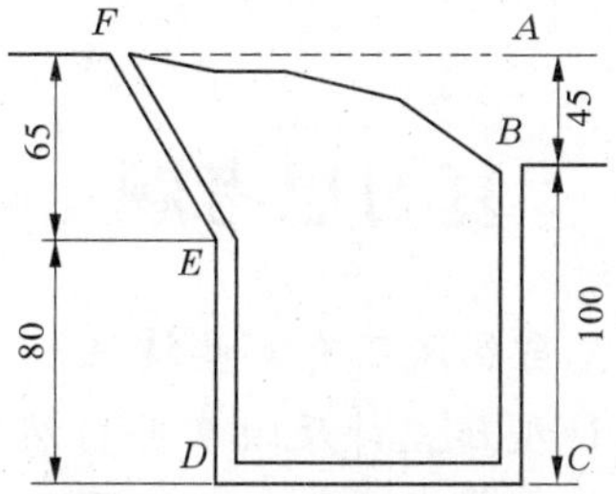

图4-21 自然通风矿井

【例4-2】 某矿井使用2K60－1No.18轴流式通风机作为主要通风机，在转速为580 r/min时，矿井的风量为42 m^3/s，由于矿井开拓的延伸，矿井总风阻加大，使得矿井总风量降至38 m^3/s，以致不能满足矿井风量的要求，如果使矿井风量维持原来的42 m^3/s，其他条件不变，只改变通风机的转数，试求通风机的转数应调至多少？

【例4-3】 某矿采用如图4-22所示的布置方式，对轴流式通风机进行性能试验，试验时叶片的安装角度为30°，通风机的转数为910 r/min。在A—A处进行工况调节，在Ⅰ—Ⅰ断面处用风表测量通风机的风量，在Ⅱ—Ⅱ断面处设静压管测量该断面的相对静压。

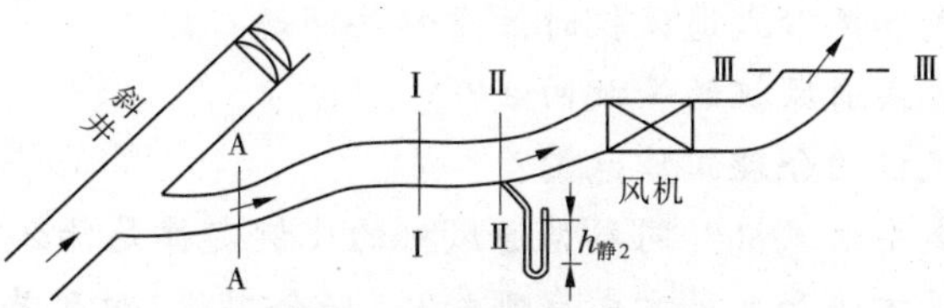

图4-22 通风机性能试验

【问题一】 根据图4-22，编制通风机性能测定实验方案。

某一工况点测量参数如下：

（1）Ⅰ—Ⅰ断面和Ⅱ—Ⅱ断面的面积相等，即$S_1=S_2=4.88\ m^2$，Ⅲ—Ⅲ断面面积$S_3=7.36\ m^2$。

(2)在Ⅰ—Ⅰ断面测得的平均风速 $v_1 = 9.86$ m/s。

(3)在Ⅱ—Ⅱ断面测得的静压 $h_{静} = 397$ mmH_2O。

(4)输入电动机的电流 $I = 27$ A,电压 $U = 6\ 270$ V,功率因数 $\cos\varphi = 0.83$,电动机的效率 $\eta_{电} = 0.9$。

(5)空气密度 $\rho_F = 1.2$ kg/m^3。

(6)矿井自然风压为 $+h_{自} = 200$ Pa,帮助通风机工作。

【问题二】 根据以上数据试求:

(1)通风机的风量 $Q_{通}$。

(2)通风机的静压 $h_{静}$。

(3)通风机的全压 $h_{全}$。

(4)电动机的输入功率 $P_{电入}$ 和输出功率 $P_{电出}$。

(5)通风机的静压输出功率 $P_{静出}$ 和全压输出功率 $P_{全出}$。

(6)通风机的静压效率 $\eta_{静}$ 和全压效率 $\eta_{全}$。

(7)矿井的通风总阻力 $h_{阻}$。

复习思考题

4-1 什么是矿井自然风压?自然风压有哪些特征?

4-2 如何应用通风机房内U型压差计反映矿井自然风压?

4-3 按照通风机构造,通风机分为哪几类?按照通风机服务范围,通风机分为哪几类?

4-4 通风机的构造和原理是什么?

4-5 通风机的附属装置包括哪些?各有什么作用?在设计和施工中应符合哪些要求?

4-6 通风机运转有哪些规定?

4-7 《安全规程》对矿井附属装置有何规定?

4-8 反映矿井通风机特性的基本参数有哪些?它们各代表什么意义?

4-9 什么是通风机全压、静压和动压?

4-10 什么是通风机的个体特性曲线?

4-11 轴流式和离心式通风机的个体特性曲线各有何特点?

4-12 启动轴流式和离心式通风机时注意哪些问题?

4-13 什么是轴流式通风机的等效曲线?

4-14 什么是通风机的合理工作范围?

4-15 什么是同类型通风机?同类型通风机的比例定律是什么?

4-16 矿井的反风方法和反风方式有哪些?《安全规程》对矿井反风有何规定?

4-17 为什么说抽出式通风机的静压和自然风压用来克服矿井通风阻力?压入式通风机的全压和自然风压用来克服矿井通风阻力?

4-18 通风机为什么要安装扩散器?

4-19 为什么要进行通风机性能试验?要测定哪些数据?如何表达通风机性能试验的试验结果?

项目五　矿井通风系统

矿井通风系统是矿井生产系统的重要组成部分，通风系统是否合理，对整个矿井通风状况的好坏和能否保障矿井安全生产起着重要的作用，同时也直接影响着矿井的经济效益。因此，建立一个既能满足日常生产所需风量，保证风向稳定、风质合格，又能在灾变时期保持通风设备运行可靠、稳定，能够快速实现风流控制的通风系统是至关重要的。

单元一　矿井通风方法与方式

【学习目标】

1. 能了解矿井通风系统的基本要求。
2. 能掌握采区上下山的布置及工作面的通风方式。
3. 能掌握矿井通风方法、通风方式的相关知识。
4. 能正确分析和合理选择矿井通风系统。

【导入】

矿井通风系统是通风方法、通风方式、通风网络和通风设施的总称。《安全规程》规定：矿井必须有完整独立的通风系统，必须按实际风量核定矿井产量。矿井通风系统是否合理，对整个矿井通风状况的好坏和能否保障矿井安全生产起着重要的作用，同时还应在保证安全生产的前提下，尽量减少通风工程量，降低通风费用，力求经济合理。

【正文】

一、矿井通风方法及选择

矿井通风方法是指主要通风机对矿井供风的工作方法。按主要通风机的安装位置不同，分为抽出式、压入式及混合式三种。

（一）抽出式通风

如图5-1(a)所示，抽出式通风是将矿井主要通风机安设在回风井一侧的地面上，新风经进风井流到井下各用风地点后，污风再通过风机排出地表的一种矿井通风方法。

抽出式通风的特点是：主要通风机安装在回风井口，在矿井主要通风机的作用下，矿内空气处于低于当地大气压力的负压状态，当矿井与地面间存在漏风通道时，漏风从地面漏入井内。抽出式通风矿井在主要进风巷无需安设风门，便于运输、行人和通风管理。在瓦斯矿井采用抽出式通风，若主要通风机因故停止运转，井下风流压力提高，在短时间内可以防止瓦斯从采空区涌出，比较安全。因此，目前我国大部分矿井多采用抽出式通风。

（二）压入式通风

如图5-1(b)所示。压入式通风是将矿井主通风机安设在进风井一侧的地面上，新风经主要通风机加压后送入井下各用风地点，污风再经过回风井排出地表的一种矿井通风方法。

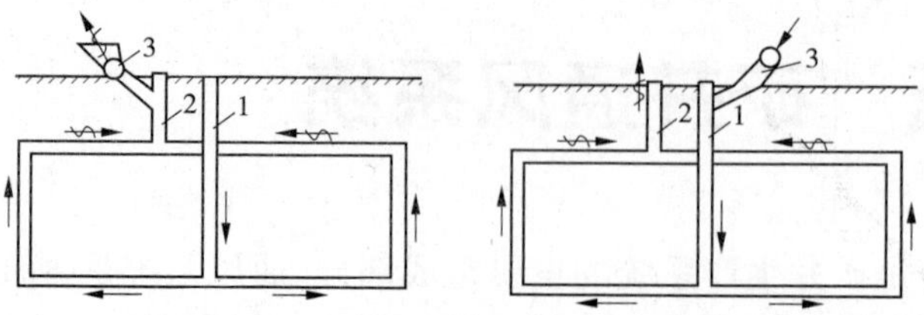

(a)抽出式通风　　(b)压入式通风

1—进风井；2—回风井；3—主要通风机

图 5-1　矿井通风方法

压入式通风的特点是：在矿井主要通风机的作用下，矿内空气处于高于当地大气压力的正压状态，当矿井与地面间存在漏风通道时，漏风从井内漏向地面。压入式通风矿井中，要在矿井的主要进风巷中安装风门，给运输、行人带来不便，漏风较大，通风管理工作较困难。同时当矿井主要通风机因故停止运转时，井下风流压力降低，有可能使采空区瓦斯涌出量增加，造成瓦斯积聚，对安全不利。因此，在瓦斯矿井中一般很少采用压入式通风。

矿井浅部开采时，由于地表塌陷出现裂缝与井下沟通，为避免用抽出式通风将塌陷区内的有害气体吸入井下，可在矿井开采第一水平时采用压入式通风，当开采下水平时再改为抽出式通风。此外，当矿井煤炭自然发火比较严重时，为避免将火区内的有毒有害气体抽到巷道中，有时也可采用压入式通风。

(三)混合式通风

混合式通风是在进风井和回风井一侧都安设矿井主要通风机，新风经压入式主要通风机送入井下，污风经抽出式主要通风机排出井外的一种矿井通风方法。

混合式通风的特点是：能产生较大的通风压力，通风系统的进风部分处于正压，回风部分处于负压，工作面大致处于中间状态，其正压或负压均不大，矿井的内部漏风小。但因使用的风机设备多，动力消耗大，通风管理复杂，一般很少采用。

矿井通风方法一般采用抽出式。当地形复杂、露头发育老窑多、采用多风井通风有利时，可采用压入式通风。

二、矿井通风方式及选择

矿井通风方式是指矿井进风井与回风井的布置方式。按进、回风井在井田内的位置不同，分为中央式、对角式、区域式及混合式四种。以下介绍这几种通风方式的优缺点和适用条件。

(一)中央式

中央式是进、回风井均位于井田走向中央。按进、回风井沿倾斜方向相对位置的不同，又可分为中央并列式和中央边界式两种。

1. 中央并列式

中央并列式如图 5-2(a)所示。进、回风井均并列布置在井田走向和倾斜方向的中央，两井底可以开掘到第一水平，如图5-2(a)所示。

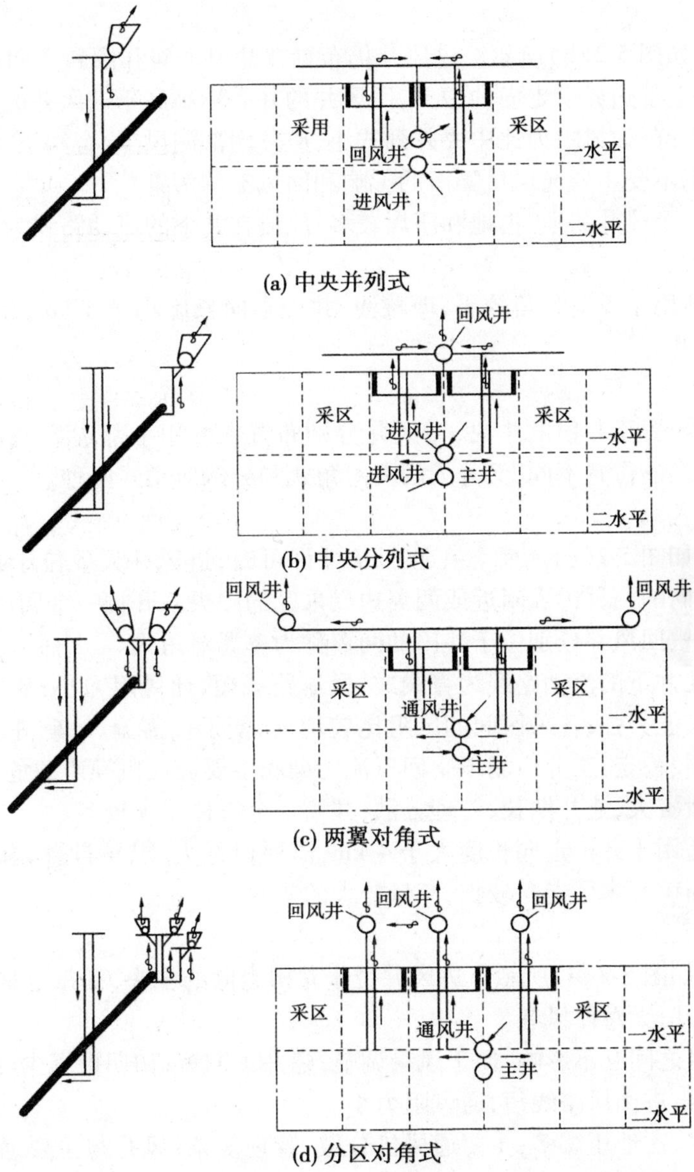

(a) 中央并列式

(b) 中央分列式

(c) 两翼对角式

(d) 分区对角式

图5-2　矿井通风方式

优点：初期开拓工程量小，投资少，投产快，出煤快；地面建筑集中，便于管理；两个井筒集中，便于开掘和井筒延深；井筒安全煤柱少，容易实现矿井反风。

缺点：矿井通风路线是折返式，风路较长，阻力较大，特别是当井田走向很长时，边缘采区与中央采区风阻相差悬殊，边缘采区可能因此风量不足；由于进、回风井距离近，井底漏风较大，容易造成风流短路；安全出口少(只有2个)；工业广场受主要通风机噪声影响和回风流的污染。

适用条件：适用于煤层倾角大、埋藏深，井田走向长度小于4 km，瓦斯与自然发火都不严重的矿井。

2. 中央边界式

中央边界式如图5-2(b)所示。进风井仍布置在井田走向和倾斜方向的中央，回风井大致布置在井田上部边界沿走向的中央，回风井的井底标高高于进风井的井底标高。

优点：安全性好；通风阻力比中央并列式小，矿井内部漏风少，有利于瓦斯和自然发火的管理；工业广场不受主要通风机噪声的影响和回风流的污染。

缺点：增加一个风井场地，占地和压煤较多；风流在井下的流动路线为折返式，风流路线长，通风阻力大。

适用条件：适用于煤层倾角较小，埋藏浅，井田走向长度小于4 km，瓦斯与自然发火都比较严重的矿井。

(二)对角式

进风井大致布置于井田的中央，回风井分别布置在井田上部边界沿走向的两翼上。根据回风井沿走向的位置不同，又分为两翼对角式和分区对角式两种。

1. 两翼对角式

两翼对角式如图5-2(c)所示。在地形条件许可时，进风井大致位于井田走向中央，在井田上部沿走向的两翼边界附近或两翼边界采区的中央各开掘一个回风井。如果只有一个回风井，且进、回风井分别位于井田的两翼称为单翼对角式。

优点：风流在井下的流动路线为直线式，风流路线短，通风阻力小；矿井内部漏风少；安全出口多，抗灾能力强；各采区间的风阻比较均衡，便于按需分风；矿井总风压稳定，主要通风机的负载较稳定；工业广场不受回风流污染和主要通风机噪声的危害。

缺点：初期投资大，建井期长；管理分散；井筒安全煤柱压煤较多。

适用条件：适用于井田走向长度大于4 km，需要风量大，煤易自燃，有煤与瓦斯突出的矿井，或低瓦斯矿井煤层走向较长、产量较大的矿井。

2. 分区对角式

分区对角式如图5-2(d)所示。进风井位于井田走向的中央，在每个采区的上部边界各开掘一个回风井，无总回风巷。

优点：各采区之间互不影响，便于风量调节；建井工期短；初期投资少，出煤快；安全出口多，抗灾能力强；进回风路线短，通风阻力小。

缺点：风井多，占地压煤多；主要通风机分散，管理复杂；风井与主要通风机的服务范围小，接替频繁；矿井反风困难。

适用条件：适用于煤层埋藏浅，或因煤层风化带和地表高低起伏较大，无法开掘浅部的总回风巷，在开采第一水平时，只能采用分区式。另外，井田走向长、多煤层开采的矿井或井田走向长、产量大、需要风量大、煤易自燃、有煤与瓦斯突出的矿井也可采用这种通风方式。

(三)区域式

区域式是指在井田的每一个生产区域开凿进、回风井，分别构成独立的通风系统。

优点：既可以改善矿井的通风条件，又能利用风井准备采区，缩短建井工期；风流路线短，通风阻力小；漏风少，网络简单，风流易于控制，便于主要通风机的选择。

缺点：通风设备多，管理分散，管理难度大。

适用条件：适用于井田面积大、储量丰富或瓦斯含量大的大型矿井。

（四）混合式

混合式是中央式和对角式的混合布置，因此混合式的进风井与回风井数目至少有3个。混合式可有以下几种：中央并列与两翼对角混合式、中央边界与两翼对角混合式、中央并列与中央边界混合式等。混合式一般是老矿井进行深部开采时所采用的通风方式。

优点：有利于矿井的分区分期建设，投资省，出煤快，效率高；回风井数目多，通风能力强；布置灵活，适应性强。

缺点：多台风机联合工作，通风网络复杂，管理难度大。

适用条件：适用于井田走向长度大、老矿井的改扩建和深部开采、多煤层多井筒的矿井，井田面积大、产量大、需要风量大或采用分区开拓的大型矿井。

总之，矿井的通风方式应根据矿井的设计生产能力、煤层赋存条件、地形条件、井田面积、走向长度及矿井瓦斯等级、煤层的自燃倾向性等情况，从技术、经济和安全等方面加以分析，通过方案比较确定。

单元二　采区通风系统

【学习目标】

1. 能掌握采区通风系统的基本要求。
2. 掌握采区通风系统的类型、采煤工作面通风系统的分类及特点。
3. 了解工作面上行通风和下行通风的优缺点及适用条件。

【导入】

每个矿井一般都有几个采区同时生产。每个采区内有采煤工作面、备用工作面、掘进工作面、硐室（采区变电所和绞车房）及其他用风地点，是矿井通风的主要对象。同时，采区又是井下人员最集中的地点。因此，搞好采区通风是保证矿井安全生产的基础。

【正文】

一、采区通风系统的基本要求

采区通风系统是采区生产系统的重要组成部分。它包括采区主要进、回风道和工作面进、回风巷道的布置方式，采区通风路线的连接形式，工作面通风方式，以及采区内的通风设施等内容。

采区通风系统主要取决于采区巷道布置和采煤方法，同时要满足通风的特殊要求。如瓦斯大或地温高，有时是决定通风系统的主要条件。在确定采区通风系统时，应遵守安全、经济、技术先进合理的原则，满足下列基本要求：

（1）采区必须实行分区通风。

①准备采区，必须在采区构成通风系统以后，方可开掘其他巷道。

②采煤工作面必须在采区构成完整的通风、排水系统后，方可回采。

③高瓦斯矿井、有煤（岩）与瓦斯（二氧化碳）突出危险的矿井的每个采区和开采容易

自燃煤层的采区，必须设置至少 1 条专用回风巷。

④低瓦斯矿井开采煤层群和分层开采采用联合布置的采区，必须设置 1 条专用回风巷。

⑤采区的进、回风巷必须贯穿整个采区，严禁一段为进风巷、一段为回风巷。

(2)采、掘工作面应实行独立通风。

(3)在采区通风系统中，要保证风流流动的稳定性，采、掘工作面应尽量避免处于角联风路中。

(4)在采区通风系统中，应力求通风系统简单，以便在发生事故时易于控制风流和撤退人员。

(5)对于必须设置的通风设施(风门、风桥、挡风墙和风筒等)和通风设备(局部通风机、辅助通风机等)，要选择适当位置，严把规格质量，严格管理制度，保证通风设备安全运转。尽量将主要风门开关、局部通风机开停等状态参数和风流变化参数纳入到矿井安全监控系统中，以便及时发现和处理问题。

(6)在采区通风系统中，要保证通风阻力小，通风能力大，风流畅通，风量按需分配。因此，应特别注意加强巷道的维护，及时处理局部冒顶和堵塞问题，支护良好，保证有足够的断面。

(7)在采区通风系统中，尽量减少采区漏风量，并有利于采空区瓦斯的合理排放及防止采空区浮煤自燃，使新鲜风流在其流动路线上被加热与污染的程度最小。

(8)设置消防洒水管路、避难硐室和灾变时控制风流的设施。明确避灾路线和安全标志。必要时，建立瓦斯抽放系统、防灭火灌浆系统。

(9)采区变电所必须有独立的通风系统。

(10)采煤工作面和掘进工作面的进风和回风，都不得经过采空区或冒落区。

二、采区通风系统的巷道布置

采区进、回风上(下)山，是采区通风系统的主要风路，是由采区巷道布置决定的。在确定采区巷道布置时，要同时考虑采区的通风问题。上(下)山的数目，低瓦斯单一煤层开采可采用两条上(下)山，有时采用三条上(下)山；多煤层开采、高瓦斯矿井，煤(岩)与瓦斯(二氧化碳)突出矿井以及开采容易自燃煤层的采区一般为三条甚至四条上(下)山。具体布置如下。

(一)两条上(下)山

布置两条上(下)山时，一条进风，另一条回风。可以采用轨道上山进风、运输上山回风，也可采用运输上山进风、轨道上山回风。这些方法各有利弊，现分析如下：

(1)采用轨道上山进风、运输上山回风的通风系统如图 5-3 所示。这种通风的特点是新鲜风流不受煤炭释放的瓦斯、煤尘污染及放热的影响，工作面卫生条件好；轨道上山的绞车房易于通风；下部车场不设风门，但轨道上山的上部和中部车场凡与回风巷相连处，均要设风门与回风隔开，为此车场巷道要有适当的长度，以保证两道风门之间有一定的间距，解决通风与运输的矛盾。

(2)采用运输上山进风、轨道上山回风的通风系统如图 5-4 所示。这种通风的特点是

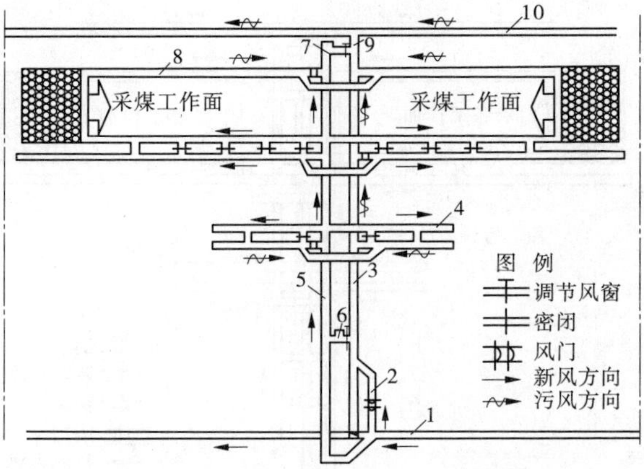

1—进风大巷;2—进风联络巷;3—运输机上山;4—运输机平巷;5—轨道上山;
6—采区变电所;7—采区绞车房;8—工作面回风巷;9—回风石门;10—总回风巷

图 5-3 轨道上山进风、运输上山回风的采区通风系统

运煤设备处在新风中,比较安全。由于风流方向与运煤方向相反,容易引起煤尘飞扬,煤炭在运输过程中释放的瓦斯可使进风流的瓦斯和煤尘浓度增大,影响工作面的安全卫生条件;运输机设备所散发的热量使进风流温度升高。此外,须在轨道上山的下部车场内安设风门,易造成风流短路,同时影响材料的运输。

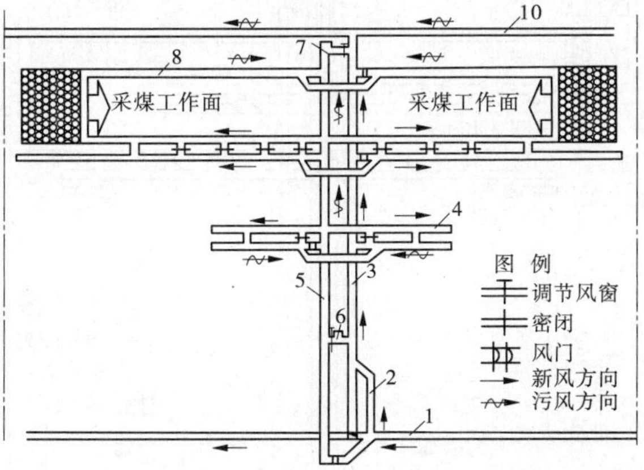

1—进风大巷;2—进风联络巷;3—运输机上山;4—运输机平巷;5—轨道上山;
6—采区变电所;7—采区绞车房;8—工作面回风巷;9—回风石门;10—总回风巷

图 5-4 运输上山进风、轨道上山回风的采区通风系统

(二)三条上(下)山

图 5-5 为单一煤层三条上(下)山的采区通风系统。上山均布置在煤层中,其中一条为胶带输送机上山,一条为轨道上山,一条为专用回风上山。

这种采区通风系统,是采用胶带输送机上山与轨道上山作采区主要进风巷,回风上山作采区专用回风巷。这样可使专用回风上山中没有机械和电器设备,而且绞车运输与胶带运输又互不干扰,比较安全,采区通风系统简单,通风管理容易。

图 5-6 为联合开采两个近距离煤层的三条上(下)山采区通风系统。在下煤层的底板岩石中,布置集中输送机上山和集中轨道上山,在上煤层中布置集中专用回风上山。上、

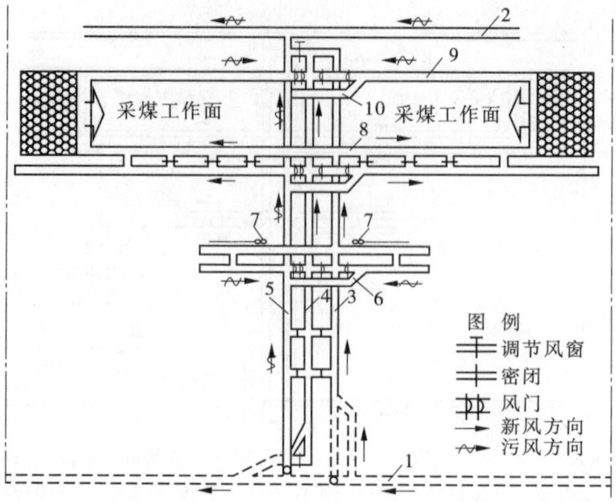

1—运输大巷;2—回风大巷;3—运输上山;4—轨道上山;5—专用回风上山;
6—中部车场;7—局部通风机;8—区段进风巷;9—区段回风巷;10—上部车场

图 5-5　单一煤层三条上(下)山的采区通风系统

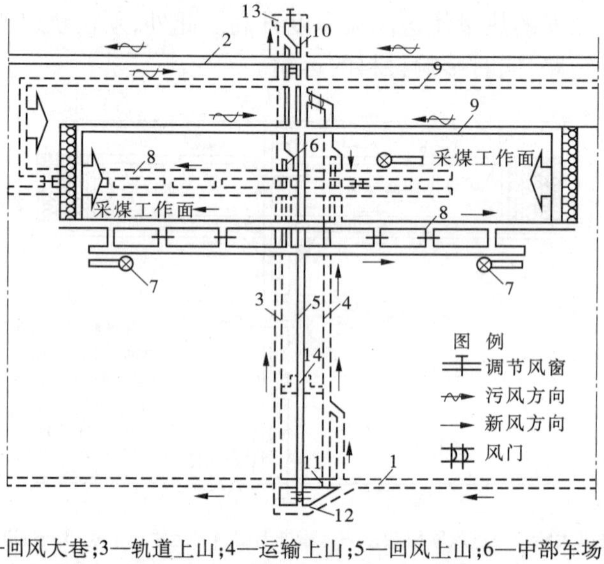

1—运输大巷;2—回风大巷;3—轨道上山;4—运输上山;5—回风上山;6—中部车场;7—局部通风机;
8—区段进风巷;9—区段回风巷;10—上部车场;11—煤仓;12—下部车场;13—绞车房;14—变电所

图 5-6　多煤层三条上(下)山的采区通风系统

下煤层中的区段平巷与集中输送机上山、集中轨道上山之间,用区段石门及溜煤眼连接,区段回风平巷与集中专用回风上山直接连接。

这种多煤层联合布置的采区通风系统,采用集中输送机上山与集中轨道上山作采区主要进风巷,风流经区段石门进入各煤层采掘工作面;集中回风上山作采区专用回风巷,各煤层流出的污风经集中回风上山流入回风大巷。这种布置的优点是:巷道布置集中,通风系统简单,通风管理容易,采区主要进风巷布置在岩石中,漏风少,专用回风上山中无任何设备,比较安全。

三、采煤工作面上行通风与下行通风分析

上行通风与下行通风是就进风流方向与采煤工作面的关系而言的。风流沿采煤工作面由下向上流动的通风方式称为上行通风,如图 5-7(a)所示。风流沿采煤工作面由上向下流动的通风方式称为下行通风,如图 5-7(b)所示。风流方向与煤炭运输方向一致时称为同向通风,否则为逆向通风。同向通风与逆向通风是就风流方向与煤流方向之间的关系而言的。

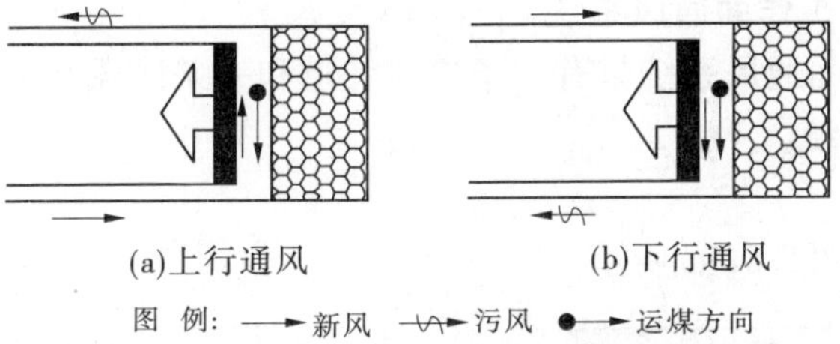

图 5-7 采煤工作面上行通风与下行通风

(一)上行通风

上行通风的主要优点:采煤工作面和回风巷道风流中的瓦斯以及从煤壁及采落的煤炭中不断放出的瓦斯,由于其比重小,有一定的上浮力,瓦斯自然流动的方向和通风方向一致,有利于较快地降低工作面的瓦斯浓度,防止在低风速地点造成瓦斯局部积聚。

上行通风的主要缺点:采煤工作面为逆向通风,容易引起煤尘飞扬,增加了采煤工作面风流中的煤尘浓度;煤炭在运输过程中放出的瓦斯又随风流到采煤工作面,增加了采煤工作面的瓦斯浓度;运输设备运转时所产生的热量随进风流散发到采煤工作面,使工作面气温升高。

(二)下行通风

下行通风的主要优点:工作面内为同向通风,降低了吹起煤尘的能力,煤尘浓度较小;运输平巷内的机械发热量不会带入工作面,气温可以降低;因为风流方向与瓦斯轻浮向上的方向相反,当风流保持足够的风速时,就能够对向上轻浮的瓦斯具有较强的扰动、混合能力,使瓦斯局部积聚难以产生,而且煤炭在运输过程中放出的瓦斯不会带入工作面。

下行通风的主要缺点:工作面运输平巷中设备处在回风流中;一旦工作面发生火灾,控制火势比较困难;当发生煤与瓦斯突出事故时,下行通风极易引起大量的瓦斯逆流而进入上部进风水平,扩大突出的涉及范围。

(三)上行通风与下行通风的比较

当采用下行通风时,工作面一旦起火,所产生的火风压和下行风工作面的机械风压作用方向相反,会使工作面的风量减小,瓦斯浓度增加,故下行通风在起火地点引起瓦斯爆炸的可能性比上行通风要大。

经过少量矿井的实践和实验分析,下行通风对于排除工作面的瓦斯、减少煤尘污染工作面和降温都是有利的,也取得了较好的效果。但是从安全生产理念出发,《安全规程》对采用下行通风仍作了明确慎重的规定:有煤(岩)与瓦斯(二氧化碳)突出危险的采煤工作面不得采用下行通风。

四、采煤工作面通风系统类型及其选择

采煤工作面通风系统是由采煤工作面的瓦斯、温度、煤层自然发火及采煤方法等确定的,我国大部分矿井多采用长壁后退式采煤法。根据采煤工作面进、回风巷的布置方式和数量,可将长壁式采煤工作面通风系统分为 U、Z、H、Y、双 Z 和 W 等类型,如图 5-8 所示。这些形式都是由 U 型改进而成的,其目的是预防瓦斯局部积聚,减少采空区漏风,降低瓦斯涌出量,加大工作面长度,增加工作面供风量及改善工作面气候条件。

(一)U 型与 Z 型工作面通风系统

U 型与 Z 型工作面通风系统只有一条进风巷道和一条回风巷道。我国大多数矿井采用 U 型后退式通风系统。

1. U 型通风系统

U 型通风系统如图 5-8(a)所示。

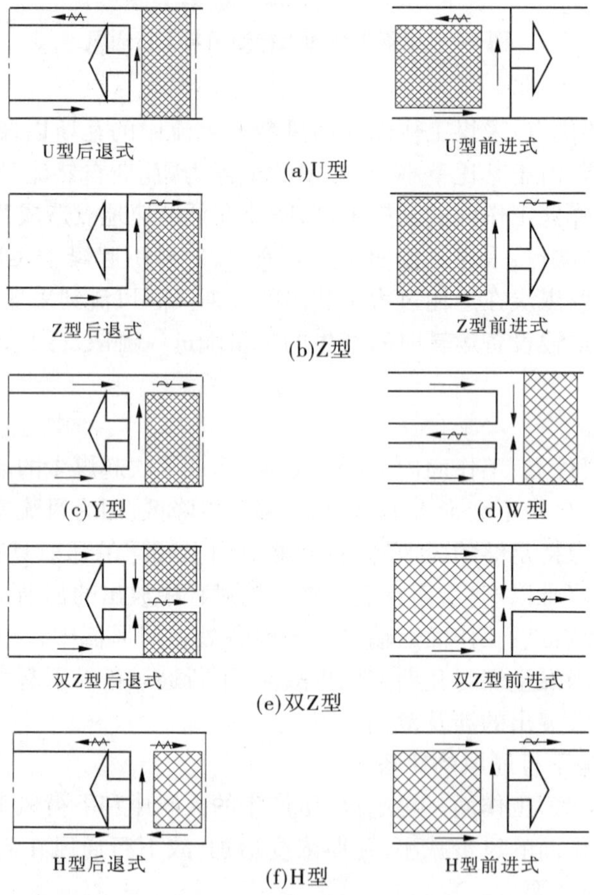

图 5-8 采煤工作面通风系统

U 型后退式通风系统的主要优点是结构简单,巷道施工维修量小,工作面漏风小,风流稳定,易于管理等。缺点是在工作面上隅角附近瓦斯易超限,工作面进、回风巷道要提前掘进,掘进工作量大。

U 型前进式通风系统的主要优点是工作面维护量小,不存在采掘工作面串联通风的问题,采空区瓦斯不涌向工作面,而是涌向回风平巷。缺点是工作面采空区漏风大。

2. Z 型通风系统

Z 型通风系统如图 5-8(b)所示。

Z 型后退式通风系统的主要特点是采空区瓦斯不会涌入工作面,而是涌向回风巷,工作面采空区回风侧能用钻孔抽放瓦斯,但不能在进风侧抽放瓦斯。

Z 型前进式通风系统的特点是工作面的进风侧沿采空区可以抽放瓦斯,但采空区的瓦斯易涌向工作面,特别是上隅角,回风侧不能抽放瓦斯。

Z 型通风系统的采空区的漏风,介于 U 型后退式和 U 型前进式通风系统之间,且该通风系统需沿空支护巷道和控制采空区的漏风,其难度较大。

(二)Y 型、W 型及双 Z 型通风系统

Y 型、W 型及双 Z 型均为两进一回或一进两回的采煤工作面通风系统。该类型的通风系统如图 5-8(c)、(d)、(e)所示。

1. Y 型通风系统

根据进、回风巷的数量和位置不同,Y 型通风系统可以有多种不同的方式。生产实际中应用较多的是在回风侧加入附加的新鲜风流,与工作面回风汇合后从采空区侧流出的通风系统。Y 型通风系统会使回风道的风量加大,且上隅角及回风道的瓦斯不易超限,并可以在上部进风侧抽放瓦斯。

2. W 型通风系统

后退式 W 型通风系统:用于高瓦斯的长工作面或双工作面。该系统的进、回风平巷都布置在煤体中,当由中间及下部平巷进风、上部平巷回风时,上、下段工作面均为上行通风,但上段工作面的风速高,对防尘不利,上隅角瓦斯可能超限。所以,瓦斯涌出量很大时采用上、下平巷进风,中间平巷回风的 W 型通风系统;反之,采用由中间平巷进风,上、下平巷回风的通风系统以增加风量,提高产量。在中间平巷内布置钻孔抽放瓦斯时,抽放钻孔由于处于抽放区域的中心,因而抽放率比采用 U 型通风系统的工作面提高了 50%。

前进式 W 型通风系统:巷道维护在采空区内,巷道维护困难,漏风大,采空区的瓦斯也大。

3. 双 Z 型通风系统

双 Z 型通风系统的中间巷与上、下平巷分别在工作面的两侧。

后退式双 Z 型通风系统:上、下进风巷布置在煤体中,漏风携出的瓦斯不进入工作面,比较安全。

前进式双 Z 型通风系统:上、下进风巷维护在采空区中,漏风携出的瓦斯可能使工作面的瓦斯超限。

(三)H 型通风系统

在 H 型通风系统中,有两进两回通风系统和三进一回通风系统,如图 5-8(f)所示。其特点是:工作面风量大,采空区的瓦斯不涌向工作面,气候条件好,增加了工作面的安全出口;工作面机电设备都在新鲜风流中,通风阻力小,在采空区的回风巷中可以抽放瓦斯,易控制上隅角的瓦斯;沿空护巷困难;由于有附加巷道,可能影响通风的稳定性,管理复杂。

当工作面和采空区的瓦斯涌出量都较大，在进风侧和回风侧都需增加风量稀释工作面瓦斯时，可考虑采用 H 型通风系统。

《安全规程》中规定，突出矿井、高瓦斯矿井、低瓦斯矿井、高瓦斯区域的采煤工作面，不得采用前进式采煤方法。所以，也不能采用上述的前进式通风系统。

单元三　掘进通风系统

【学习目标】

1. 能掌握局部通风机压入式、抽出式通风的优缺点及其适用条件。
2. 能简述全风压通风的布置方式及其优缺点和适用条件。
3. 能了解压入式通风的排烟过程及其技术要求。
4. 能概述混合式通风的特点与要求。

【导入】

在新建、扩建或生产矿井中，都需要开掘大量的井巷工程，以便准备开拓系统、新的采区及新的工作面。在掘进巷道时，为了稀释并排出掘进工作面涌出的有害气体及爆破后产生的炮烟和矿尘，创造良好的气候条件，保证人员的健康和安全，必须不断地对掘进工作面进行通风，这种通风称为掘进通风或局部通风。

【正文】

一、掘进通风方法

掘进通风方法按通风动力形式不同分为局部通风机通风、矿井全风压通风和引射器通风三种。其中，局部通风机通风是最为常用和可靠的掘进通风方法。

(一)局部通风机通风

局部通风机是井下局部地点通风所用的通风设备。局部通风机通风是利用局部通风机作为动力，用风筒导风把新鲜风流送入掘进工作面。局部通风机通风按其工作方式不同分为压入式、抽出式和混合式三种。

1. 压入式通风

压入式通风如图 5-9 所示。局部通风机和启动装置安设在离掘进巷道口 10 m 以外的进风侧巷道中，局部通风机把新鲜风流经风筒送入掘进工作面，污风沿掘进巷道排出。风流从风筒出口形成封闭的有效贴壁射流，如图 5-10 所示。气流贴着巷道壁射出风筒后，由于吸卷作用，射流断面逐渐扩大，直至射流的断面达到最大值，此段称作扩张段，用 $L_{扩}$ 表示；然后，射流断面逐渐缩小，直至为零，此段称收缩段，用 $L_{收}$ 表示。风筒出口至射流反向的最远距离称为射流的有效射程，用 $L_{射}$ 表示。一般有

$$L_{射} = (4 \sim 5)\sqrt{S} \tag{5-1}$$

式中　S——巷道断面面积，m^2。

在有效射程以外的独头巷道会出现循环涡流区，为了有效地排出炮烟，风筒出口与工作面的距离应小于有效射程 $L_{射}$。

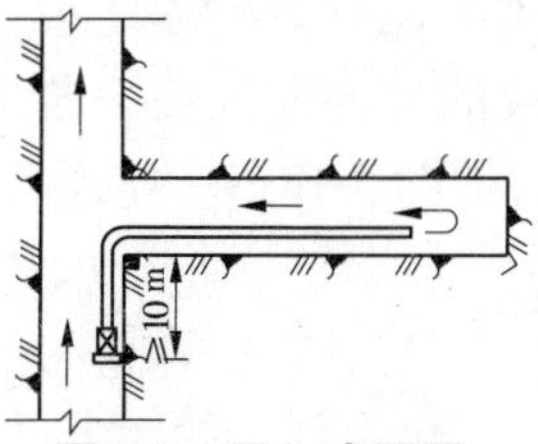

图 5-9　压入式通风

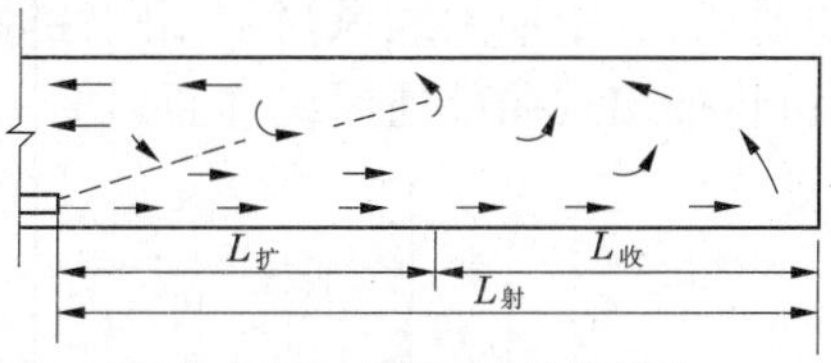

图 5-10　有效贴壁射流区

压入式通风的优点是：局部通风机和启动装置都位于新鲜风流中，不易引起瓦斯和煤尘爆炸，安全性好；风筒出口风流的有效射程长，排烟能力强，工作面通风时间短；既可用硬质风筒，又可用柔性风筒，适应性强。缺点是：污风沿巷道排出，污染范围大；炮烟从掘进巷道排出的速度慢，需要的通风时间长。适用于以排出瓦斯为主的煤巷、半煤岩巷掘进通风。

2. 抽出式通风

抽出式通风如图 5-11 所示。局部通风机安装在离掘进巷道口 10 m 以外的回风侧巷道中，新鲜风流沿掘进巷道流入工作面，污风经风筒由局部通风机抽出。

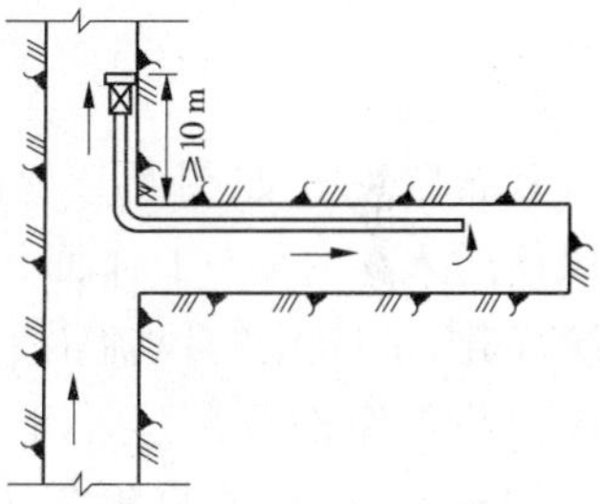

图 5-11　抽出式通风

抽出式通风，在风筒吸入口附近形成一股流入风筒的风流，离风筒口越远风速越小。所以，只在距风筒口一定距离以内有吸入炮烟的作用，此段距离称为有效吸程，用 $L_{吸}$ 表示，一般情况下：

$$L_{吸} = 1.5\sqrt{S} \qquad (5\text{-}2)$$

式中　S——巷道断面面积，m^2。

在有效吸程以外的独头巷道循环涡流区，炮烟处于停滞状态。因此，抽出式通风风筒吸入口距工作面的距离应小于有效吸程，才能取得好的通风效果。

抽出式通风的优点是：污风经风筒排出，掘进巷道中为新鲜风流，劳动卫生条件好；放炮时人员只需撤到安全距离即可，往返时间短；所需排烟的巷道长度为工作面至风筒吸入口的长度，故排烟时间短，有利于提高掘进速度。其缺点是：风筒吸入口的有效吸程短，风筒吸风口距工作面距离过远则通风效果不好，过近则放炮时易崩坏风筒；因污风由局部通风机抽出，一旦局部通风机产生火花，将有引起瓦斯、煤尘爆炸的危险，安全性差。在瓦斯矿井中一般不使用抽出式通风。

3. 混合式通风

混合式通风是一个掘进工作面同时采用压入式和抽出式联合工作。其中，压入式向工作面供新风，抽出式从工作面排出污风。按局部通风机和风筒的布设位置不同分为长抽短压、长压短抽和长压长抽三种方式。

1）长抽短压

其布置方式如图 5-12(a) 所示。工作面污风由压入式风筒压入的新风予以冲淡和稀释，由抽出式风筒排出。具体要求是：抽出式风筒吸风口与工作面的距离应小于污染物分布集中带长度，与压入式风机的吸风口距离应大于 10 m 以上；抽出式风机的风量应大于压入式风机的风量；压入式风筒的出口与工作面间的距离应在有效射程之内。若采用长抽短压通风，其中抽出式风筒须用刚性风筒或带刚性骨架的可伸缩风筒。若采用柔性风筒，则可将抽出式局部通风机移至风筒入口，改作压入式，如图 5-12(b)所示。

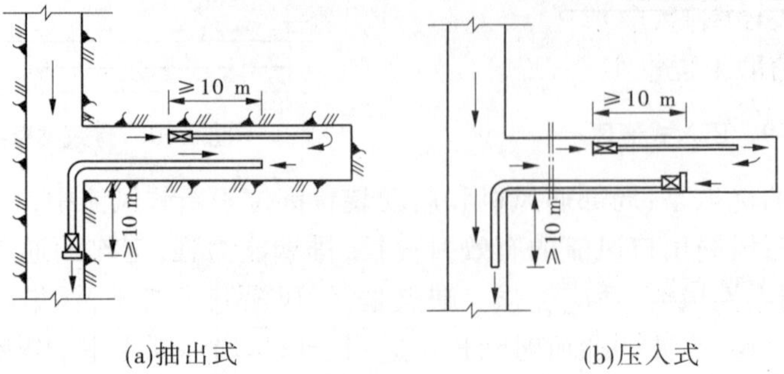

图 5-12　长抽短压通风方式

2)长压短抽

其布置方式如图 5-13 所示。新鲜风流经压入式风筒送入工作面，工作面污风经抽出式通风除尘系统净化，被净化的风流沿巷道排出。抽出式风筒吸风口与工作面距离应小于有效吸程，对于综合机械化掘进，应尽可能靠近最大产尘点。压入式风筒出风口应超前抽出式风筒出风口 10 m 以上，它与工作面的距离应不超过有效射程。压入式通风机的风量应大于抽出式通风机的风量。

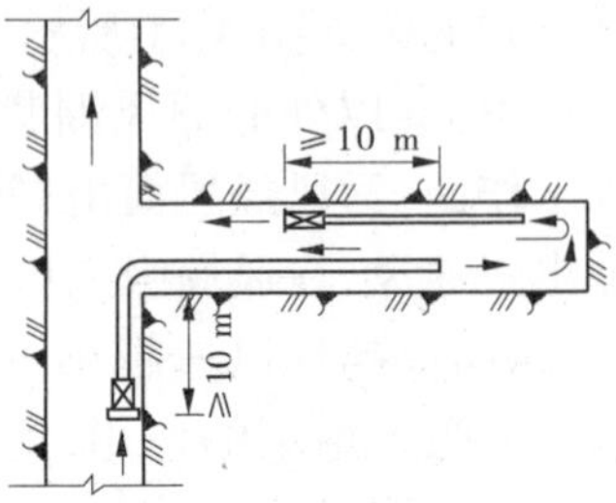

图 5-13　长压短抽通风方式

混合式通风兼有抽出式与压入式通风的优点，通风效果好。主要缺点是：增加了一套通风设备，电能消耗大，管理也比较复杂；降低了压入式与抽出式两列风筒重叠段巷道内的风量。混合式通风适用于大断面、长距离岩巷掘进巷道中。煤巷综掘工作面多采用与除尘风机配套的长压短抽混合式。《安全规程》规定，煤巷、半煤岩巷的掘进如采用混合式通风，必须制定安全措施。但在瓦斯喷出区域或煤(岩)与瓦斯突出煤层、岩层中，掘进通风方式不得采用混合式。

(二)矿井全风压通风

矿井全风压通风，是直接利用矿井主通风机所造成的风压，借助风幛和风筒等导风设施将新风引入工作面，并将污风排出掘进巷道。矿井全风压通风的形式有以下几种。

1. 利用纵向风幛导风

如图 5-14 所示，在掘进巷道中安设纵向风幛，将巷道分隔成两部分，一侧进风，一侧回风。选择风幛材料的原则应是漏风小、经久耐用、便于取材。短巷道掘进时可用木板、帆布等材料，长巷道掘进时用砖、石和混凝土等材料。纵向风幛在矿山压力作用下将变形破坏，容易产生漏风。当矿井主要通风机正常运转，并有足够的全风压克服导风设施的阻力时，全风压能连续供给掘进工作面风量，无需附加局部通风机，管理方便，但其工程量大，有碍于运输。所以，只适用于地质构造稳定、矿山压力较小、长度较短，或在通风设备不安全或技术上不可行的局部地点巷道掘进中。

2. 利用风筒导风

如图5-15所示，利用风筒将新鲜风流导入工作面，工作面污风由掘进巷道排出。为了使新鲜风流进入导风筒，应在风筒入口处的贯穿风流巷道中设置挡风墙和调节风门。利用风筒导风法辅助工程量小，风筒安装、拆卸比较方便。通常适用于需风量不大的短巷掘进通风中。

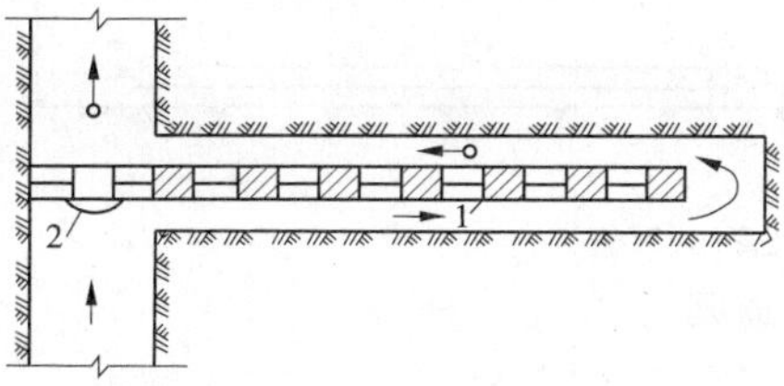

1—风幛；2—调节风门

图5-14 风幛导风

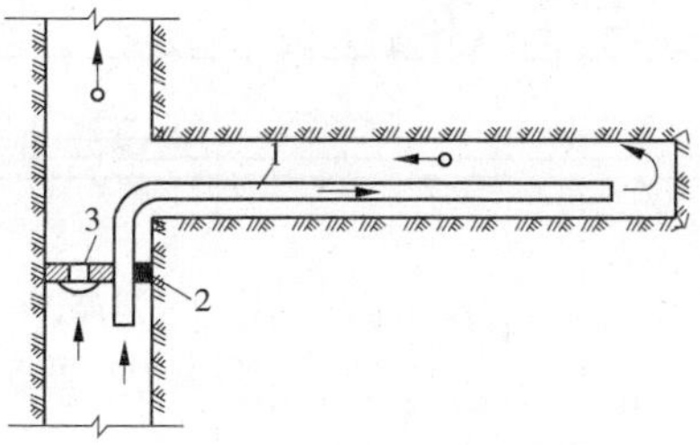

1—风筒；2—风墙；3—调节风门

图5-15 风筒导风

3. 利用平行巷道通风

如图5-16所示，当掘进巷道较长，利用纵向风幛和风筒导风有困难时，可采用两条平行巷道通风。采用双巷掘进，在掘进主巷的同时，距主巷10～20 m平行掘一条副巷（或配风巷），主副巷之间每隔一定距离开掘一个联络眼，前一个联络眼贯通后，后一个联络眼便封闭。利用主巷进风，副巷回风，两条巷道的独头部分可利用风筒或风幛导风。

利用平行巷道通风，可以缩短独头巷道的长度，不用局部通风机就可保证较长巷道的通风，连续可靠，安全性好。因此，平行巷道通风适用于有瓦斯、冒顶和透水危险的长巷掘进，特别适用于在开拓布置上为满足运输、通风和行人需要而必须掘进两条并列的斜巷、平巷或上下山的掘进中。

4. 钻孔导风

如图5-17所示，离地表或邻近水平较近处掘进长巷反眼或上山时，可用钻孔提前沟通掘进巷道，以便形成贯穿风流。为克服钻孔阻力，增大风量，可利用大直径钻孔或在钻孔口安装风机。

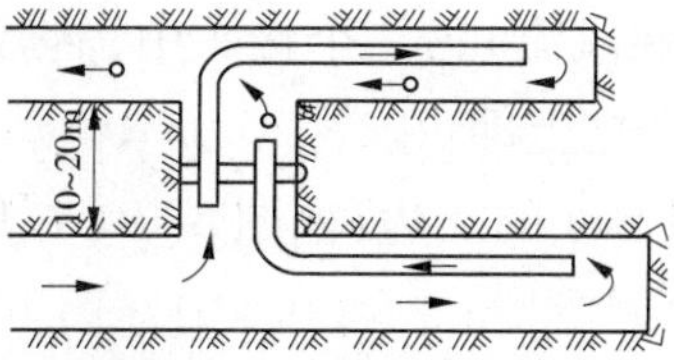

图5-16 平行巷道通风

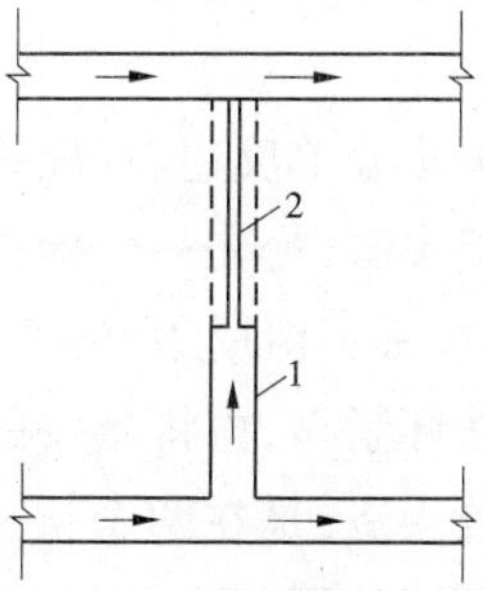

1—上山；2—钻孔

图5-17 钻孔导风

（三）引射器通风

利用引射器产生的通风负压，通过风筒导风的通风方法称为引射器通风。引射器通风一般采用压入式，其布置方式如图 5-18 所示。利用引射器通风的主要优点是：无电器设备，无噪声。水力引射器通风还能起降温、降尘作用。在煤与瓦斯突出严重的煤层掘进时，用引射器通风代替局部通风机通风，设备简单，比较安全。缺点是：供风量小，需要水源或压气。适用于需风量不大的短巷道掘进通风，也可在含尘量大、气温高的采掘机械附近，采取水力引射器与其他通风方法的混合式通风。

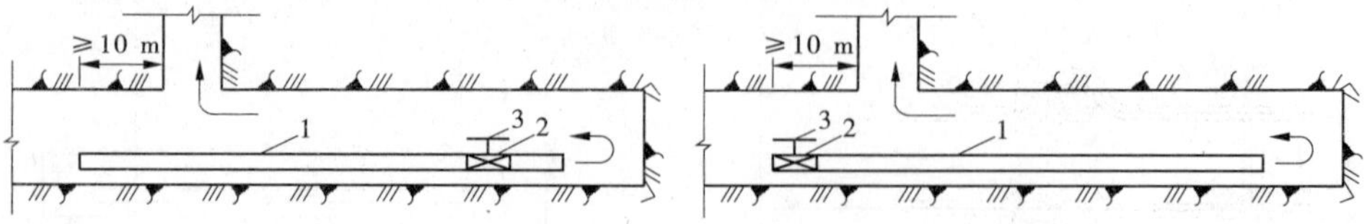

1—风筒；2—引射器；3—水管（或风管）

图 5-18　引射器通风

二、掘进通风管理

多年来，我国煤矿工人与工程技术人员为提高局部通风机通风效果，创造总结出了很多行之有效的局部通风的技术管理经验，有效地提高了单巷掘进的送风距离。

掘进通风管理技术措施主要有加强风筒管理的措施、保证局部通风机安全可靠运转的措施、掘进通风安全技术装备系列化、局部通风机的消音措施等。

（一）加强风筒管理的措施

1. 减少风筒漏风

1）改进风筒接头方法和减少接头数

风筒接头的好坏直接影响风筒的漏风和风筒阻力。改进风筒接头方法和减少风筒接头数，是减少风筒漏风的重要措施。

A. 改进接头方法

风筒接头一般是采用插接法，即把风筒的一端顺风流方向插到另一节风筒中，并拉紧风筒使两个铁环靠紧。这种接头方法操作简单，但漏风大。为减少漏风，普遍采用的是反边接头法。

反边接头法分单反边、双反边（见图 5-19）和多反边（见图 5-20）三种形式。

单反边接头法，是在一个接头上留反边，只将缝有铁环的接头留 200 ~ 300 mm 的反边，而另一个接头不留反边，将留有反边的接头插入（顺风流）另一个接头中，然后将两风筒拉紧使两铁环紧靠，再将接头的反边翻压到两个铁环之上即可。

双反边接头法，是在两个接头上均留有 200 ~ 300 mm 的反边，如图 5-19（a）所示，且比单反边多翻压一层（见图 5-19（c））。

多反边接头法，比双反边增加一个活铁环 3，将活铁环 3 套在风筒 2 上，如图 5-20（a）所示，将 1 端顺风流插入 2 端，并将 1 端的反边翻压到 2 端上，将活铁环 3 套在 1、2 端的反边上，如图 5-20（b）所示，最后将 1、2 反边再同时翻压在铁环 3、1 上，如图 5-20（c）所示。反边接头法的翻压层数越多,漏风越少。

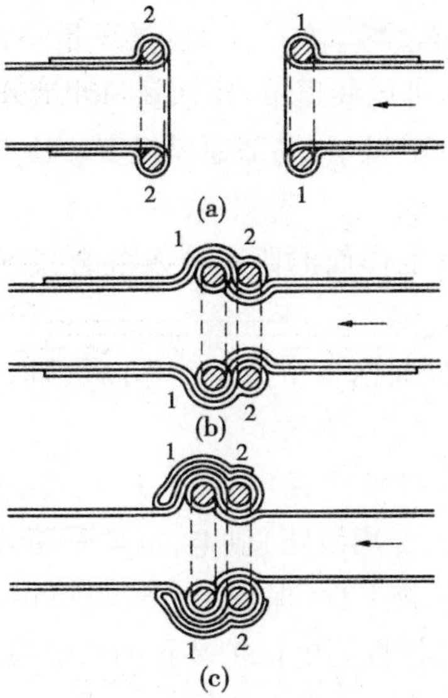

图 5-19 双反边接头

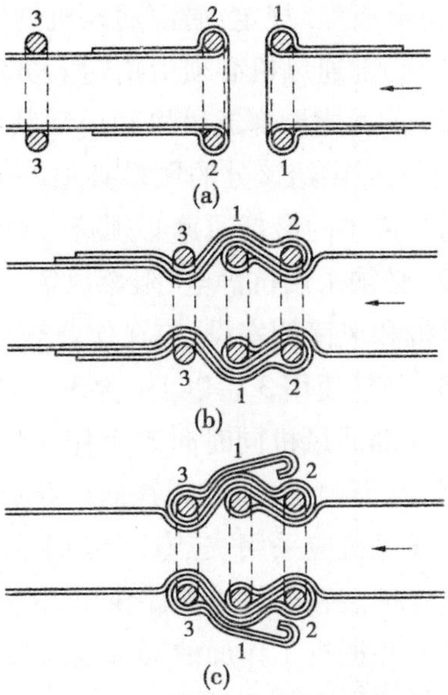

图 5-20 多反边接头

B. 减少接头数

不论采用哪种接头方法,均不能杜绝漏风,因此应尽量减少接头数,即尽量选用长节风筒。目前普遍使用的柔性风筒,每节长 10 m,可采用胶粘接头法,将 5 ~ 10 节风筒顺序粘接起来,使每节风筒的长度增到 50 ~ 100 m,从而减少大量接头数以减少漏风。

2) 减少针眼漏风

胶布风筒是用线缝制成的,在风筒吊环鼻和缝合处,都有很多针眼,据现场观测,在 1 kPa压力下,针眼普遍漏风。因此,对风筒的针眼处应用胶布粘补,以减少漏风。

3) 防止风筒破口漏风

风筒靠近工作面的前端应设置 3 ~ 4 m 长的一段铁风筒,随工作面推进向前移动,以防放炮崩坏胶布风筒。掘进巷道要加强支护,以防冒顶片帮砸坏风筒。风筒要吊挂在上帮的顶角处,防止被矿车刮破。对于风筒的破口、裂缝要及时粘补,损坏严重的风筒应及时更换。

2. 降低风筒的风阻

为了减少风筒的风阻以增加供风量,风筒吊挂应逢环必挂,缺环必补;吊挂平直,拉紧吊稳。局部通风机要用托架抬高,尽量和风筒成一直线。风筒拐弯应圆缓,勿使风筒褶皱。在一条巷道内,应尽量使用同规格的风筒,如使用不同直径的风筒,应该使用异径风筒连接。风筒中有积水时,要及时放掉,以防止风筒变形破裂和增大风阻值。放水方法,可在积水处安设自行车气门嘴,放水时拧开,放完水后拧紧。

(二) 保证局部通风机安全可靠运转的措施

在掘进通风管理工作中,应加强对局部通风机检查和维修,严格执行局部通风机的安装、停开等管理制度，以保证局部通风机正常运转。

《安全规程》规定，局部通风机的安装和使用，必须符合下列要求：

(1)局部通风机必须由指定人员负责管理，保证经常运转。

(2)压入式局部通风机和启动装置，必须安装在进风巷道中，距回风口距离不得小于10 m；全风压供给该处的风量必须大于局部通风机的吸风量，局部通风机安装地点到回风口间的巷道中的最低风速必须符合《安全规程》的规定。

(3)必须采用抗静电、阻燃风筒。风筒口到掘进工作面的距离以及混合式通风的局部通风机和风筒的安设，应在作业规程中明确规定。

(4)严禁使用3台以上(含3台)的局部通风机同时向1个掘进工作面供风。不得使用1台局部通风机同时向2个作业的掘进工作面供风。

(5)瓦斯喷出区域、高瓦斯矿井、煤(岩)与瓦斯(二氧化碳)突出矿井中，掘进工作面的局部通风机应采用“三专”(专用变压器、专用开关、专用线路)供电；也可采用装有选择性漏电保护装置的供电线路供电，但每天应有专人检查1次，保证局部通风机可靠运转。低瓦斯矿井掘进工作面的局部通风机，可采用装有选择性漏电保护装置的供电线路供电，或与采煤工作面分开供电。

(6)使用局部通风机通风的掘进工作面，不得停风；因检修、停电等原因停风时，必须撤出人员，切断电源。恢复通风前，必须检查瓦斯。只有在局部通风机及其开关附近10 m以内风流中的瓦斯浓度都不超过0.5%时，方可人工开启局部通风机。

(三)加强掘进工作面的瓦斯检查和监测

(1)安设瓦斯自动报警断电装置，实现瓦斯遥测。当掘进巷道中瓦斯浓度达到1%时，通过低浓度瓦斯传感器自动报警；当瓦斯浓度达到1.5%时，通过瓦斯断电仪自动断电。高瓦斯矿井要装备瓦斯断电仪或瓦斯遥测仪，对炮掘工作面迎头5 m内和巷道冒顶处瓦斯积聚地点要设置便携式瓦斯检测报警仪。班组长下井时也要随身携带这种仪表，以便随时检查可疑地点的瓦斯浓度。

(2)放炮员配备瓦斯检测器，坚持“一炮三检”，在掘进作业的装药前、放炮前和放炮后都要认真检查放炮地点附近的瓦斯浓度。

(3)实行专职瓦斯检查员随时检查瓦斯制度。

(四)掘进工作面的综合防尘措施

掘进巷道的矿尘来源，当用钻眼爆破法掘进时，主要产生于钻眼、爆破、装岩工序，其中以凿岩产尘量最高；当用综掘机掘进时，主要产生于切割和装载工序以及综掘机整个工作期间，矿尘产生量都很大。因此，要做到湿式煤电钻打眼，爆破使用水炮泥，综掘机内外喷雾。要有完善的洒水除尘和灭火两用的供水系统，实现放炮喷雾、装煤岩洒水和转载点喷雾，安设喷雾水幕净化风流，定期用预设软管冲刷清洁巷道，从而达到减少矿尘的飞扬和堆积。

(五)掘进工作面的防火防爆安全措施

机电设备严格采用防爆型及安全火花型；局部通风机、装岩机和煤电钻都要采用综合保护装置;移动式和手持式电气设备必须使用专用的不延燃性橡胶电缆;照明、通信、信号和控制专用导线必须用橡套电缆。高瓦斯及突出矿井要使用乳化炸药,推广屏蔽电缆和阻燃抗静电风筒。

(六)掘进工作面的隔爆与自救措施

设置安全可靠的隔爆设施,所有人员必须携带自救器。煤与瓦斯突出矿井的煤巷掘进,应安设防瓦斯逆流灾害设施,如防突反向风门、风筒和水沟防逆风装置以及压风急救袋和避难硐室,并安装直通地面调度室的电话。

实施掘进安全技术装备系列化的矿井,提高了矿井防灾和抗灾能力,降低了矿尘浓度与噪声,改善了掘进工作面的作业环境,尤其是煤巷掘进工作面的安全性得到了很大提高。

(七)局部通风机的消音措施

局部通风机运转时噪声很大,常达 100 ~ 110 dB,大大超过了《安全规程》规定的允许标准。《安全规程》规定:作业场所的噪声,不应超过 85 dB(A)。大于 85 dB(A)时,需配备个人防护用品;大于或等于 90 dB(A)时,还应采取降低作业场所噪声的措施。高噪声会严重影响井下人员的健康和劳动效率,甚至可能成为导致人身事故的环境因素。降低噪声的措施,一是研制、选用低噪声高效率局部通风机;二是在现有局部通风机上安设消音器。

局部通风机消音器是一种能使声能衰减并能通过风流的装置。对消音器的要求是通风阻力小、消音效果好、轻便耐用。图 5-21 所示的局部通风机的消音方法是:在局部通风机的进、出口各加一节 1 m 长的消音器,消音器外壳直径与局部通风机相同,外壳内套以用穿孔板(穿孔直径 9 mm)制成的圆筒,直径比外壳小 50 mm,在微孔圆与外壳间充填吸音材料。消音器中间安设用穿孔板制的芯筒,其内也充填吸音材料。另外,在局部通风机壳也设一吸音层。

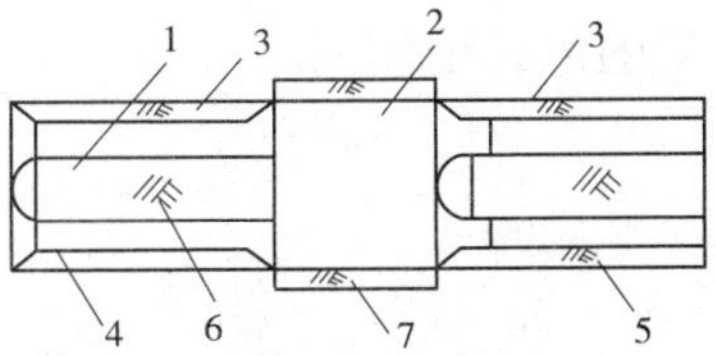

1—芯筒;2—局部通风机;3—消音器;4—圆筒;5、6—吸音材料;7—吸音层

图 5-21 局部通风机

因吸音材料具有多孔性,当风流通过消音器时,声波进入吸音材料的孔隙而引起孔隙中的空气和吸音材料细小纤维的振动,由于摩擦和黏滞阻力,使相当一部分声能转化为热能而达到消音目的。这种消音器可使噪声降低 18 dB。还有一种用微孔板做的消音器。它是利用气流经微孔板时空气在微层孔(孔径 1 mm)中来回摩擦来消耗能量的。微孔板消音器是在外壳内设两层微孔板风筒;其直径分别比外壳小 50 mm、80 mm,内外层穿孔率分别为 2% 和 1% 。微孔板消音器的芯筒也用微孔板制作。这种消音器可使局部通风机噪声降低 13 dB。

上述两种消音器消音效果较好,但体积较大,潮湿粉尘粘在吸音材料上或堵塞微孔板时会使消音功能降低。

项目小结

【技能训练】

采区通风系统认识实训

主要训练学生正确认识和分析采区和工作面通风系统的巷道布置,培养学生根据不同条件选择合理通风系统的能力。

一、实训内容

(1)采区通风系统的巷道布置形式。
(2)采煤工作面上行通风与下行通风。
(3)采煤工作面通风系统类型。

二、实训目的

(1)学习和掌握采区通风系统的基本要求。
(2)学习和掌握采区通风系统的巷道布置形式。
(3)学习和掌握采煤工作面上行通风与下行通风。
(4)学习和掌握采煤工作面通风系统类型。

三、实训模型

(1)单一煤层共用上山采区通风系统模型。
(2)单一煤层三条上山的采区通风系统模型
(3)多煤层三条上山的采区通风系统模型。

四、实训过程与要求

(一)实训过程

在教师的指导下由学生独立进行。

(二)基本要求

(1)实训前学生要认真阅读相关教材和实训指导书,明确实训目的、实训方法、实训步骤,熟悉实训模型及设备。

(2)服从指导教师安排,对不熟悉的模型及设备要逐一按照指导教师的操作示范,遵守操作规程,认真操作,若有问题及时请教。

(3)实训中要了解本实训所用的模型及设备,熟悉操作方法和调试技术。

五、实训总结

(1)实训完成后要求写实训报告。实训报告内容包括实训目的、实训步骤、实训模型及设备、实训内容方法、实训结论与分析。

(2)考核方法:采用百分制。

复习思考题

5-1 什么叫矿井通风系统?包括哪些内容?

5-2 矿井的通风方式有哪些?各适用于什么条件?

5-3 采区通风系统应满足哪些基本要求?

5-4 何谓上行通风?下行通风?并分析采煤工作面采用上行通风和下行通风的优缺点。

5-5 采煤工作面通风系统有几种布置形式?分析其特点及适用条件。

5-6 掘进通风有几种方式?各自的使用条件是什么?

5-7 局部通风机通风有几种方式?试述压入式、抽出式通风的优缺点与使用条件及混合式通风的特点与要求。

5-8 试述掘进通风中的注意事项。

5-9 煤巷掘进通风与岩巷掘进通风有何不同?

5-10 局部通风机通风时,如何防止局部通风机吸循环风?

项目六　矿井风量分配与调节

矿井空气在井巷中流动时，风流的分岔、汇合线路的结构形式称为通风网络。用直观的几何图形来表示通风网络就得到通风网络图。通风网络中各风路的风量是按各自风阻的大小自然分配的。本项目重点阐述通风网络图的绘制、通风网络的基本形式与特性、风量分配的基本定律及矿井风量的分配与调节。

单元一　矿井通风网络图的绘制

【学习目标】

1. 能解释通风网络图中基本的术语和概念。
2. 能够阐述通风网络图绘制的基本原则。
3. 能够绘制简单的通风网络图。

【导入】

矿井通风系统往往是十分复杂的立体结构，巷道数目繁多、纵横交错、上下重叠，相互关系比较复杂，直接利用矿井通风系统图不仅难以对风路结构及风流的流动关系进行准确的判断和分析，而且也不能清晰地表达各个用风地点之间的关系，在通风管理决策中有很多不便。因此，可以运用图论的概念，用长短不按比例、位置和曲直与巷道实际空间关系不同但连接关系相同的单线条来表示通风系统中各分支风流之间的关系，将矿井通风系统抽象成由点、线组成的网状图，即矿井通风网络图。它不仅有利于分析、研究矿井通风系统的合理性，而且是矿井通风系统模拟、网络解算、优化等的基础资料。矿井通风网络图是分析矿井通风的重要图件，对于保证井下各用风地点稳定的风流和足够的风量具有重要意义。

【正文】

一、基本概念

（一）分支

分支是指一段通风井巷的有向线段，线段的方向代表井巷风流的方向。每一分支可以有一个编号，称为分支号，如图 6-1 中的每一线段就代表一条分支。用井巷的通风参数如风阻、风量和风压等可对分支赋值。不表示实际井巷的分支可用虚线表示，如图 6-1 中的连接进、回风井口的地面大气分支 8。

（二）节点

节点是指两条或两条以上分支的交点。每个节点有唯一的编号，称为节点号。在网络图中常用圆圈表示节点，圆圈中的数字表示节点号，如图 6-1 中的① ~ ⑥均为节点。

（三）回路

由两条或两条以上的分支首尾相连形成的闭合线路，称为回路。单一的一个回路又称网孔。如图 6-1 中 1—2—5—7—8、2—5—6—3 和 4—5—6 等都是回路，其中 4—5—6 是网孔，但是 2—5—6—3 不是网孔，因为回路中非相邻节点③和④之间有分支 4。

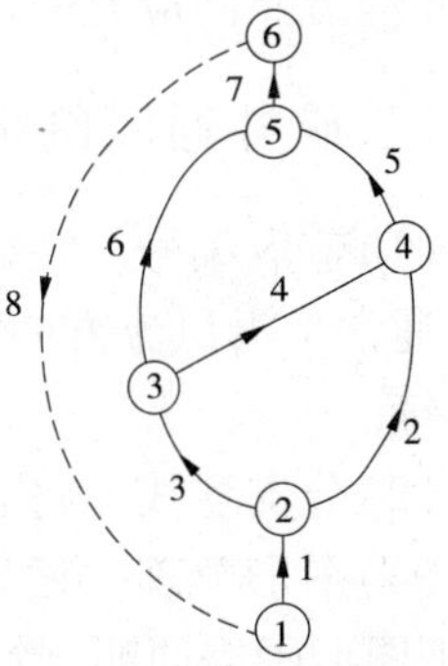

图 6-1 简单通风网络图

（四）树

由包含通风网络图的全部节点且任意两节点间至少有一条通路和不形成回路的部分分支构成的一类特殊图，称为树。由网络图中余下的分支构成的图，称为余树。图 6-2 中各图中的实线和虚线分别表示图 6-1 中的树和余树。由图 6-2 可知，同一个网络图中生成的树各不相同，组成树的分支称为树枝。组成余树的分支称为余树枝。

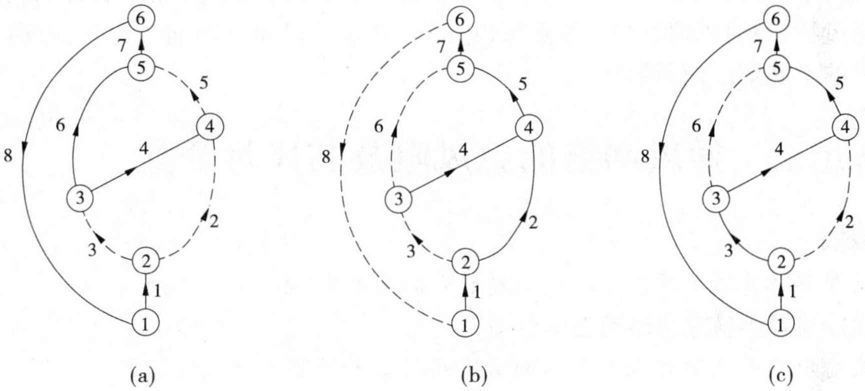

图 6-2 树和余树

（五）独立回路

由通风网络图的一棵树及其余树中的一条余树枝形成的回路称为独立回路。图 6-2(a)中树枝和余树枝 5、2、3 分别组成三个独立回路：5—6—4、2—4—6—7—8—1 和 3—6—7—8—1。

二、矿井通风网络图绘制原则

（1）某些距离相近的节点，期间风阻很小时，可简化为一个节点。

（2）风压较小的局部网络，可并为一个节点，如井底车场。

（3）同标高的各进风井口与回风井口可视为同一个节点。

（4）用风地点并排布置在网络图的中部。进风系统和回风系统分别布置在图的下部和上部。进、回风井口节点分别位于图的最下端和最上端。

（5）分支方向（除地面大气分支外）基本应由下而上。

（6）分支间的交叉应尽可能少。

(7)节点间应有一定的间距。

三、矿井通风网络图绘制步骤

(1)节点编号。在矿井系统图上,沿风流方向将井巷风流的分合点加以编号。编号顺序通常是沿风流方向从小到大,也可按系统、按翼分开编号。节点编号不能重复且要保持连续。

(2)分支连线。将有风流连通的节点用单线条连接。

(3)图形整理。通风网络图的形状不是唯一的。在正确反映风流分合关系的前提下,把图形画得简明、清晰、美观。

(4)标注。除标出各分支的风向、风量外,还应将进回风井、用风地点、主要漏风地点及主要通风设施等加以标注,并以图例说明。

通风网络图绘制是不按比例,不反映空间关系的矿井通风图,能清楚反映风流的方向和分合关系,便于进行通风网络解算和通风系统分析,是通风管理的重要图件之一。

通风网络图的形状是可以变化的。为了更清晰地表达通风系统中各井巷间的连接关系及其通风特点,通风网络图的节点可以移位,分支可以曲直伸缩。通常,习惯上把通风网络图总的形状画成椭圆形。

单元二　通风网络的总风阻及其风量分配

【学习目标】

1. 能理解矿井通风网络中空气流动遵守的基本定律。
2. 能陈述简单通风网络的基本性质。
3. 能运用空气流动的基本定律和通风网络基本性质进行风量分配。

【导入】

在矿井生产过程中,随着采掘工作面的向前推进或变换工作地点,通风网络中风阻和风网的结构将相应发生变化,风流也随之发生变化。为了保证通风网络中各巷道和用风地点风流大小和方向符合《安全规程》的要求,必须掌握通风网络中总风阻变化和风量分配规律。

【正文】

一、矿井通风网络中基本定律

矿井通风中,矿井空气在网络中的流动基本定律有风量平衡定律、风压平衡定律和阻力定律。

(一)风量平衡定律

在通风网络中,流进节点的风量等于流出节点的风量,也就是说任一节点的风量的代数和等于零。

如图6-3所示,节点为M,根据风量平衡定律,当空气密度不变时,各风量之间的关系见式(6-1)。

$$Q_1 + Q_2 + Q_3 = Q_4 + Q_5 \tag{6-1}$$

即

$$Q_1 + Q_2 + Q_3 - Q_4 - Q_5 = 0$$

式中　Q_i——流入或流出节点的风量，$i=1,2,\cdots,5$。

(二)风压平衡定律

如图6-4所示，对于任一闭合回路，无自然风压和风机工作时，根据伯努利方程，各分支巷道压降或阻力的代数和等于零。或者说顺时针的压降等于逆时针的压降，称为风压平衡定律。

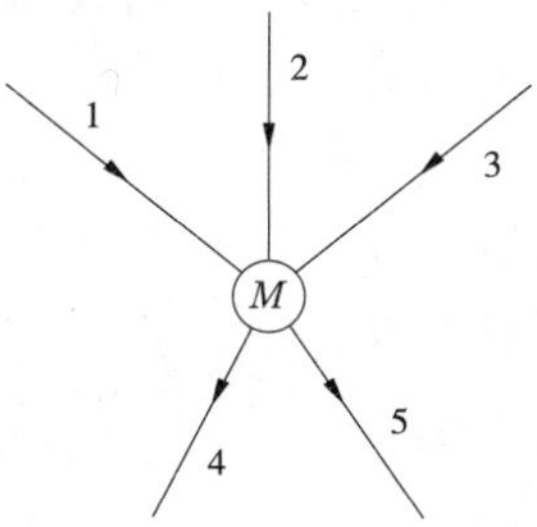

图6-3　节点风流

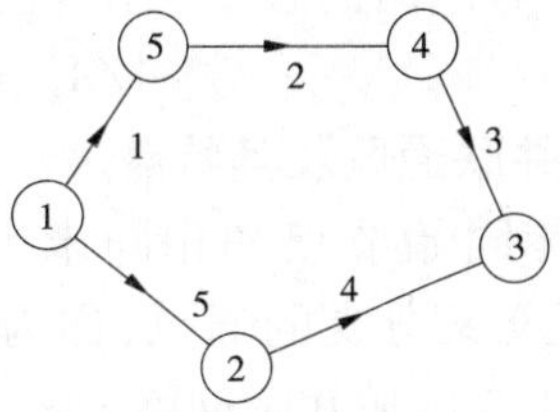

图6-4　通风网络中无风机的闭合回路

$$h_1 + h_2 + h_3 = h_4 + h_5 \tag{6-2}$$

即

$$h_1 + h_2 + h_3 - h_4 - h_5 = 0$$

式中　h_i——流入或流出节点的阻力，$i=1,2,\cdots,5$。

(三)阻力定律

矿井空气中的流动基本上属于紊流的状态，因此对于任一分支巷道或整个通风系统，风流都遵守阻力定律。

$$h = RQ^2 \tag{6-3}$$

式中　h——通风阻力，Pa；

R——巷道风阻，$N \cdot s^2/m^8$；

Q——通风巷道的风量，m^3/s。

二、通风网络及其性质

通风网络可分为简单通风网络和复杂通风网络。只有串联和并联组成的网络，称为简单通风网络。含有角联分支，通常是包含多条角联分支的网络，称为复杂通风网络。

(一)串联通风及其特点

两条或两条以上的风路彼此首尾连接在一起，中间没有风流分合点的通风，称为串联通风。在图6-5中，由分支1、2、3、4组成串联网络。

图6-5　串联网络

串联通风的特点如下所述：

(1)串联网络的总风量等于各段分支的风量，即

$$Q_s = Q_1 = Q_2 = Q_3 = Q_4 \tag{6-4}$$

(2)串联网络的总风压等于各段的风压之和，即

$$h_s = h_1 + h_2 + h_3 + h_4 \tag{6-5}$$

(3)串联网络的总风阻等于各段的风阻之和，即

$$R_s = R_1 + R_2 + R_3 + R_4 \tag{6-6}$$

(4)串联网络的总等积孔平方的倒数等于各段风路等积孔平方的倒数和，即

$$1/A_s^2 = 1/A_1^2 + 1/A_2^2 + 1/A_3^2 + 1/A_4^2 \tag{6-7}$$

(二)并联通风及其特点

具有相同始节点和相同末节点的两条或两条以上的分支，中间无交叉分支的通风，称为并联通风。在图6-6中由分支1、2、3、4、5组成并联网络。

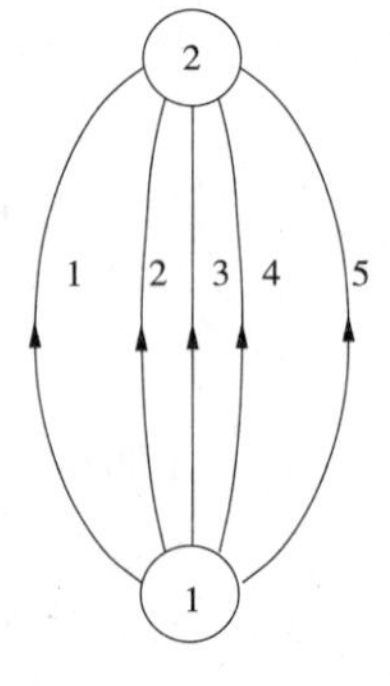

图6-6　并联网络

并联通风的特点如下所述：

(1)并联网络的总风量等于各分支风量之和。

$$Q_s = Q_1 + Q_2 + Q_3 + Q_4 + Q_5 \tag{6-8}$$

(2)并联网络的总风压等于任一分支的风压。

$$h_s = h_1 = h_2 = h_3 = h_4 = h_5 \tag{6-9}$$

(3)并联网络的总风阻平方根的倒数等于各分支风阻平方根的倒数之和。

$$\frac{1}{\sqrt{R_s}} = \frac{1}{\sqrt{R_1}} + \frac{1}{\sqrt{R_2}} + \frac{1}{\sqrt{R_3}} + \frac{1}{\sqrt{R_4}} + \frac{1}{\sqrt{R_5}} \tag{6-10}$$

(4)并联网络的总等积孔等于各分支等积孔之和。

$$A_s = A_1 + A_2 + A_3 + A_4 + A_5 \tag{6-11}$$

在矿井通风中，既有串联通风，也有并联通风。矿井进、回风风路多为串联通风，工作面之间多为并联通风，如各个采煤工作面。从安全、可靠和经济角度看，并联相比串联具有以下特点：

(1)总风阻小，总等积孔大，通风容易，通风动力费用少。

(2)并联各分支独立通风，风流新鲜，互不干扰，有利于安全生产；串联通风时，后面各段的风流是前段排出的污风，风流质量差，不利于安全生产。

(3)并联各分支的风量，可根据生产需要调节；串联各段的风量则不能进行调节，不能有效利用风量。

(4)并联某一分支发生事故，易于控制与隔离，不致扩散影响到其他分支巷道，事故波及范围小，安全性好；串联的某一段发生事故，容易波及整个风路，安全性差。

因此，《安全规程》规定：井下各个生产水平和各个采区必须实行分区通风(并联通风)；各个采掘工作面应实行独立通风，限制采用串联通风。

(三)角联通风及其特点

在并联的两条分支之间,还有一条或几条分支相通的连接形式称为角联通风。图6-7所示是简单角联风网和复杂角联风网。

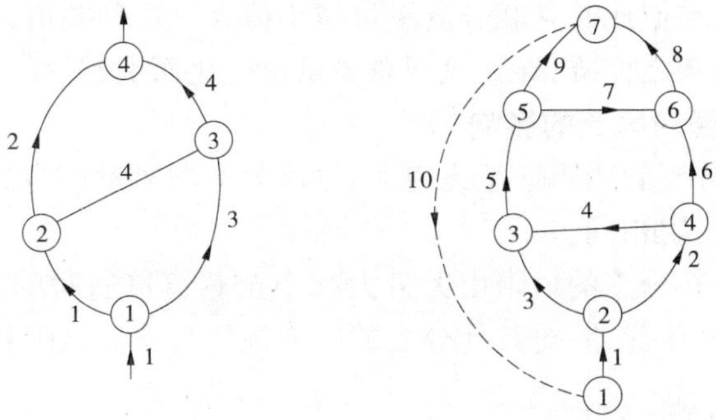

(a)简单角联风网 (b)复杂角联风网

图6-7 角联网络

角联风网特性是角联分支的风流方向不稳定。它的风流方向取决于两个节点之间的总风压的大小。图6-7(a)中角联分支中2节点的风压大于3节点风压,风流由2节点流向3节点。反之,由3节点流向2节点。如果2节点风压等于3节点风压,2节点和3节点角联分支处于无风状态。在井下通风过程中,要特别注意角联分支中的微风或无风状态,此处很容易引起有害气体积聚,导致事故的发生。

对于角联风路中风流的不稳定现象,要加强监督检查,防止事故发生。对于生产矿井,也可以通过测定风量来确定。

三、井巷风阻变化引起风流变化的规律

矿井网络内分支风阻变化是动态的。矿井生产过程中采掘工作面的接替、水平的延伸、风门开启、巷道的冒落和垮塌、车辆和罐笼的运行以及巷道老化等会引起风阻变化。任何风阻变化都会导致风流变化。

(一)变阻分支本身的风量与风压变化规律

当某分支风阻增大时,该分支的风量减小,风压增大;当风阻减小时,该分支风量增大,风压降低。此规律是由井巷通风阻力定律和通风机风压性能特性决定的。

(二)变阻分支对其他分支风量与风压的影响规律

(1)当某分支风阻增大时,包含该分支的所有通路上其他分支的风量减小,风压也减小;与该分支并联的通路上的其他分支风量增大,风压也增大;当风阻减小时,情况正好与上述相反。

(2)对于一进一出的子网络,若外部分支调阻引起其流入(流出)风量变化,其内部各分支的风量变化趋势相同。

(3)风网内,某分支风阻变化时,各分支风量、风压的变化幅度,以本分支为最大,邻近分支次之,离本分支越远的分支变化越小。

(4)风网内,不同类型的分支风阻变化引起的风量变化的幅度和影响范围是不同的。

一般来说,主干巷道变阻引起的风量变化幅度和影响范围大,次要巷道变阻引起的风量变化幅度和影响范围小。

(5)风网内某分支增阻时,增阻分支风量减小值比起并联分支风量增加值大;某分支减阻时,减阻分支风量增加值比其并联分支风量减小值大。这种差值,是由于当某分支风阻增减时,风网的总风阻随之增减,导致风网总风量也变化而引起的。

(三)巷道密闭与贯通对风流的影响

巷道密闭相当于该分支的风阻增至无穷大,故该分支的风量减少到趋近于0;对其他分支的影响规律与分支增阻相同。

巷道贯通时,相当于新分支的风阻由无穷大减小至巷道贯通时的风阻,其风量增大,风流方向取决于两端点间压能差;对其他分支的影响规律与分支减阻相同。

四、风流稳定性分析

矿井空气中的风流稳定性,一般是指井巷中风流变化或风量大小变化超过允许范围的现象,多指风流发生方向变化的现象。

风流不稳定不仅容易引发矿井灾害事故,而且可能使事故影响的范围扩大。因此,保证风网中主要巷道和用风地点的风流是推进安全生产的前提条件,也是通风管理的重要任务。影响风流稳定性的因素有以下几点。

(一)风网结构变化对风流稳定性影响

仅由串、并联组成的风网,其稳定性强。只有在风网中动力源数量或方向发生改变时,才可能发生风流反向。

角联风网易出现对角分支风流不稳定等现象。简单角联风网的角联分支的风向可由判别式确定;复杂角联风网可由网络解算的方法确定;生产矿井可以通过实测风量确定。

(二)风阻变化对风流稳定性影响

风阻变化引起风量的变化,在角联风网中,边缘分支的风阻变化可能引起角联分支风流改变。

在实际矿井生产过程中,大多数采掘工作面都是在角联分支中。应采取安装调节风门等措施,保证风流的稳定性。

(三)通风动力变化对风流稳定性影响

矿井风网中主要通风机、辅助通风机数量和性能的变化,不仅会引起风机所在巷道风量变化,而且会使风网中其他分支风量发生变化,影响风网内其他风机的工况点。

(1)单主要通风机风网内,当主要通风机性能发生变化时,风网内各分支风量按主要通风机风量变化的趋势和比率而变化。

(2)多主要通风机风网内,当某主要通风机性能发生变化时,整个风网内各分支的风量不按比例变化。某主要通风机能力增大,与其串联的风机和子风网风量也增大,与之并联的风机和子风网风量减少。

(3)多主要通风机风网内,即使风网结构和风阻不变,当某主要通风机性能发生变化时,由于风网总风量和各主要通风机配置发生了变化,所以整个风网内各主要通风机工作风阻与风网总风阻也有所变化。

(4)风网内,某巷道安装辅助风机后,不仅该巷道本身风流发生变化,其他巷道风流也发生变化。当辅助风机的风量增大时,辅助通风机所在巷道的风量增加,包含辅助通风机在内的闭合回路中,与辅助通风机风向一致的各条巷道风量增加,与其风向相反的各条巷道风量减小。风量变化幅度,以风机所在的分支最大,与其相邻的网孔的风量变化次之,距风机所在的巷道越远风量变化幅度越小。

当辅助风机风压或风量过大时,可能引起与其并联分支的风量不足、停风,甚至反向。引起并联分支风流反向的条件是辅助通风机风量大于回路的总风量或辅助通风机风压大于回路内其同向分支的风压损失。

(5)自然风压引起的风流变化,与辅助风机相似。当自然风压增大时,原风向与自然风压作用方向相同的分支,其风量增加,与自然风压方向不同的分支,其风量减小。风量随自然风压趋于一致的分支,有可能出现风流停滞,甚至可能出现反向。

项目小结

【技能训练】

采矿图形转换实训

【例6-1】　把图6-8所示的通风系统图转化成图6-9所示的通风网络图。

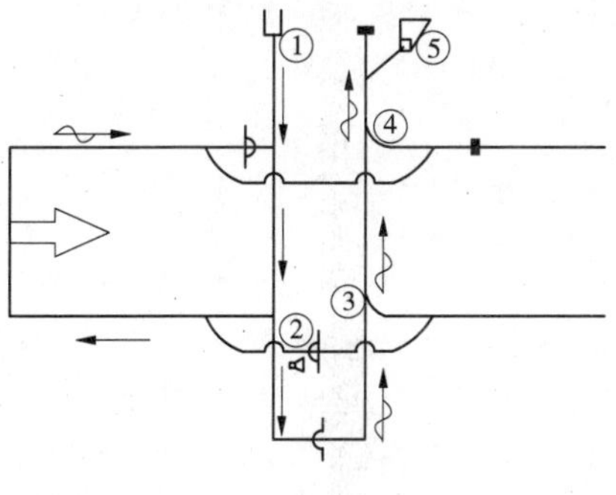

图6-8　通风系统图

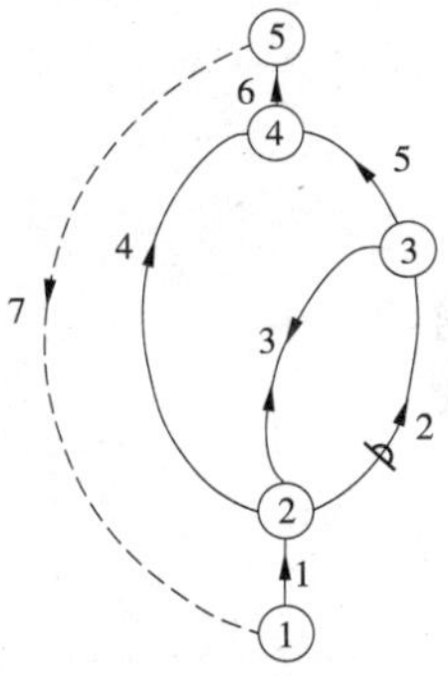

图6-9　通风网络图

具体步骤如下所述:

(1)节点编号。在图6-8中标注节点,沿风流方向根据风流的分合点给节点编号①~⑤。编号顺序通常是沿风流方向从小到大。节点编号不能重复且要保持连续。距离较近且无通风设施等处可并为一个节点,进风井和井底车场等处可并为一个节点。

(2)确定主要用风地点。在图6-8中,主要用风地点是采煤工作面,比较简单。在实际矿井通风系统图中用风地点较多,既有采煤工作面、掘进工作面,也有各种独立通风硐室等,在网络图中都用"一"字形排开。

(3)确定进风节点。图6-8中节点①②是进风节点。

(4)确定回风节点。图6-8中节点③④⑤是回风节点。

(5)分支连线。连接风流相通的节点,可先连接进风节点至用风点,再连接回风节点至用风点,然后连接进、回风节点间的连线。每步连线基本一致,总体方向是从下向上。

按照上述步骤,先绘制网络草图,检查风流分合关系无误后,开始整理图形。调节好各节点与用风地点的位置,使整体布局趋于合理。最后形成图6-9。

此外,还要标注主要通风设施、主要通风机和局部通风机型号。本例对风机型号不做标示。

复习思考题

6-1 简述矿井通风网络图绘制的原则。

6-2 简述矿井通风网络中空气流动遵守的基本定律。

6-3 简述矿井通风网络并联、串联通风网络特点。

6-4 局部风量调节方法有哪些?

6-5 矿井总风量调节方法有哪些?

项目七 通风管理的内容与标准

矿井通风管理是矿井生产过程中重要的管理内容之一。通风状况的好坏直接影响到井下工人的生命健康安全、矿井的生产效率和经济效益。做好矿井通风工作,一方面要针对现场实际情况,解决相关的矿井通风技术难题;另一方面要从系统安全角度出发,全面提高通风管理的整体水平。近年来,我国在矿井通风技术的研究及应用等方面已做了大量的工作,通风技术趋于成熟。但是,由于通风管理不善,不能适应矿井通风系统动态、随机等特性的要求,重特大灾害事故时有发生。所以,为确保矿井的安全生产,在提高通风技术水平的同时,必须加强矿井通风的管理工作。

单元一 矿井通风管理的内容与标准

【学习目标】

1. 了解矿井通风管理的内容和标准。
2. 理解衡量矿井通风效果的指标并能进行有效计算。

【导入】

矿井通风管理系统是一个复杂的过程,由于各个矿井的客观条件不同,因此必须理解矿井通风管理的主要内容,制定通风管理的标准。

【正文】

一、通风管理的主要内容

矿井风流的运动每时每刻都遵循着压差平衡与风量平衡两个定律;同时,通风网络的变化改变着风量大小以及风流方向。矿井通风的特点是,由于矿井通风面的不断推移,风阻不断地变化,因而原有的平衡关系经常改变。通风系统在一个时期适应了生产的发展,这只是暂时的现象。随着生产的发展,通风系统就又不适应了,必须重新调整,那种认为通风系统一旦好了,就可一劳永逸的观点是错误的。所以,矿井通风是一项长期性的、经常性的工作。

一个矿井通风系统的网络包括三大部分,即进风部分、出风部分及各个工作地点的用风部分。在一般情况下,矿井的进风部分及出风部分的网络结构相对来说比较固定,而用风部分则需要经常调整,所以根据生产发展的需要不断地建立合理的通风系统,使新鲜风流按质量送到工作地点,就是矿井通风管理工作的目的。

二、通风管理的标准

矿井通风的效果,主要应从送到工作面的空气数量及质量、粉尘合格率、有效风量率以及其他卫生标准、经济成本等方面来衡量。所以,矿井应建立合理的通风系统。但是由于采掘工作面不断变动,通风系统常常遭到破坏,往往表现在工作面出现串联风流、漏风、反转风流、循环风流等方面。所以,克服串、漏、反、循是通风管理工作必须注意的问题。

一个好的通风系统应该是用最小的通风费用,使新鲜空气按需要送入各工作地点,使其空气成分符合规定的卫生标准,但是各个矿井的客观条件不同,在互相对比时,不能简单地根据通风成本直接判断,也不便于相互对比。目前衡量一个矿井通风系统的效果,可以用下列指标反映。

(一)矿井的有效风量率

它反映主要通风机工作风量的利用程度。在计算有效风量时,只能计算一次用风,不能重复统计。

一个矿井的通风网络由进风部分、用风部分及出风部分组成。工作面属于用风部分。各工作面实际得到的风量总和与矿井总风量之比的百分数,称为矿井的有效风量率。《安全规程》要求矿井有效风量率不得小于60%。

空气进入矿井后,一部分风流未经用风地点而直接进入回风部分或直接流出地表,这种现象称为矿井漏风。地表与矿井之间的漏风称为外部漏风,从进风部分直接漏入回风部分的漏风称为内部漏风。所以,矿井的总风量应由有效风量、内部漏风量及外部漏风量三部分组成。从原则上说,进入用风部分的风量由有效风量及内部漏风量组成,所以存在如下关系:

$$\left.\begin{aligned} Q &= \sum Q_G \\ Q_{WL} &= Q_Z - Q_U \\ Q_{RL} &= Q_U - Q_Y \end{aligned}\right\} \tag{7-1}$$

式中 Q_Y——矿井有效风量;

Q_G——各工作面实得风量;

Q_Z——矿井总风量(或总排风量);

Q_U——实际进入用风部分的风量;

Q_{WL}——外部漏风量;

Q_{RL}——内部漏风量。

三者与总风量之比的百分数分别称为有效风量率、外部漏风率、内部漏风率,即

$$\left.\begin{aligned} \eta_\gamma &= \frac{Q_Y}{Q_Z} \times 100\% \\ \eta_{WL} &= \frac{Q_{WL}}{Q_Z} \times 100\% \\ \eta_{RL} &= \frac{Q_{RL}}{Q_Z} \times 100\% \\ \eta_\gamma + \eta_{WL} &+ \eta_{RL} = 100\% \end{aligned}\right\} \tag{7-2}$$

式中 η_γ——有效风量率;

η_{WL}——外部漏风率;

η_{RL}——内部漏风率。

所以,有效风量率能直接反映漏风大小。

(二)风量或风速合格率

风量或风速合格率是指风量或风速符合《安全规程》要求的用风点数与用风点总数的百分比,它反映用风点的风量或风速是否满足需要以及风量的分配是否合理。

(三)风质合格率

风质合格率是进入工作面的风源质量符合《安全规程》要求的用风点数与用风点数的百分比,它反映风源质量及污染情况。一般矿井对风源质量的主要要求是进入工作面的风源粉尘浓度不超过 0.5 mg/m^3;有氡危害的矿井对风源的要求是,氡不超过 3.7 kBq/m^3,氡子体不超过 8.3 $\mu J/m^3$。

(四)主要通风机装置效率

主要通风机装置效率是该装置的输出功率与输入功率的百分比,它反映主要通风机装置的工况、性能及矿井通风网络的匹配是否得当,直接反映主要通风机电耗是否合理。

(五)风量供需比

风量供需比是实测的主要通风机工作风量与工作面设计需风量总和之比。它反映风量的供需关系,即主要通风机的大小是否适当。此比值可按式(7-3)计算:

$$\beta = \frac{Q_S}{\sum Q_X} \tag{7-3}$$

式中 β——风量供需比;

Q_S——实测的主要通风机工作风量;

$\sum Q_X$——按设计要求,工作面所需风量之和。

(六)通风系统综合指数

通风系统综合指数是指用来衡量矿井通风系统的技术经济状况,以便分析对比各通风系统。此综合系数可按式(7-4)计算:

$$C = \sqrt[5]{\eta_Y \eta_X \eta_Z \eta_S \eta_G} \tag{7-4}$$

式中 C——通风系统综合指数;

η_Y——有效风量率,以小数形式表示;

η_X——风量或风速合格率,以小数形式表示;

η_Z——风质合格率,以小数形式表示;

η_S——主要通风机装置效率,以小数形式表示;

η_G——风量供需比指数,按式(7-5)计算。

因为《安全规程》要求主要通风机的效率应大于60%,也就是说供风量可以为需风量的1.67倍,则风量供需比为1~1.67都符合要求。所以,

$$\left.\begin{array}{l} \text{当}\ 1 \leqslant \beta \leqslant 1.67\ \text{时}, \eta_G = 1 \\ \text{当}\ \beta > 1.67\ \text{时}, \eta_G = 1.67/\beta \\ \text{当}\ \beta < 1\ \text{时}, \eta_G = \beta \end{array}\right\} \tag{7-5}$$

上述六项指标都具有可比性,便于相互衡量。此外,可以检查矿井的通风费用。单位

矿石耗风量、耗电量等,可作为辅助指标,以便于对通风系统做较全面的评价。

为了获得上述指标,应对矿井总风量、工作面风量、风速、矿井压差、主要通风机的实际电耗、风源质量等进行实测。对一个通风系统进行检查之前,应做好如下工作:

(1)按照实际情况绘制通风平面图、通风系统图以及通风示意图。

(2)根据检查要求布置各测点,分别注明在现场及通风图纸上。

(3)根据实际需要组织人员及安置仪表。

(4)统一校正各种使用仪表。

(5)编制检查计划。

(6)按计划及要求进行实测。

(7)整理各种实测资料,计算各主要通风指标。

(8)根据实测情况分析通风现状,评价通风系统,总结经验,并提出进一步完善通风系统的措施。

单元二　矿井风流的管理

【学习目标】

1. 能通过不同方式对矿井风量进行调节。
2. 能对矿井漏风、风流方向、风流预热和冷却进行有效管理。

【导入】

矿井生产在不断发展,矿井通风系统也在不断变化。定期对通风系统作检查,可以使通风管理工作有的放矢,可以不断积累通风管理的经验,为通风设计提供可靠的依据,从而不断完善矿井通风系统。

【正文】

一、矿井风量的调节

风量按自然分配规律流动,常常不能满足生产要求,同时由于井下生产的不断变化,所需风量也经常发生变化,因此必须采取措施使风量的分配适应生产的需要。这一工作就是风量的调整。

因为风流运动的过程就是损失能量克服通风阻力的过程,在这个过程中,风量的大小受到压差及风阻两方面的影响,只有改变风流的压差或风阻,才会实现风量的再分配。

如图 7-1 所示,求将 Q_1 增到 Q'_1,Q_2 减为 Q'_2 时,由于 R_1 不等于 R_2,则必须增大支巷 2 的风阻以增加支巷 1 的风量,或减小支巷 1 的风阻以增加支巷 1 的风量,或采用其他的调节措施。

(一)增阻调节

为增加图 7-1 中支巷 1 的风量,在支巷 2 中安装风窗。风窗就是在风墙或风门上开一个窗口,如图 7-2 所示。

根据并联网络的特性,在并联网络的阻力必须相等,因此,

$$H'_2 = H'_1 + H_L \quad 或 \quad H_L = H'_2 - H'_1 \tag{7-6}$$

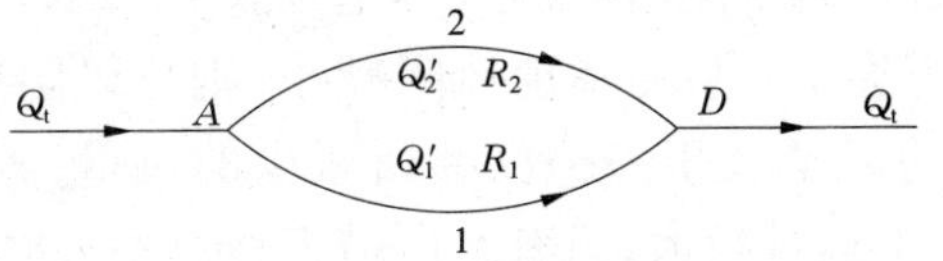

图 7-1　并联通风网络

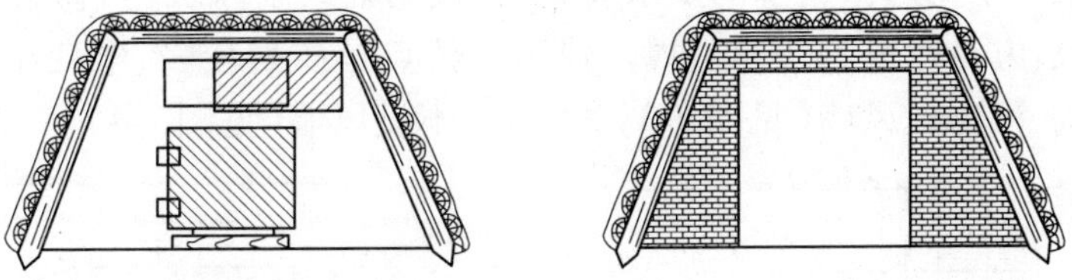

(a)加调节风窗巷道　(b)未加风门巷道

图 7-2　调节风窗

当风流流过窗口时，由于突然收缩必然产生一个局部阻力 H_W 的数值后，调节窗口的面积，可使 $H_W = H_L$，求出 H_W 的数值后，风窗的面积 S_W 可按式(7-7)和式(7-8)计算：

当 $S_W/S \leqslant 0.5$ 时，$S_W = \dfrac{QS}{0.65Q + 0.84S\sqrt{H_W}}$

或
$$S_W = \frac{S}{0.65 + 0.84S\sqrt{R_W}} \tag{7-7}$$

当 $S_W/S > 0.5$ 时，$S_W = \dfrac{QS}{Q + 0.76S\sqrt{H_W}}$

或
$$S_W = \frac{S}{1 + 0.76S\sqrt{R_W}} \tag{7-8}$$

式中　S_W——所求风窗断面面积，m^2；

S——安装风窗处巷道断面面积，m^2；

H_W——调节风窗所造成的局部阻力，Pa；

R_W——调节风窗所造成的局部风阻，$N \cdot s^2/m^8$；

Q——安装风窗巷道的风量，m^3/s。

因为预先并不知道风窗断面面积与巷道断面面积之比值是否大于 0.5，所以先按式(7-7)计算，若求得的面积值较大，再按式(7-8)计算。

采用风窗调节的方法比较简单，工程量较小，在一条巷道中风窗安装的位置对风阻没有影响，故最好设在不妨碍运输、岩石较稳定及漏风的地方少的地点。但安装风窗后风阻增大。会引起整个系统的风阻增大而减少进入矿井的总风量。所以安装风窗的这一支巷所减少的风量大于另一支巷所增加的风量。

(二)减阻调节

在图 7-1 所示的并联网络中，要使支巷 1 的风量增到 Q_1'，支巷 2 的风量降到 Q_2'，则其风阻应符合：$R_1'Q_1'^2 = R_2 Q_2'^2$，即将支巷 1 的风阻 R_1 减小到 R_1'，而 $R_1' = \dfrac{\alpha P_1' L}{S_1'^3}$，故可以从其中

每一因素着手，将摩擦力系数 α 减小到所需值，巷道周长 P_1 及长度 L 也尽可能减小，或增大巷道断面面积 S。若通风系统中某一巷道风阻减小，则总风阻减小，总风量增大，故减小风阻的这一支巷所增加的风量大于另一支巷所减少的风量，其效果与风窗调节相反。但是改变整条巷道的风阻，工程量较大，只有在所需工程量不大时才考虑采用这种方法。

（三）辅扇调节

当改变风阻达不到风量调节的要求时，可直接用辅助扇风机（可简称辅扇）来调节风量，目前这种调节方法已得到普遍重视。辅扇的特点是质量较轻、电耗小、调节方便。关于它的安装方式，可以设风墙（见图 7-3），也可以不设风墙（见图 7-4）。

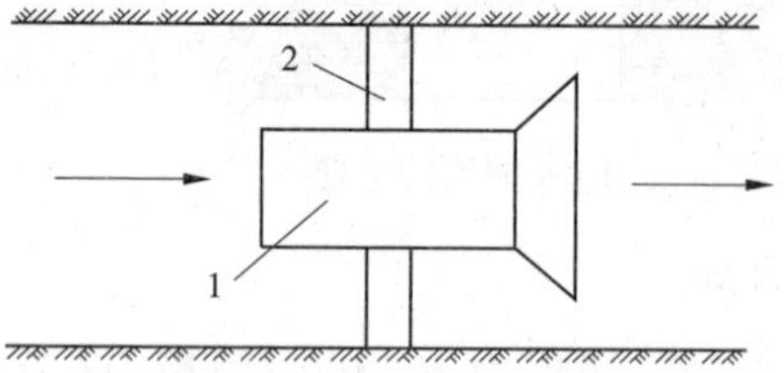

1—风机；2—风墙

图 7-3　有风墙的辅扇

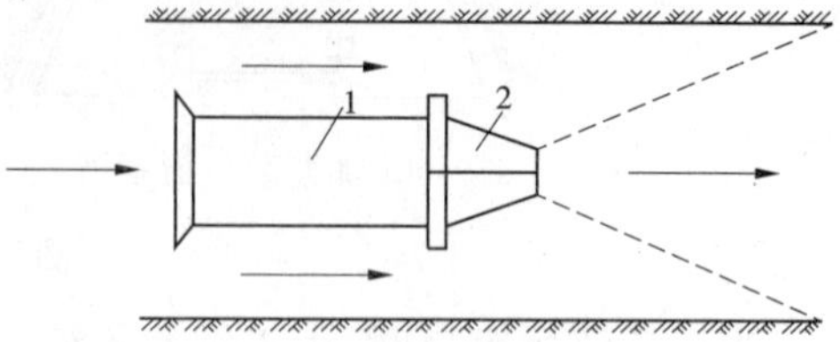

1—风机；2—引射器

图 7-4　无风墙的辅扇

很明显，没有风墙时，可以减小对运输及行人的影响。它的工作原理是由于扇风机出口风流速度高，动压增加，静压降低，从而带动巷道的风流。这时通过巷道的风量大于扇风机的工作风量，但是若巷道风阻过大，会减小通过巷道的风量，以致巷道中扇风机旁的风流反转。若设置风墙，通过巷道的风量与扇风机工作风量相等，这一现象即可避免。所以，一般来说，安装辅扇的分支风流中，若风阻较小，不设风墙可以收到良好效果；当风阻大时，就应安设风墙。

辅扇的应用给通风管带来一定的方便，但是辅扇使用不当也会造成风流反转或循环风流。在使用辅扇调节时，应注意以下几点：

（1）若增加风量的巷道风阻较小，可以使用无风墙辅扇调节，当在辅扇旁发生循环风流时，应安设风墙。

（2）辅扇的选型要恰当，一方面要达到所要求的风量，另一方面要防止产生循环风流。

（3）辅扇安装位置应结合矿井通风系统作分析，防止循环风流。

（4）辅扇应选用压差小、风量大的扇风机，可以节约电能消耗。目前 K 系列扇风机可供选用。

二、矿井风流的测量

（一）全矿风量和风速的检测

全矿风量和风速检测的目的是：确定全矿总进风量和各作业地点的进风量是否满足要求；检查各主要巷道的风速是否符合规定；检查漏风情况，确定漏风地点或漏风区段。

《安全规程》规定的不同井巷中的允许风速标准，具体见表 1-12。

为了准确地测量风量，应在井下一些主要的地点设置测风站，以便将全矿总进风量和总回风量、各翼各中段的进风量和回风量、各主要作业地点的进风量和回风量测定出来。测风站必须符合下列要求：

(1)测风站应设在平直的巷道中。

(2)测风站附近最少要有 10 ~ 15 m 断面无明显变化的巷道。

(3)测风站本身的长度不得小于 4 m。

(4)测风站不得设在风流分支处或汇合处附近。

(5)测风站内不得有障碍物。

(6)测风站应挂有记录牌并注有编号，服务期间较长或地压较大区段内的测风站，最好用砖或混凝土砌筑；用木支架、混凝土支架、金属支架支护的巷道里，采用木板测风站，木板测风站的背板要平整，设置要严密，使通过巷道的风量全部通过测风站，挡在无测风站的巷道里需要测风时，则应在比较平直且断面无明显变化的巷道里测定。

全矿风量和风速检查的步骤如下：

(1)布置测点。根据检查工作的目的与要求，在矿井通风系统图和有关的中段平面图上布置测点并按顺序将测点编号。布置测点的原则是：必须保证通过对所有测点的风速测定与计算后，能够得到全矿总进风量和总回风量、各翼各中段的进风量和回风量、各主要作业地点的进风量和回风量的数据，并能得到漏风地点、漏风区段的漏风量的数据。在此前提下，布置的测点数目越少越好，在图纸上将测点布置妥善后，应将测点标定在井巷的主要位置。

(2)测点断面的测定与计算。将测点标定在井巷的主要位置后，应测定测点所在位置的井巷断面尺寸并计算断面面积。然后按照测定序号将各测点的井巷断面面积记录在专用表格上。

(3)进行实测。用预先经过检查和校正的风表依次测定各测点所在巷道断面上的平均风速(一般连续测三次取平均值)，并用温度计和湿度计测定空气的温度和湿度，用空盒气压计测定气压，将测得的数据记录在专用表格上。

(4)风量计算与校正。根据风量等于断面上的平均风速与净断面面积的乘积关系，计算出各测点的风量，然后将实测条件下的风量按照式(7-9)换算成统一的空气密度之下的风量值：

$$Q_c = \frac{Q_i \rho_i}{\rho_c} \tag{7-9}$$

式中 Q_c——统一空气密度条件下的风量，m^3/s；

Q_i——实测条件下的风量，m^3/s；

ρ_i——实测条件下的空气密度，kg/m^3；

ρ_c——统一的空气密度(压入式通风时，指主要通风机出风口的空气密度，抽出式通风时，指主要通风机入风口的空气密度)，kg/m^3。

最后将全矿的、各翼各中段的、各主要工作地点的进风量和回风量标示在通风示意图和有关的中段平面图上。在此基础上，分析漏风地点或漏风区段及漏风量的大小，并提出减少漏风的措施，分析矿内风量是否合理，若存在问题则应提出调节风量的措施，使风量分配合理化。

(二)矿井通风阻力的测定

根据矿井通风的伯努利方程式可知,风流沿矿山井巷流动时,任何一段井巷的通风阻力,在数值上等于该段井巷始末在两个断面上风流的绝对静压差、位能差、动压差三者之和。这个结论是进行矿井通风阻力测定的理论根据。

生产矿井应该定期地进行通风阻力的测定,目的在于查明各段井上通风阻力的分布情况,并针对通风阻力较低的地点区段采取有效措施,减少通风阻力,以便改善矿井通风的状况,降低矿井主要通风机的电能消耗。此外,通过通风阻力测定计算出来的井巷摩擦阻力系数 α 和局部阻力系数 ξ 是进行风量调节或改善通风系统工作可靠的基础资料,也可供设计时参考和使用。

1. 选择测定路线与布置测点

在选择测定路线之前必须下井调查了解主要通风井巷和整个通风系统的实际情况,然后根据矿井通风系统图、开拓系统图以及有关的中段平面图,一般选取通风困难的路线作为主要测定路线。至于全矿共分几条路线进行测定,要看矿井规模与通风系统的具体情况以及测定目的而定。测定路线选定后,应按下列原则布置测点:

(1)凡是主要风流分支或汇合的地点必须布置测点。当测点位于分支或汇合处之前时,其间的距离应大于巷道宽度的 3 ~4 倍;当测点位于分支或汇合处之后时,其间的距离应大于巷道宽度的 12 ~14 倍。

(2)在相互并联的几条巷道中,沿其中任何一条巷道测定阻力均可。但在其余巷道中应布置风量测点,借以测出其余巷道中通过的风量。这样就可按相同的通风阻力和各自的风量求出各条巷道的风阻。

(3)在测点的前面(以风流方向为准),至少要有 3 m 长的巷道区段的支架良好,无空顶、空帮、凹凸不平,无堆积物。

(4)在井下布置测点的过程中,各测点处要做出明显的标记,按顺序注明测点的编号,还应将相邻两个测点间的距离以及各测点的巷道断面量好。

2. 人员分工与组织

为了保证测定结果的准确性,最好能在一个工作班内将测定工作进行完毕。测定小组通常由 6 ~7 人组成。当矿井范围很大,测定任务繁重时,可以组成几个测定小组同时进行测定工作。

3. 测定仪表与工具准备

此法需要使用的仪表与工具包括静压管或皮托管、精密压差计、胶皮管、三脚架、风表、秒表、干湿温度计、空盒气压计及卷尺等。所以,仪表在使用前都必须经过检查和校正。此外,应备有专门的记录表格。

4. 井下测定工作

井下测定时,仪表布置情况如图 7-5 所示。测定工作的步骤是:首先在测点 1 和测点 2 分别安设三脚架、静压管和皮托管;在测点 2 的下风侧 6 ~8 m 处安置精密压差计,调整水平并将液面调到零位(或读取初读数);利用打气筒将胶皮管内原有的空气压出,以换进所测巷道的空气,然后利用胶皮管将压差计分别与两只静压管连接起来。当胶皮管无堵塞、无漏气时,便可在压差计上读数,并将读数值记入专用表格内。以上测定工作完毕之后，将测点1的三脚架和静压管移到测点3，然后在测点2和测点3之间用同样的方法进行测定，这样依次类推，直到测完最后一个测点。

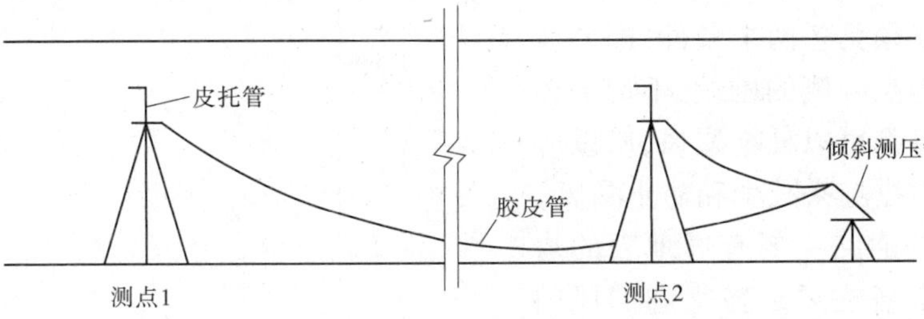

图7-5 精密压差计和皮托管测压差

测定时的注意事项：胶皮管接头处连接要牢靠、严密，不可漏气；严防水和其他杂物进入胶皮管内；防止车辆和行人挤压和破坏胶皮管；当压差计液面上下波动厉害而使读数发生困难时，可在胶皮管内放上一个棉花球，以减小波动，便于读数。

5. 测定资料的计算和整理

相邻两个测点间的通风阻力 h_{1-2} 按式(7-10)计算：

$$h_{1-2} = Kh_r + \frac{1}{2}v_1^2\rho_1 - \frac{1}{2}v_2^2\rho_2 \tag{7-10}$$

式中 K——压差计校正系数；

h_r——测定1与2两点时，压差计的读数值，Pa；

$\frac{1}{2}v_1^2\rho_1$——测点1所在的巷道断面上的平均动压，Pa；

$\frac{1}{2}v_2^2\rho_2$——测点2所在的巷道断面上的平均动压，Pa。

然后将测定路线上各段风路的通风阻力 h_{1-2}、h_{2-3}、h_{3-4}…加起来，便可求得全矿的通风阻力值。为了便于比较，可根据全矿通风阻力值与全矿风量值计算出矿井总风阻或矿井等积孔。

根据测定记录与计算的结果，可在方格纸上以井巷的累计长度为横坐标，以通风阻力为纵坐标，将通风阻力的变化情况绘制成一条曲线，如图7-6所示。这样可以更加醒目地表明矿内通风阻力的变化情况。

这种测定方法的优点是测定结果的精确度较高，可以用来测定小区域的通风阻力，同时测定资料的整理和计算也比较简单。所以，该方法在我国金属矿山和煤矿中应用得比较普遍。此测定法的缺点是测定工作比较麻烦和复杂，特别是收放胶皮管的工作量很大，所需的测定时间较长，所需的测定人员也较多。因此，在矿井正常作业的条件下，尤其是在运输频繁的井巷中测定很困难，通常都是利用矿山公休或假日在停产条件下进行测定。

三、矿井漏风、风流方向、风流预热和冷却的管理

（一）矿井漏风的管理

最有害的漏风是新风及废风之间的漏风、工作面之间的漏风、抽出式通风矿井地表向

出风部分的漏风、压入式通风矿井进风部分向地表的漏风。前两种属于内部漏风，后两种属于外部漏风。

矿井漏风必须具备两个条件，即漏风的通路和漏风地点两侧的压差，不论去掉其中哪一个条件都可以杜绝漏风，所以应从这两方面采取措施来减少和防止漏风。

外部漏风的通路主要有通地表的岩石裂隙、采空区、各主要运输平巷的风门以及主要扇风机装置本身。这部分漏风极为严重，一些矿井由于通风设计不合理或管理不善致使这种漏风达到 70% ~ 80%。

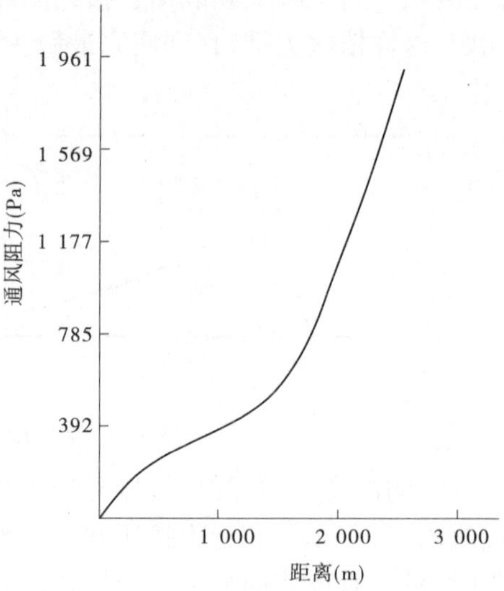

图 7-6　通风阻力的变化

克服有害漏风可以考虑如下几个方面：

(1)阻塞漏风通道，提高各种通风构筑物的严密性。主要通风道在漏风严重时，必须采取阻漏措施。

(2)根据围岩漏风情况的不同，采用不同的供风方式。针对围岩的漏风情况，进风部分漏风严重时可使用抽出式供风，出风部分漏风严重时使用压入式供风，用风部分漏风严重时使用混合式供风。

(3)坚持合理开采顺序。外部漏风一般容易发现，也便于采取相应措施。内部漏风除集中漏风如各种通风构筑物漏风容易发现外，其他如采空区的充填料、废坑道等分散漏风很难发现，而且总漏风量较大。对于这种情况，除加强通风构筑物的严密性外，更为重要的是坚持合理的采掘顺序，认真封闭废旧井巷及采空区，这是降低内部漏风的有效措施。

(4)减少矿井压差，采用风区通风。

(5)合理选择主要通风机位置，主要通风机尽量靠近通风部分，以减少漏风。

(6)可利用空气幕或导风板防止井口漏风。

(二)矿井风流方向的管理

某些风流反向，可减少工作面风量或造成废风串联，破坏合理的通风系统，这是通风管理工作中经常遇到的问题，反转风流一般出现在对角巷道里，原因是其他巷道风阻变化，改变了对角巷道两端的空气压力。所以，为了保证对角巷道的风流方向，可以改变有关巷道的风阻，或在对角巷道中安装辅扇。当通风网络较复杂时，应从进出风的布置形式来保证风流的稳定性。

循环风流的出现是因为在风流的闭合回路中出现了新的通风动力，造成新的压差代数和为零，破坏了原有的风量分配，它不仅导致废风串联，而且废风不能排出矿外。其原因往往是使用辅扇不当，若辅扇能力过大，迫使与它平行的风流产生反转即可造成循环风流，而由于风阻改变形成的对角巷道的反转风流不会循环，循环风流中必有反转风流，但反转风流不一定循环。因此,除串联外的通风网络,都为风流反转创造了条件,若存在某种通风动力就可能出现循环风流。在矿井里采用辅扇时一定要注意循环风流的出现,这可以用调节辅扇风量或改变辅扇位置来克服循环风流。

(三)矿井风流的预热和冷却

有些地区的矿井在通风中,会遇到需要预热及冷却两种情况。

1. 空气预热

我国北方广大地区冬季气温较低,在进风井巷中,若有淋水或潮湿,就会产生冰冻现象,将给运输、提升机械设备正常运转带来困难,对安全生产造成威胁,使气候条件恶化,影响工人身体健康。因此,矿山《安全规程》规定:进风井筒冬季结冰,对提升及其他装置有危险时,需设暖风装置,将空气加热到2 ℃以上。

暖风装置安装在进风井筒旁边,将专门风道与井筒连通,使一部分冷空气经暖风装置后,温度提高到70~80 ℃(不能超过100 ℃,以免灼伤升降人员),并与进风混合后使其温度提高到2 ℃以上。

我国东北地区不少矿井用废旧巷道及采空区进风,利用地热预热进风且温度获得良好的效果。必须时还可以开凿专用预热进风巷道,进风井深度很大,预热效果会更好。

2. 空气预冷

我国南方夏季进风温度高达36~38 ℃,直接引起井下高温现象。如矿井深度很大,岩石温度很高,也会引起井下高温,故必须冷却进风温度。用循环冷水在进风井巷或井底喷成水雾,水分蒸发吸收热量,可使空气温度下降。

为了降低进风温度,也可利用进风井附近的废旧巷道或在进风井筒附近开凿几条至恒温带的专用小井,并用平巷与井筒连通,形成并联进风,既可使空气沿小井下,又有利于降低通风阻力。

影响井下空气温度升高的热源主要来自老硐和崩落带及采空区发热矿石和坑木氧化散热,其次是新暴露的矿石表面的氧化散热,地表温度也有所影响。因此,可采取下列措施降低作业面温度,改善作业条件:

(1)消除老硐和崩落带的热源,目前较为有效的消除热源的方法是对老硐和崩落带实施灌浆抑制氧化。

(2)及时消除热量的积聚。良好通风是及时排出工作面的热量、改善作业点气候条件的有效措施之一。

(3)利用低温脉外巷道吸热。脉外进风井巷有明显的调热作用,它夏季吸热,冬季放热,可以适当加以利用。

(4)局部降低温度。冷水喷雾、压气风管加隔热材料、局扇空气等,都是改善高温作业面劳动条件的有效措施。

单元三　矿井通风设施的管理

【学习目标】

1. 能对矿井主要通风机工况进行测定。

2. 了解通风设施的类型、作用和基本要求。

3. 能利用通风设施对矿井风流进行有效管理。

【导入】

为了保证风流按拟定路线流动，使各个用风地点得到所需风量，就必须在某些巷道中设置相应的通风设施对风流进行控制。通风设施必须正确地选择合理位置，按施工方法进行施工，保证施工质量，严格管理制度，否则会造成大量漏风或风流短路，破坏通风的稳定性。

【正文】

一、矿井主要通风机工况的测定

（一）矿井主要通风机工况测定的目的与任务

矿井生产条件的变化（例如因工作面的推移使巷道长度增加或缩短、矿井开采深度增加等），必然引起矿井总风阻的变化。矿井总风阻的变化又将引起矿井主要通风机工况的改变，从而导致主要通风机的风量和总风量的改变。为了合理地运用主要通风机，使主要通风机造成的矿井总风量能适应生产条件的变化而经常的满足实际生产的需求，以及为了保证主要通风机实际运转在经济上的合理性，以减少主要通风机电动机的电能消耗，必须定期进行主要通风机工况的测定。

主要通风机工况测定的主要任务如下所述：

（1）测定主要通风机的风量和风压，分析主要通风机风量是否满足矿山生产的实际需要，计算矿井通风阻力与矿井总风阻或矿井等积孔。

（2）测定拖动主要通风机的电动机的输入功率，计算主要通风机的运转效率，分析主要通风机的运转参数与矿井通风网络的匹配是否适当，确定是否需要进行主要通风机的工况调节。

（二）主要通风机风量和风压的测定

主要通风机的风量通常是在风硐内预先测定的。由于通过风硐的风量和风速较大，一般使用高速风表测定断面上的平均风速；有时也将该断面分成若干等份，用皮托管、压差计、胶皮管测定每个等份中心的动压，然后将动压换算成相应的速度后，再计算出若干个速度的算数平均值作为断面的平均风速。断面平均风速与风硐断面面积的乘积等于通过风硐的风量，也就是主要通风机的风量（m^3/s）。

主要通风机风压的测定通常也是在风硐内测定风速的断面上进行的，先在该断面上设置静压管或皮托管，再用胶皮管将静压管或皮托管的一端与安设在主要通风机房内的压差计连接起来，当胶皮管无堵塞、无漏气时，即可在压差计上读数，此读数就是风硐内该断面上的相对静压。在抽出式通风的条件下，将设置静压管或皮托管的断面视为扇风机的入风口。当测得了风硐内该断面的相对静压、动压以及主要通风机风量之后，即可根据主要通风机全压等于主要通风机出风口全压与入风口全压之差的关系将主要通风机的全压计算出来。无论是抽出式通风还是压入式通风，主要通风机的全压除主要通风机扩散器出口的动压（抽出式）或矿井出风口的动压（压入式）消耗外，其余的全部可以用来克服矿井的通风阻力。因此，可以计算出矿井的通风阻力。求得矿井通风阻力和矿井风量后，可算得矿井等积孔或矿井总风阻。

(三)主要通风机电动机功率的测定

为了计算主要通风机效率,应将拖动主要通风机的电动机的输入功率测定出来。三相交流电动机的功率通常采用两瓦特表法或电流表、电压表及功率因数表法进行测定,并按下式计算:

$$N = \sqrt{3}\, UI\cos\varphi \tag{7-11}$$

式中 N——电动机输入功率, kW;

U——线电压,kV;

I——线电流,A;

$\cos\varphi$——电机功率因数。

(四)主要通风机效率的计算

将有关的数据测定、计算出来后,按下式计算效率:

$$\eta = \frac{QH}{1\,000N\eta_e\eta_d} \times 100\% \tag{7-12}$$

式中 η——主要通风机效率;

Q——主要通风机风量,m^3/s;

H——主要通风机风压(若以主要通风机全压代入则得主要通风机全压效率,若以主要通风机静压代入则得主要通风机静压效率),Pa;

N——拖动主要通风机的电动机的输入功率,kW;

η_e——拖动主要通风机的电动机的效率;

η_d——拖动主要通风机的电动机与主要通风机间的传动效率。

二、地下通风设施的管理

通风设施是指为保证进入矿井的风量能按生产的需要定向、定量地流向用风地点而在通风网络中设置的用以引导、隔断和控制风流的设施,又称通风构筑物。

矿井通风设施按其作用不同可分为以下三大类:

(1)引导风流的设施,主要有风硐、扩散器、反风装置和风桥等。

(2)隔断风流的设施,主要有防爆门、密闭和风门等。

(3)控制风流的设施,主要有调节风窗、导风板等。

(一)引导风流的设施

1. 风硐

风硐是连接矿井主要通风机和出风井的一段巷道。由于通过风硐的风量大,且风硐内外压力差较大,因此应尽可能降低风硐的阻力,减少漏风。

风硐设计应满足以下要求:

(1)风硐的断面不宜太小,其风速以 10 m/s 为宜,最大不超过 15 m/s。

(2)风硐不宜过长,转弯部分要成圆弧形,拐弯平缓,内壁光滑,无堆积物,以减少通风阻力。

(3)风硐及其闸门等装置,要结构严密,防止大量漏风。

(4)风硐内应安设测量风速及风流压力的装置,风硐和主要通风机相连的一段长度应不小于 10 ~20 倍主要通风机的动轮直径。

2. 风桥

风桥是将两股平面交汇的新风和污风隔成立体交叉风路的一种通风设施。一般污浊风流从桥上通过,新鲜风流从桥下通过。

根据服务年限、巷道中通过风量大小以及风桥的结构特点不同,风桥可分为铁筒式风桥、混凝土风桥和绕道式风桥三种。

1)铁筒式风桥

如图 7-7 所示,铁筒式风桥由铁筒与风墙(或风门)组成。铁筒直径不小于 750 mm,风墙壁厚不小于 5 mm,风墙(或风门)每侧应设两道以上,墙的四周要掏槽,一般用于服务年限短、通过风量在 10 m/s 以下的情况。

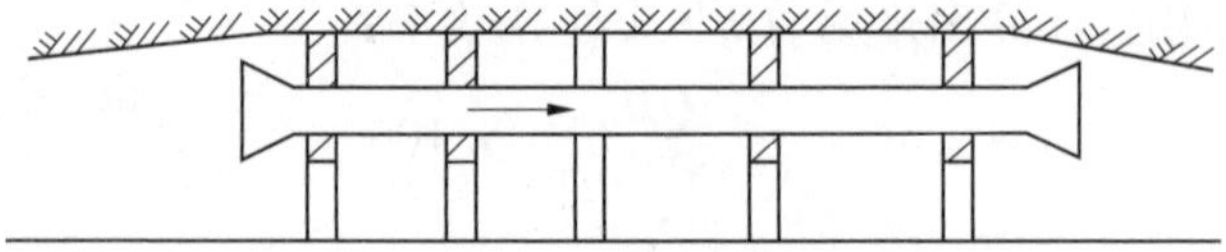

图 7-7 铁筒式风桥

2)混凝土风桥

如图 7-8 所示,混凝土风桥由混凝土砌筑而成,结构紧凑,比较坚固,适用于服务年限较长、通过风量在 10 ~20 m^3/s 的情况。要求桥下巷道前后 6 m 支护要加固。

3) 绕道式风桥

如图 7-9 所示,绕道式风桥开凿在岩石中,最坚固耐用,漏风少,适用于服务年限很长、通过风量在 20 m^3/s 以上的情况。

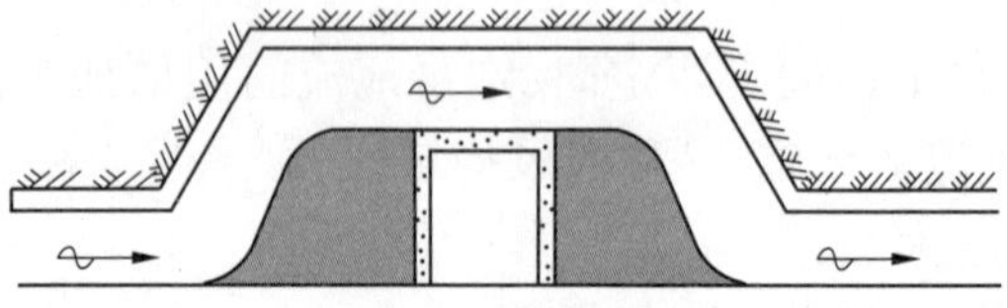

图 7-8 混凝土风桥

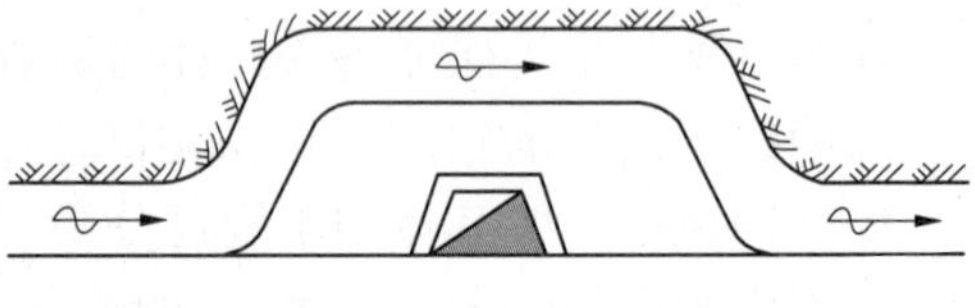

图 7-9 绕道式风桥

(二)隔断风流的设施

1. 防爆门

防爆门是装有主要通风机的井筒为防止瓦斯、煤尘爆炸时毁坏主要通风机而安装的一种安全设施。当井下发生瓦斯、煤尘爆炸时,防爆门能被气浪冲开,使爆炸冲击波直接冲入大气,从而起到保护主要通风机的作用。此外,当主要通风机停止运转时,打开防爆门还可使矿井保持自然通风。防爆门应正对出风井的风流方向,其面积不得小于出风井口的断面面积。

2. 密闭(挡风墙)

在不允许风流通过,也不允许行人行车的井巷,如采空区、旧巷、火区以及进风与回风大巷之间的联络巷道等,都必须设置密闭,又称挡风墙。它用来将风流截断,以免造成漏风、风流短路以及引起煤炭自燃、火区扩大和有害气体扩散等。按结构及服务年限不同，密闭可分为临时密闭和永久密闭两种。

1）临时密闭

一般是在立柱上钉木板，木板上抹黄泥建成临时密闭。但当巷道压力不稳定，并且密闭的服务年限不长（2 年以内）时，可用长度约 1 m 的圆木段和黄泥砌筑成密闭。这种密闭的特点是可以缓冲顶板压力，使密闭不产生大量裂缝，从而减少漏风，但在潮湿的巷道中容易腐烂。

2）永久密闭

在服务年限长（2 年以上）时使用永久密闭。永久密闭常用砖、石、水泥等不燃性材料砌筑，其结构如图 7-10 所示。为了便于检查密闭区内的气体成分及密闭区内发火时便于灌浆灭火，密闭上应设观测孔和注浆孔，密闭区内如有水，应设放水管和反水沟以排出积水。为了防止放水管在无水时漏风，放水管一端应制成 U 形，利用水封防止放水管漏风。

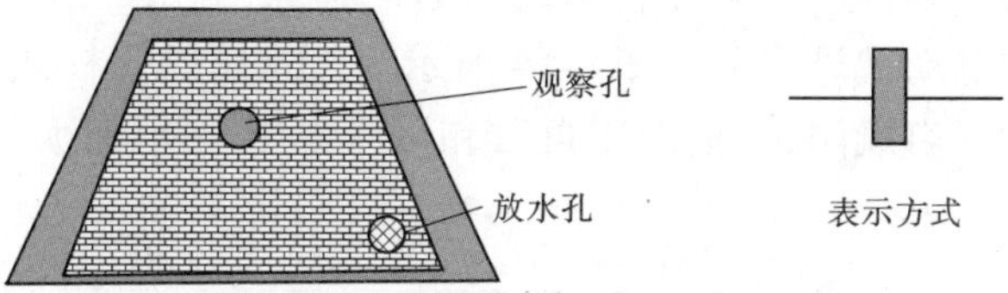

图 7-10　密闭及其表示方式

3. 风门

在不允许风流通过但需行人或通车的巷道内，必须设置风门。风门的门扇安设在密闭墙垛的门框上。墙垛可用砖、石、木段和水泥砌筑。风门表示方式及调节风门表示方式如图 7-11、图 7-12 所示。

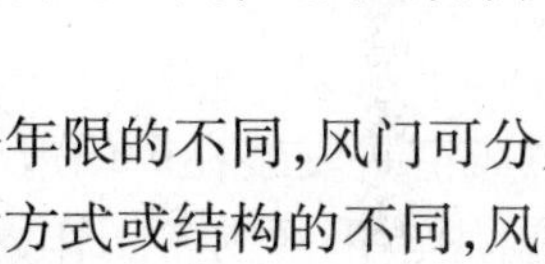

图 7-11　风门表示方式

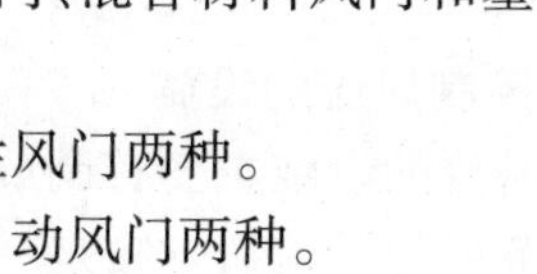

图 7-12　调节风门表示方式

按其材料的不同，风门可分为木质风门、金属材料风门、混合材料风门和塑料风门等几种。

按服务年限的不同，风门可分为临时性风门和永久性风门两种。

按启动方式或结构的不同，风门可分为普通风门和自动风门两种。

按用途不同，风门可分为正向风门和反向风门两种。

1）普通风门

普通风门须用人力开启，一般多用木材制作，多用在以行人为主、车辆通过不频繁的地点。大多采用双层木板（每层板厚 15 mm）错缝或单层木板（板厚 30 mm）对门的单扇或双扇结构。图 7-13 所示为单扇木质沿口普通风门。这种风门的结构特点是门扇与门框呈斜面沿口接触，接触处有可缩性衬垫，比较严密、坚固，一般可使用 1.5 ~ 2 年。

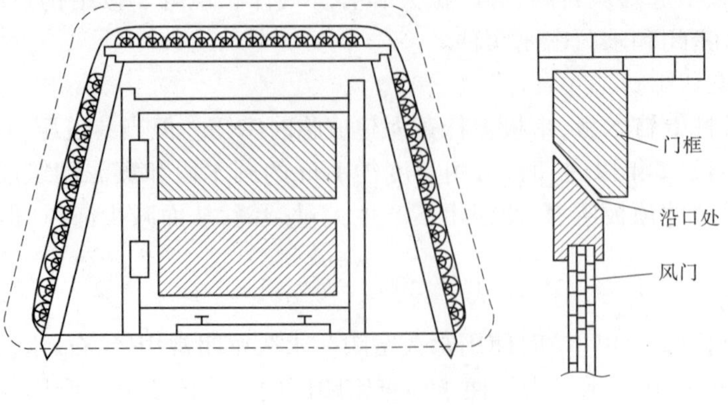

图 7-13　单扇木质沿口普通风门

2) 自动风门

自动风门是借助于某种动力来开启与关闭的一种风门。按其动力不同,可分为按杆式、水压式、气功式和电动式等多种。图 7-14 所示为较常用的撞杆式自动风门,它利用矿车碰撞力和撞杆机构开启风门,并借助于自重和风压作用关闭风门。这种风门结构简单,维护较容易。

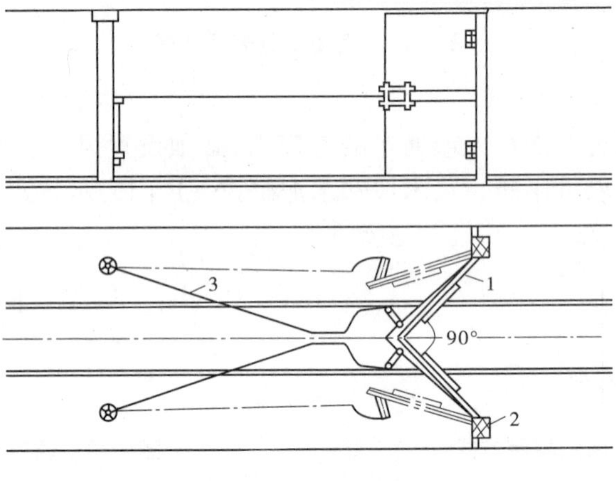

1—门扇;2—墙罐;3—杠杆

图 7-14　撞杆式自动风门

(三) 控制风流的设施

控制风流的设施主要有调节风窗和导风板等。调节风窗是安装在风门或其他通风设施上可调节风量的窗口。它是一种增加风阻的通风设施,用于采区内各工作面之间、采区之间,以及各生产水平之间的风量调节。风窗设在需要减少风量的分支中,窗口的面积根据通过风量的大小用插板进行调节。当窗口面积减小时,风阻增大,通过该风路的风量减少,而与其并联的风路中的风量将增加。为了不影响运输,风窗应设在回风道中;为便于瓦斯的排出,窗口应设在巷道顶部(风门上方);风桥上禁止设置风窗。

导风板可以用来调节风量。在矿井中应用的导风板有引风导风板、降阻导风板和汇流导风板。

1. 引风导风板

压入式通风的矿井，为防止井底车场漏风，在入风石门与巷道交叉处安设引导风流的导风板，利用风流动压的方向性，改变风流分配状况，提高矿井有效风量率。图 7-15 所示为引风导风板安装示意图，导风板可用木板、铁板或混凝土板制成。

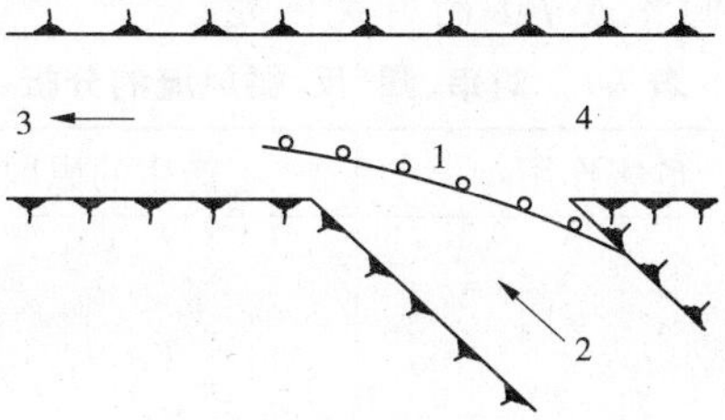

1—导风板；2—入风石门；3—采区巷道；4—井底车场绕道

图 7-15　引风导风板安装示意图

导风板要做成圆弧形与巷道成光滑连接。导风板的长度应越过巷道交叉口一定距离(0.5 ~1 m)。

2. 降阻导风板

通过风量较大的巷道直角转弯处，为降低通风阻力，可用铁板制成机翼形成普通弧形导风板，减少风流冲击的能量损失。图 7-16 所示为直角转弯处降阻导风板安装示意图。导风板的敞角 α 可取 100°，导风板的安装角 β 可取 45° ~50°。安设此种导风板后可使直角转弯的局部阻力系数 ξ 由原来的 1.40 降低到 0.3 ~0.4。

3. 汇流导风板

如图 7-17 所示三岔口巷道中，当两股风流对头相遇汇合在一起时，可安设导风板，减少风流相遇时的冲击能量损失。此种导风板可用木板制成，安装时应使导风板伸入汇流巷道后所分成的两个隔间的面积与各自所通过的风量成比例。

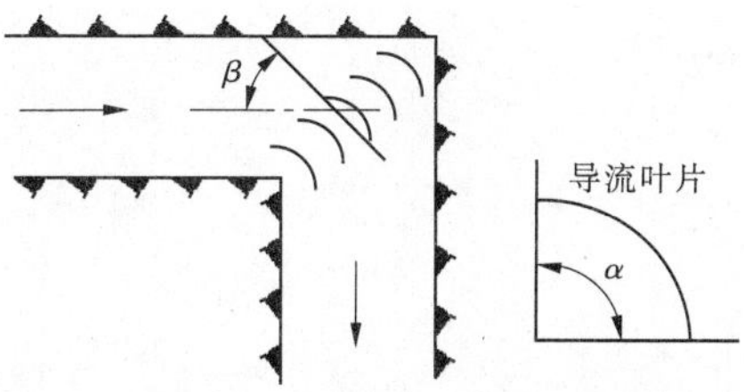

图 7-16　直角转弯处降阻导风板安装示意图

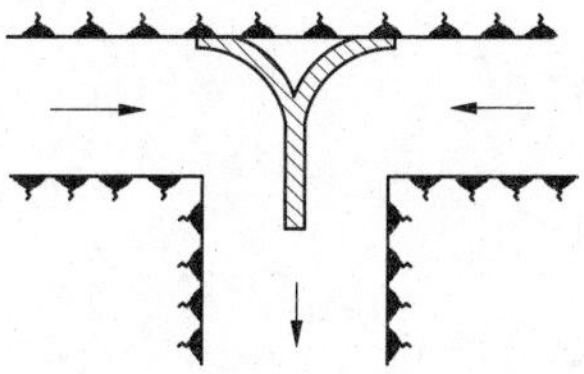

图 7-17　垂直井巷中的导风板安装示意图

复习思考题

7-1　说明矿井风量调节的目的。

7-2　风窗调节在什么条件下使用？

7-3　要改变整个通风网络的风阻，改变哪一个容易？

7-4 辅扇设风墙与不设风墙有何不同?

7-5 辅扇有哪些用途?

7-6 说明空气幕的用途。

7-7 说明导风板的用途。

7-8 根据自己的理解,回答表7-1的有关问题。

表7-1 对串、漏、反、循风流的分析

现象	危害作用	产生的原因	克服方法
串联风流			
漏风			
反转风流			
循环风流			

7-9 说明矿井通风检查的目的。

7-10 衡量一个通风系统有哪些主要指标及辅助指标?

7-11 试说明矿井风量测定的方法。

7-12 比较倾斜压差计及恒温压差计的优缺点。

7-13 如何测矿井通风机特征?

项目八 矿井瓦斯

矿井瓦斯是威胁煤矿安全生产的主要自然因素之一。在煤矿开采历史中，瓦斯灾害造成了大量的人员伤亡和巨大的财产损失。因此，预防瓦斯灾害对煤炭行业的健康发展及煤炭生产人员的生命健康有着重要的意义。

瓦斯的涌出形式和涌出量对矿井的设计、建设和开采都有着重要影响。随着开采深度、开采范围和产量的增加，瓦斯的影响更加显著。

单元一 煤层瓦斯赋存与含量

【学习目标】

1. 掌握煤层瓦斯含量的概念。
2. 掌握煤层瓦斯含量的影响因素。
3. 掌握煤层瓦斯的垂直分布规律。

【导入】

矿井瓦斯是指在煤矿建设和生产过程中，从煤、岩体中涌出的以甲烷为主的各种有害气体的总称。在描述瓦斯性质和防止瓦斯爆炸时所说的瓦斯往往指的是甲烷，俗称沼气。因为矿井瓦斯对矿井的设计、建设和生产都有着重大的影响，所以我们应该掌握瓦斯赋存和含量的相关知识，并掌握矿井瓦斯等级划分依据及矿井瓦斯等级鉴定方法。

【正文】

矿井瓦斯的成分比较复杂，除甲烷（可达80% ~90%以上）外，还含有其他烃类，如乙烷、丙烷，以及 CO_2 和稀有气体。个别煤层含有 H_2、CO 或 H_2S、R_n 等气体。

甲烷（CH_4）是无色、无味、无臭、无毒的气体，比空气轻，相对密度为0.554。当巷道上部有瓦斯源、风速低时，易积聚于巷道的上部。所以，检查巷道内的瓦斯浓度时，应着重检查巷道顶板附近和隅角处。甲烷微溶于水。

瓦斯是煤矿普遍存在的一种有害气体，它能燃烧和爆炸，大量积聚时能使人窒息、死亡。有些煤层还能在短时间内大量地喷出瓦斯或发生煤与瓦斯突出现象，产生很大的动力破坏作用。因此，必须掌握瓦斯的性质和涌出规律，采取相应的防治措施，达到安全生产的目的。

一、瓦斯的生成

煤层瓦斯是腐殖性有机物在成煤过程中生成的。煤层瓦斯的形成大致可划分为以下两个阶段：

第一阶段，生物化学成气时期。在植物沉积成煤初期的泥炭化过程中，有机物在隔绝外部氧气进入的条件下，在其本身含有的氧气和微生物的作用下，进行着缓慢的氧化分解过程，生成的气体物质主要为 CH_4、CO_2 和 H_2O。这一过程发生于地表附近，生成的气体大部分散失于大气中。随地层沉积厚度的增加，生物化学作用终止。

第二阶段，煤化变质作用时期。有机物在高温、高压作用下，挥发分减少，固定碳增加。这时生成的气体主要为 CH_4 和 CO_2。这个阶段中，瓦斯的生成量随着煤的变质程度的增大而增多，由于煤的物理化学性质变化和埋藏于地表以下而得以保存在煤层内。

在漫长的地质年代中，随着地层的隆起、侵蚀和断裂以及瓦斯本身在地层内的流动，一部分或大部分瓦斯扩散到大气中，或转移到围岩内（在适合的条件下能形成煤气田）。所以，不同煤田，甚至同一煤田的不同地点的瓦斯含量可能差别很大。

二、瓦斯在煤体中的存在状态

煤是一种复杂的孔隙性介质，有着十分发达的的微孔隙和裂隙，形成了庞大的自由空间和孔隙表面。因此，成煤过程中生成的瓦斯就能以游离状态和吸附状态存在于这些孔隙和裂隙内。

游离状态也叫自由状态，这种状态的瓦斯符合自由气体定律，存在于煤体或围岩的裂隙和粗大孔隙（孔径大于 0.01 μm）内，如图 8-1 所示。游离瓦斯量的大小与贮存空间的容积和瓦斯压力成正比，与瓦斯温度成反比。

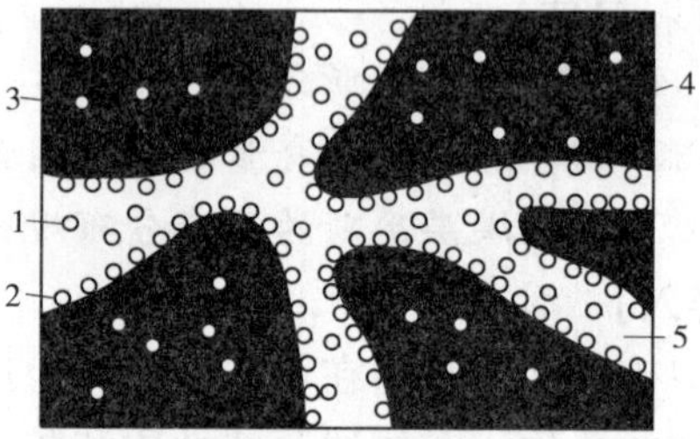

1—游离瓦斯；2—吸着瓦斯；3—吸收瓦斯；4—煤体；5—孔隙

图 8-1　瓦斯在煤内的存在状态

吸附状态的瓦斯按其结合形式的不同，分为吸着和吸收两种。吸着状态是在孔隙表面的固体分子引力作用下，气体分子被紧密地吸附于孔隙表面上，形成很薄的吸附层。吸收状态是气体分子紧密充满于几埃（1 埃 = 10^{-10}m）到十几埃的微细孔隙内（见图 8-1），和气体溶解于液体中的现象相似。吸附瓦斯量的大小，取决于煤的性质、孔隙结构特点，瓦斯压力和温度。

在煤层内，无论是浅部还是深部，吸附的瓦斯量占煤层瓦斯含量的 80% ~ 90%，游离状态的瓦斯只占 10% ~ 20%。但是在断层、大的裂隙、孔洞和砂岩内，主要为游离瓦斯。

三、煤层瓦斯含量及其影响因素

瓦斯含量是指单位体积或单位质量的煤或围岩中自然所含有的瓦斯量（标准状态下的瓦斯体积），是游离瓦斯和吸附瓦斯的总和，通常以 m^3/t 或 m^3/m^3 为单位。

煤层瓦斯含量的大小，取决于成煤过程中生成的瓦斯量和煤层保存瓦斯的条件，如煤的结构和物理化学特性，成煤后的地质运动和地质构造，煤层的赋存条件，围岩性质等。其主要影响因素如下。

（一）煤的吸附特性

煤的吸附性能取决于煤的变质程度，一般情况下煤的煤化程度越高，瓦斯存储能力越强。

（二）煤层露头

煤层如果有露头长时间与大气相通，瓦斯能沿煤层流动，逸散到大气中去，煤层的瓦斯含量就不大。

（三）煤层的赋存深度

浅部煤层，特别是有露头存在时，煤层中瓦斯含量较少。一般来说，煤层的瓦斯含量随着深度的增加而逐渐增加。

（四）围岩透气性

煤系岩性组合和煤层围岩性质对煤层瓦斯含量影响很大。如果围岩为致密完整的低透气性岩层，特别是顶板围岩致密完整，如泥岩、完整的石灰岩，煤层中的瓦斯就容易保存下来；反之，瓦斯容易逸散。

（五）地质构造

地质构造是影响煤层瓦斯含量的最重要因素之一。同一矿区不同地点瓦斯含量的差别，往往是地质构造因素造成的结果。地质构造附近煤层遭到破坏，裂隙孔隙发达，游离瓦斯含量增加。如果地质构造为圈闭型，围岩又致密难透气，就能形成良好的贮存瓦斯的条件；反之，瓦斯能转移到其他地点或大气中去，煤层瓦斯含量就减少。

闭合的和倾伏的背斜或穹窿，通常是贮存瓦斯的构造。顶板如为致密岩层而又未遭破坏，瓦斯在背斜轴部积聚，形成所谓“气顶”（见图 8-2(a)、(b)），瓦斯含量明显增高。如果背斜轴部顶板因张力形成连通地表或其他贮气构造的裂隙，瓦斯就因能转移而减少。

向斜轴部的瓦斯容易通过构造裂隙和透气性较好的煤层转移而减少。如果向斜轴部顶板岩层受到的挤压应力比底板岩层强烈，使顶板岩层和两翼煤层透气性变小，瓦斯就能贮存于向斜轴部（见图 8-2(c)）。

构造形成大型煤包（见图 8-2(d)、(e)、(f)）时，其周围煤层在应力作用下压薄，造成对煤包的封闭条件，煤包内的瓦斯难以扩散，瓦斯含量大。同理，由两条封闭性断层与致密岩层圈闭的地垒或地堑构造，也可成为瓦斯含量增高区（见图 8-2(g)、(h)）。

断层对煤层瓦斯含量的影响比较复杂。一方面要看断层（带）的封闭性，另一方面要看与煤层接触的对盘岩层的透气性。开放型断层（一般为张性、张扭性或导水的压性断层），不论它和地表是否直接相通，断层附近的煤层瓦斯含量都会降低（见图 8-3(a)）。封闭型断层（压性、压扭性不导水断层），煤层对盘岩性透气性低时，可以阻止瓦斯的释放。如果断层的规模大而断距长，在断层附近也可能出现一定宽度的瓦斯含量降低区（见图 8-3(b)）。图 8-3(c) 为煤层被两条逆断层分割成三个段块时可能的煤层瓦斯分布情况。段块Ⅰ，上有露头，下无深部瓦斯补充来源，煤层瓦斯含量最低；段块Ⅱ，上下都被断层封闭，瓦斯含量居中；段块Ⅲ，上部被断层封闭，下部有深部瓦斯补给，瓦斯含量最高。

此外，火成岩侵入体附近，煤的碳化程度增高，煤层瓦斯含量可能增大。

（六）煤层倾角

瓦斯沿煤层层面流动比沿垂直层面流动容易，所以在相同条件下，煤层的倾角越小，瓦斯含量越大。

（七）水文地质条件

甲烷在水中的溶解度很小。但是，如果煤层中有较大的含水裂隙或流通的地下水通

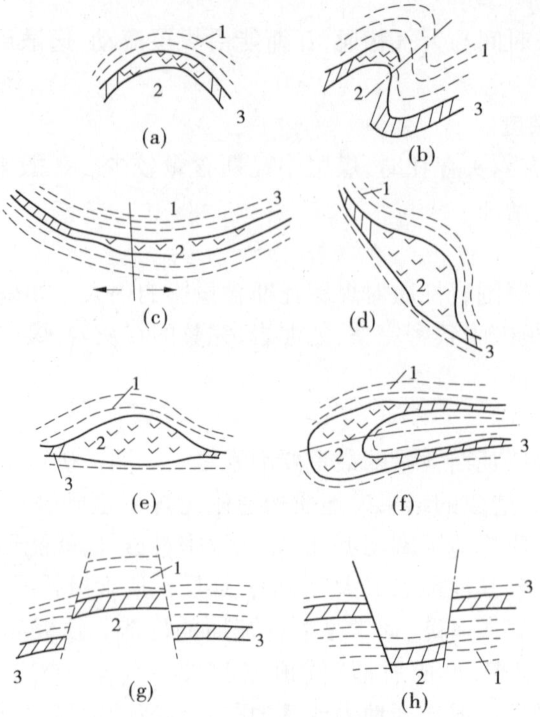

1—不透气岩层;2—瓦斯含量增高部位;3—煤层

图 8-2 常见的贮瓦斯构造

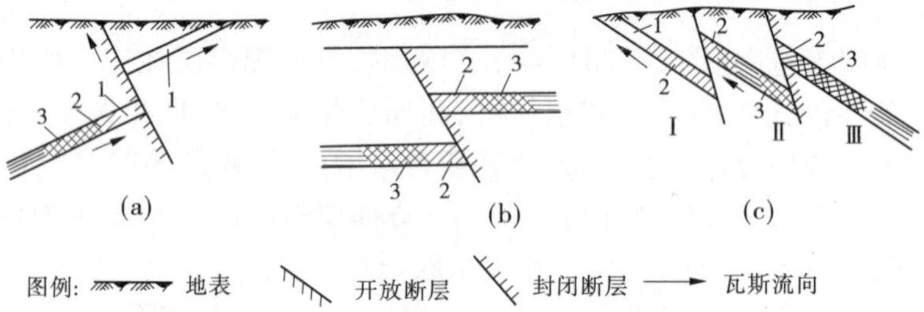

1—瓦斯丧失区;2—瓦斯含量降低区;3—瓦斯含量异常增高区

图 8-3 断层对煤层瓦斯含量的影响

过,经过漫长的地质年代,就能从煤层中带走大量瓦斯,降低煤层的瓦斯含量。例如,焦作王封矿与李封矿相邻,后者较前者的地下水量大,在开采同一深度时,前者的瓦斯涌出量则大于后者。

总之,影响煤层瓦斯含量的因素是多种多样的,必须根据具体情况,做具体的调查分析,找出影响矿井瓦斯含量的主要因素,作为预测瓦斯含量和瓦斯涌出量的参考。

四、煤层的瓦斯垂直分带

当煤层具有露头或在冲积层之下有含煤盆地时,在煤层内存在两个不同方向的气体运移,即煤层生成的瓦斯由深部向上运移;而地面空气、表土中的生物化学和化学反应生成的气体向煤层深部渗透扩散，从而使赋存在煤层内的瓦斯表现出垂直分带特征。煤层瓦斯的带状分布是煤层瓦斯含量及巷道瓦斯涌出量预测的基础，也是做好瓦斯管理的依据。煤层瓦斯沿垂直方向一般可分为两个带：瓦斯风化带与甲烷带（见图 8-4）。

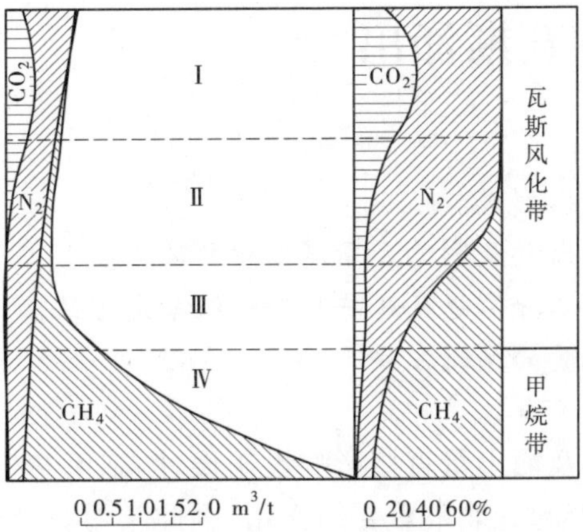

Ⅰ、Ⅱ、Ⅲ—统称瓦斯风化带；Ⅳ—甲烷带

图 8-4　煤层瓦斯垂直分带图

（一）瓦斯风化带

瓦斯风化带是“CO_2—N_2”“N_2”“N_2—CH_4”与“CH_4”带的统称，各带不仅瓦斯组分不同而且瓦斯含量也不同，见表 8-1。现代的瓦斯风化带深度是煤田长期地质进程的结果，是由下述一系列地质因素综合作用所致：剥蚀过程可使瓦斯风化减少；长期风化、自由排放瓦斯时间愈长，瓦斯风化带深度愈大；地层破坏程度愈高，瓦斯排放的不均匀性和风化深度就愈大；致密透气性差的覆盖层可阻止瓦斯风化带的扩大，等等。

表 8-1　煤层垂直各带气体组分表

带名（从上往下）	气带成因	CO_2（%）	N_2（%）	CH_4（%）
CO_2—N_2	空气－生化成因	20～80	20～80	0～10
N_2	空气成因	0～20	80～100	0～20
N_2—CH_4	变质成因	0～20	20～80	20～80
CH_4	变质成因	0～10	0～20	80～100

（二）甲烷带

位于瓦斯风化带边界以下的即为甲烷带，其煤层的瓦斯压力、瓦斯含量随埋藏深度的增加呈有规律的增长。增长的梯度，在不同煤质（煤化程度）、不同地质构造与赋存条件有所不同。相对地，瓦斯涌出量也随开采深度的增加而有规律地增加。从甲烷带内某一深度起，某些矿井除一般瓦斯涌出外还出现了特殊瓦斯涌出：瓦斯喷出与煤和瓦斯突出。因此，在甲烷带内的矿井或区域，不仅在风量不足和停风时有窒息危险及瓦斯爆炸危险，而且在正常通风条件下，当出现特殊瓦斯涌出现象时，也可能发生窒息、爆炸及煤流埋人等事故。因此，只有掌握矿井瓦斯的赋存与运动规律，采取相应的措施，才能预防一般和特殊瓦斯涌出。

单元二　矿井瓦斯涌出

【学习目标】

1. 掌握矿井瓦斯的涌出形式。
2. 掌握矿井瓦斯的涌出量及影响瓦斯涌出量的因素。
3. 掌握矿井瓦斯等级划分依据及矿井瓦斯等级鉴定方法。
4. 学习矿井瓦斯涌出量的预测方法。

【导入】

矿井瓦斯的涌出形式及涌出量直接影响煤矿设计、施工和生产中应制定和采取的对策措施，对煤矿的安全生产起着非常重要的作用，因此学习瓦斯的涌出形式及涌出量，掌握瓦斯涌出的影响因素对做好煤矿瓦斯事故预防及瓦斯再利用等工作有着基础性的作用。

【正文】

完整的煤体内游离瓦斯和吸附瓦斯处于动平衡状态，煤层的瓦斯含量可以看作稳定不变。在煤层中或煤层附近进行采掘工作时，煤岩的完整性受到破坏，地压的分布发生了变化，一部分煤岩的透气性增加。游离瓦斯在瓦斯压力作用下，能经由煤层的暴露面渗透流出，涌向采掘空间。这就破坏了原有的瓦斯动平衡；一部分吸附瓦斯将转化为游离瓦斯而涌出。另外，随着采掘工作的开展，煤体和围岩受采掘工作影响的范围不断扩大，瓦斯动平衡破坏的范围也不断扩展。所以，瓦斯能以长时间地、均匀地从煤体中释放出来。这类瓦斯涌出又叫瓦斯的普遍涌出，它是瓦斯涌出的基本形式。但在某些特定的条件下，煤矿内还会出现其他特殊形式的瓦斯涌出。

一、瓦斯涌出量

瓦斯涌出量是指生产过程中涌进巷道的瓦斯量。整个矿井的瓦斯涌出量叫矿井瓦斯涌出量，某翼、某采区或某工作面的瓦斯涌出量分别叫某翼、某采区或某工作面的瓦斯涌出量。

瓦斯涌出量大小的表示方法有以下两种。

（一）绝对瓦斯涌出量

绝对瓦斯涌出量指的是矿井在单位时间内涌出的瓦斯量，单位为 m^3/d 或 m^3/min，它与风量、瓦斯浓度的关系为

$$Q_{涌} = Q_{风} C \tag{8-1}$$

式中　$Q_{涌}$——绝对瓦斯涌出量，m^3/min；

$Q_{风}$——瓦斯涌出地区的风量，m^3/min；

C——风流中的瓦斯体积浓度，即风流中瓦斯体积与风流总体积的百分比。

(二)相对瓦斯涌出量

相对瓦斯涌出量指的是矿井在正常生产条件下,平均日产一吨煤涌出的瓦斯量,其单位为 m^3/t。

$$q_{涌} = \frac{Q_{涌}}{T} \tag{8-2}$$

式中 $q_{涌}$——相对瓦斯涌出量,m^3/t;

$Q_{涌}$——绝对瓦斯涌出量,m^3/d;

T——产煤量, t/d。

如果矿井月产量为 A 吨,则 T 的值可按下式求出:

$$T = \frac{A}{n} \tag{8-3}$$

式中 n——月工作日数,d。

二、影响瓦斯涌出的因素

瓦斯涌出量的大小,取决于自然因素和开采技术因素的综合影响,如煤(岩)的瓦斯含量、煤的物理化学特性、开采规模、回采顺序、落煤方式、通风系统、地面大气压、风压和风量的变化等。这里只简要地讨论与生产技术关系密切的一些因素。

(一)自然因素

1. 煤层、围岩的瓦斯含量

它是影响瓦斯涌出量的最重要因素。煤层、围岩的瓦斯含量越高,涌出量也越大。

2. 地面大气压的变化

在生产规模较大的老矿内,当地面大气压突然下降时,瓦斯积存区的气体压力将高于风流的压力,瓦斯就会更多地涌入风流中,使矿井的瓦斯涌出量增大。这是因为正常情况下,采空区积存的瓦斯均衡地泄入风流中,当气压突然降低时,这种相对平衡压差遭到破坏,因而引起瓦斯涌出量的增加;反之,矿井的瓦斯涌出量将减少。

3. 开采深度

在甲烷带内,随着开采深度的增加,相对瓦斯涌出量增大,这是因为煤层和围岩的瓦斯含量随深度的增加而增加的缘故。由于深度的增加,岩层的透气性减小,开采时来自围岩和采空区瓦斯源所占的比重将有所增加。

(二)开采技术因素

1. 开采规模

开采规模指开采深度、开拓与开采范围和矿井产量。矿井的开采深度越深,煤、岩的瓦斯含量就越大,开拓与开采的范围越广,煤、岩的暴露面就越大。因此,矿井的瓦斯涌出量也就越大。

2. 开采顺序与回采方法

首先回采的煤层(或分层)除本煤层(或本分层)的瓦斯涌出外,邻近的煤层(或未采的其他分层)的瓦斯也要通过回采产生的裂隙与孔洞渗透出来,流入开采煤层(或分层),使瓦斯涌出增大。因此,瓦斯涌出量大的煤层群回采时,如有可能应首先回采瓦斯含量较小的煤层，同时采取抽放瓦斯的措施。此外，采空区丢失煤炭多及回采率低的采煤方法，采区瓦斯涌出量大；顶板管理采用陷落法比充填法能造成顶板更大范围的破坏，瓦斯涌出量也就比较大；回采工作面周期来压时，瓦斯涌出量也会大大增加。

3. 生产工艺

瓦斯从煤层暴露面和采落的煤炭内涌出的特点是，初期瓦斯涌出的强度大，然后大致按指数函数的关系逐渐衰减。所以，工作面内落煤时的瓦斯涌出量总是大于其他工序时（有邻近层的老顶周期性冒落时除外）。

落煤时瓦斯涌出量增大，又与落煤量的多少、新暴露煤面的大小和煤块的破碎程度有关。

4. 风量的变化

通常，风量增加时，起初由于负压和采空区漏风的加大，一部分高浓度瓦斯被漏风从采空区带出，绝对瓦斯涌出量迅速增加，回风流中的瓦斯浓度可能急剧上升。然后，浓度开始下降，经过一段时间，绝对瓦斯涌出量恢复到或接近原有值，回风流中的瓦斯浓度才能降低到原值以下。风量减少时，情况相反。这类瓦斯涌出量变化的时间，从几分钟到几天，峰值浓度和瓦斯涌出量可为原有值的几倍，它们都取决于采空区的范围、采空区内的瓦斯浓度、漏风情况和风量调节的快慢与幅度。

所以，采区风量调节时，反风时、急倾斜回采工作面大量煤炭沿工作面下落时以及停风后扇风机开动的初期，都必须密切注意风流中的瓦斯浓度。为了降低风量调节时回风流中瓦斯浓度的峰值，可以采取分次增加风量的方法。每次增加的风量和间隔的时间，应使回风流中的瓦斯浓度不超过《安全规程》的规定。

三、瓦斯涌出不均系数

矿井瓦斯涌出量的变化分为正常变化和异常变化。正常变化指的是生产过程中发生的瓦斯涌出量变化；异常变化发生于气压的突然变化、瓦斯喷出、煤与瓦斯突出、老顶大面积冒落和地震等特殊情况时。正常变化在一段时间内不超过一定的数值，以瓦斯涌出不均系数表示：

$$k = \frac{Q_{涌大}}{Q_{涌均}} \tag{8-4}$$

式中 k——给定时间内的瓦斯涌出不均系数；

$Q_{涌大}$——给定时间内的最大瓦斯涌出量，m^3/min；

$Q_{涌均}$——给定时间内的平均瓦斯涌出量，m^3/min。

测定瓦斯涌出不均系数时，根据需要，在测定地区（工作面、采区、翼或全矿）的进、回风流中连续测定一段时间（一个生产循环、一个工作班、一天、一月或一年）的风量和瓦斯浓度。一般以测定结果中的最大一次瓦斯涌出量和各次测定的算术平均值代入式(8-4)，即为该地区在该时间间隔内的瓦斯涌出不均系数。

总之，任何矿井的瓦斯涌出在时间上与空间上都是不均匀的。如果这种不均匀性很大，就需要根据测定结果，有针对性地采取措施，使瓦斯涌出比较均匀稳定。例如，尽可能采用浅截槽的采煤机和联合掘进机，错开相邻工作面的落煤、放顶时间，改变回采顺序，进行瓦斯抽放，调整通风系统，加强已采区的密闭等。阳泉煤业（集团）四矿四尺煤回采时，本煤层瓦斯涌出量只占工作面瓦斯涌出量的 20% ~30%，而邻近层的瓦斯涌出量却占 75% ~80%。采取了邻近层瓦斯抽放措施后，工作面的瓦斯涌出量显著减少，一天内的瓦斯涌出量也比较均匀。

四、矿井瓦斯等级

矿井瓦斯等级是矿井瓦斯量大小和安全程度的基本标志。在矿井生产过程中，根据不同的瓦斯等级选用相应的机电设备，采取相应的通风瓦斯管理制度，以保障安全生产，并做到经济合理。《安全规程》规定，“一个矿井中，只要有一个煤（岩）层中发现过一次瓦斯，该矿井即为瓦斯矿井；并依照矿井瓦斯等级的工作制度进行管理。”

矿井瓦斯等级，根据矿井相对瓦斯涌出量、矿井绝对瓦斯涌出量和瓦斯涌出形式，划分为煤（岩）与瓦斯（二氧化碳）突出矿井（以下简称突出矿井）、高瓦斯矿井、瓦斯矿井。

具备下列情形之一的矿井为突出矿井：

（1）发生过煤（岩）与瓦斯（二氧化碳）突出的。

（2）经鉴定具有煤（岩）与瓦斯（二氧化碳）突出煤（岩）层的。

（3）依照有关规定有按照突出管理的煤层，但在规定期限内未完成突出危险性鉴定的。

具备下列情形之一的矿井为高瓦斯矿井：

（1）矿井相对瓦斯涌出量大于 10 m^3/t。

（2）矿井绝对瓦斯涌出量大于 40 m^3/min。

（3）矿井任一掘进工作面绝对瓦斯涌出量大于 3 m^3/min。

（4）矿井任一采煤工作面绝对瓦斯涌出量大于 5 m^3/min。

同时满足下列条件的矿井为瓦斯矿井：

（1）矿井相对瓦斯涌出量小于或等于 10 m^3/t。

（2）矿井绝对瓦斯涌出量小于或等于 40 m^3/min。

（3）矿井各掘进工作面绝对瓦斯涌出量均小于或等于 3 m^3/min。

（4）矿井各采煤工作面绝对瓦斯涌出量均小于或等于 5 m^3/min。

瓦斯矿井每两年进行一次瓦斯等级鉴定。高瓦斯矿井和突出矿井不再进行周期性瓦斯等级鉴定工作，但应每年测定和计算矿井、采区、工作面瓦斯涌出量。经鉴定或者认定为突出矿井的，不得改定为瓦斯矿井或高瓦斯矿井。

单元三　瓦斯爆炸及预防

【学习目标】

1. 了解瓦斯爆炸的机制及爆炸的效应。
2. 掌握瓦斯爆炸的条件及影响因素。
3. 掌握瓦斯爆炸的危害。
4. 掌握矿井瓦斯爆炸事故的预防措施。

【导入】

瓦斯爆炸是煤矿生产中最严重的灾害之一。如果由于瓦斯爆炸而引起煤尘爆炸,后果更为严重。例如1942 年4 月26 日辽宁本溪煤矿发生的瓦斯、煤尘爆炸,死1 549 人,伤146 人,成为世界煤矿开采史上最大的伤亡事故。20 世纪 60 年代以来,由于大型高效扇风机的制成、自动遥测监控装置的使用以及采取了瓦斯抽放等一系列技术措施,矿井瓦斯爆炸事故已逐渐减少,但是还不能完全杜绝。所以,掌握瓦斯爆炸的原因、规律和防治措施,极为重要。

【正文】

一、瓦斯爆炸的机制

物质从一种状态迅速变成另一种状态,并在瞬间放出大量能量的同时产生巨大声响的现象称为爆炸。瓦斯爆炸是瓦斯和氧气组成的爆炸性混合气体遇火源点燃所产生的一种复杂的、激烈的氧化反应。其化学反应式为

$$CH_4 + 2O_2 = CO_2 + 2H_2O + 882.6 \quad kJ/mol \tag{8-5}$$

上述反应很多是放热反应,当反应生成热的速度大于散热速度时,则热量积聚,反应物的温度上升,反应速度进一步加快,最后形成爆炸。

矿井瓦斯爆炸是一种热－链反应过程(也称为连锁反应)。链反应由三个基本步骤组成,即链的引发、链的发展或传递、链的断裂(终止)。

二、瓦斯爆炸的效应

瓦斯爆炸的效应即指爆炸对矿井造成的危害,包括高温、冲击波和有害气体。试验表明,空气中瓦斯浓度为9.5%时,在自由空间内爆炸后,气体温度可达1 875 ℃ ,在密闭空间内可达2 150 ~2 650 ℃。

爆炸时产生的高温高压,促使爆炸源附近的气体以极大的速度(可达每秒几百米)向外传播,形成冲击波,它能造成人员伤亡,破坏巷道和器材设施,扬起大量煤尘使之参与爆炸,还可能引燃坑木等可燃物而引起火灾。

伴随冲击波产生的另一危害因素是火焰锋面。火焰锋面通过时,可使人的衣服被扯下,造成大面积皮肤的深度烧伤、呼吸器官甚至食道和胃的黏膜烫伤,烧坏电气设备与电缆,甚至引燃井巷的可燃物造成严重的矿井火灾。

瓦斯爆炸后生成大量有害气体,实验中对某些煤矿爆炸后的气体成分进行分析,结果为 O_2:6% ~10% ,N_2:82% ~88% ,CO_2:4% ~8% ,CO:2% ~4% 。如果有煤尘参与爆炸,CO 的生成量将更大,往往成为人员大量伤亡的主要原因。

三、瓦斯爆炸的条件

瓦斯爆炸必须同时具备三个条件,即一定浓度的瓦斯、一定温度的引燃火源和足够的氧含量,三者缺一不可。

(一)一定浓度的瓦斯

瓦斯只在一定的浓度范围内爆炸,这个浓度范围称为瓦斯的爆炸界限。其最低浓度

界限叫爆炸下限,其最高浓度界限叫爆炸上限。瓦斯在新鲜空气中的爆炸下限为5%～6%,上限为14%～16%。

(二)一定温度的引燃火源

1. 瓦斯的点燃温度与点燃能量

一般认为,正常大气条件下,瓦斯在空气中的着火温度为650～750 ℃,瓦斯的最小点燃能量为0.28 mJ(毫焦耳)。有关电气规程规定的安全着火能量为0.25 mJ。

2. 井下引燃瓦斯的热源种类

(1)明火和热辐射。

(2)放炮火焰。

(3)冲击、摩擦火花。

(4)电弧、静电火花。

(三)足够的氧含量

瓦斯爆炸是一种迅猛的氧化反应,没有足够的氧含量,就不会发生瓦斯爆炸。氧浓度低于12%时,混合气体失去爆炸性。

四、预防瓦斯爆炸的措施

瓦斯爆炸必须同时具备三个条件,即瓦斯浓度在爆炸界限内,高温热源存在时间大于瓦斯的引火感应期,以及瓦斯与空气混合气体中的氧浓度大于12%。在正常生产的矿井中,所有工作的地点和井巷中的氧气浓度始终大于12%,所以预防瓦斯爆炸的措施就只能是防止瓦斯的积聚和杜绝、限制高温热源的出现。

(一)防止瓦斯积聚

瓦斯积聚是指局部空间的瓦斯浓度达到2%,其体积超过0.5 m^3的现象。防止瓦斯集聚的基本方法如下:

(1)做好矿井通风工作。合理的风量是防治瓦斯积聚最基本和最有效的方法。瓦斯矿井必须做到风流稳定,有足够的风量及风速,避免出现循环风,保证用风地点用风量等。

(2)认真进行瓦斯检查与监测。严格按照《安全规程》规定进行瓦斯检查与监测是及时发现和处理瓦斯积聚的前提。

《安全规程》规定,每一矿井必须建立瓦斯检查制度。低瓦斯矿井的采掘工作面与可能出现瓦斯或二氧化碳的硐室和巷道,每班至少检查两次;高瓦斯矿井中每班至少检查三次。有煤(岩)与瓦斯(二氧化碳)突出的采掘工作面,瓦斯或二氧化碳涌出量较大,变化异常的个别采掘工作面,都必须有专人检查瓦斯,并安设瓦斯自动检测报警断电装置。关于具体的检查地点、允许的瓦斯浓度和超限时应采取的措施,都有明确的规定,必须严格执行。

(3)及时处理局部积存的瓦斯。生产中容易积存瓦斯的地点有:回采工作面上隅角,独头掘进工作面的巷道隅角,顶板冒落的空洞内,低风速巷道的顶板附近,停风的盲巷中,回采工作面采空区边界处,以及采掘机械切割部周围等。及时处理生产井巷中局部积存的瓦斯,是矿井日常瓦斯管理的重要内容,也是预防瓦斯爆炸事故,保证安全生产的关键工作。

(二)防止瓦斯引燃的措施

防止瓦斯引燃的原则,是对一切非生产必需的热源,要坚决禁绝。生产中可能发生的热源,必须严加管理和控制,防止它的发生或限制其引燃瓦斯的能力。引燃瓦斯的火源有明火、放炮、电火及摩擦火花四种,针对这四种火源,应采取下列预防措施:

(1)严禁携带烟草和点火物品下井。井口房、通风机房和抽放瓦斯泵站附近20 m内,不得有烟火或用火炉取暖;井下严禁使用灯泡取暖和使用电炉。井下和井口房内不得从事电焊、气焊、喷灯焊接等工作,如果必须在井下主要硐室、主要进风巷和井口房内进行电焊、气焊和喷灯焊接等工作,要制定安全措施和审批手续,并遵守《安全规程》规定;矿灯应完好,否则不得发出,应该爱护矿灯,严禁拆开、敲打、撞击;严格管理井下火区。

(2)采掘工作面都必须使用取得产品许可证的煤矿许用炸药和煤矿许用电雷管。使用煤矿许用毫秒延期电雷管时,最后一段的延期时间不得超过130 ms。打眼、装药、封泥和放炮都必须符合《安全规程》规定。

(3)井下使用的机械和电气设备、供电网络都必须符合《安全规程》规定。井下不得带电检修、搬迁电气设备(包括电缆和电线);井下防爆电气设备的运行、维护和修理工作,必须符合防爆性能的各项技术要求。防爆性能受到破坏时的电器设备,应立即处理或更换,不得继续使用;井下供电应做到无“鸡爪子”、无“羊尾巴”、无明接头;有过电流和漏电保护,有螺栓和弹簧垫,有密封圈和挡板,有接地装置,电缆悬挂整齐、防护装置全,绝缘用具全,图纸资料全;坚持使用检漏断电器、煤电钻综合保护和局部通风机风电闭锁装置。

(4)防止机械摩擦火花引燃瓦斯,国内外都在对这类问题进行广泛的研究。公认的措施有:禁止使用摩钝的截齿;禁止使用铝或铝合金制作的部件和仪器设备,向截槽内喷雾洒水;在摩擦部件的金属表面溶敷一层活性小的金属,例如铬,或在金属中加入少量的铍来降低摩擦火花的点燃性能。

(三)限制瓦斯爆炸范围扩大的措施

井下局部地区一旦发生瓦斯爆炸,应使其波及范围尽可能缩小,不致引起全矿井的瓦斯爆炸。为此,应采取以下措施:

(1)实行分区通风。每一生产水平和每采区都必须布置单独的回风道,回采工作面和掘进工作面都应采用独立通风。

(2)通风系统力求简单。总进风道与总回风道布置间距不得太近,以防发生爆炸时风流短路。采空区必须及时封闭。

(3)装有主要通风机的出风井口应安装防爆门,以防止发生爆炸时通风机被毁,造成救灾和恢复生产的困难。

(4)生产矿井主要通风机必须装有反风设施,必须能在10 min内改变巷道中的风流方向。

(5)开采有煤尘、瓦斯爆炸危险的矿井时,在矿井的两翼、相邻的采区、相邻的煤层和相邻的工作面,都必须用岩粉棚或水棚隔开。在所有运输巷道和回风巷道中必须撒布岩粉。

(6)每一矿井,每年必须由矿井技术负责人组织编制矿井灾害预防和处理计划。

单元四 瓦斯特殊涌出危害及防治

【学习目标】

1. 掌握矿井瓦斯喷出的机制及预防措施。
2. 掌握煤与瓦斯突出的规律及机制。
3. 学习煤与瓦斯突出的危险性预测方法。
4. 掌握预防煤与瓦斯突出的主要技术措施。
5. 掌握应该采取的安全防护措施。

【导入】

瓦斯喷出和煤与瓦斯突出都属于瓦斯特殊涌出形式。它们能使工作面或巷道充满瓦斯,造成窒息和形成爆炸条件,能破坏通风系统,造成风流紊乱或短时逆转,突出的煤、岩石能堵塞巷道,破坏支架、设备和设施。因此,这类瓦斯突然大量的涌出对煤矿安全生产造成极大的威胁。

【正文】

一、矿井瓦斯喷出及其预防

(一)瓦斯喷出的定义与危害

大量的承压状态的瓦斯从可见的煤、岩裂缝中快速喷射涌出的现象叫作瓦斯喷出。

由于瓦斯喷出在时间上与空间上具有集中性和突然性,所以对安全生产的威胁很大。一旦发生,可以造成局部地区瓦斯积聚,甚至使采区或矿井的一翼充满高浓度瓦斯,致使人员窒息,也可能引起瓦斯爆炸或火灾等事故。

(二)瓦斯喷出的预防

(1)加强地质工作。施工前一定要通过钎探钻孔探明采掘区域与岩巷(井)前方的地质构造、溶洞裂缝的位置分布以及瓦斯的储量。除查清地质构造外,还应掌握层间岩石性质与厚度的变化、邻近层的瓦斯压力和煤层瓦斯含量、地压的大小等,以便根据喷出的危险性制定预防措施(包括防止瓦斯爆炸与防止窒息事故措施)。

(2)利用封堵、引排、抽放等综合方法处理瓦斯。当用通风方法不能使井巷中的瓦斯浓度降到《安全规程》规定的浓度时,就要采用隔离气源利用专门管路排出的方法。当喷出量小、裂缝不大时,可用罩子或其他设施(铁风筒、金属溜槽或 2 ~ 3 mm 厚的铁板等)将喷出裂隙封盖好,并利用管路把瓦斯引排到回风巷或地面。如果面积大,可以安设数个引排罩。

设置引排罩时,先在喷出口周围挖出 30 ~ 40 mm 的沟槽,然后用引排罩盖上,在罩子四周用混凝土或黄泥填实,利用管路借助于瓦斯压力排出或在 6.665 kPa 负压下抽出。如图 8-5(a)所示。

不能使用引排罩时,可以打钻孔抽放,钻孔直径为 45 ~ 110 mm,也可以先砌筑混凝土井壁或巷道碹体,然后在碹壁外注水泥浆封固,同时壁后插管可将瓦斯引排到回风流或地面,如图 8-5(b)所示。

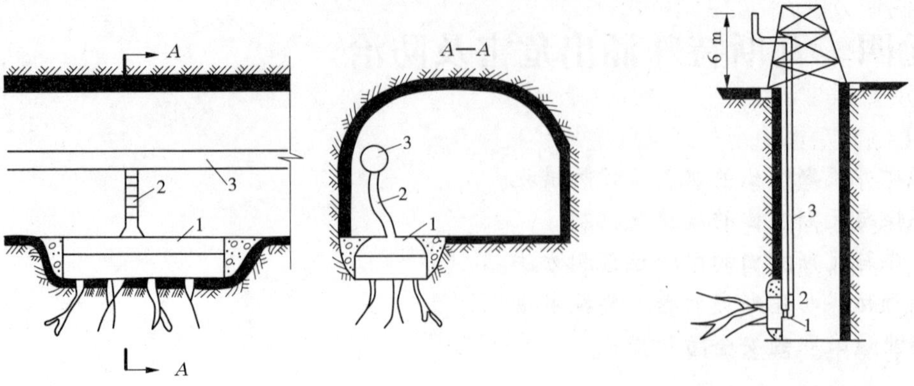

(a)直接使用引排罩　　　　(b)封固后使用引排罩

1—引排瓦斯罩;2—软管;3—瓦斯管

图 8-5　引排罩排放瓦斯示意图

当瓦斯喷出十分强烈不能采用上述方法时,必须把喷出瓦斯巷道密闭。通过密闭墙把瓦斯抽出或引入回风巷。为了放水、抽瓦斯和取气样,在密闭墙上应安设三个直径为 35 mm 的插管:一个为抽放瓦斯管,最好安有孔板流量计(以便测定流量);一个是放水管,在密闭墙下部,为了水封,瓦斯应做成 U 形;一个取样用,平时用木塞封严。

(3)加强管理工作。加强职工安全教育,人人掌握瓦斯喷出预兆,配备隔绝式自救器,熟悉避灾路线;搞好顶板管理,加强支架质量检查,必要时采取人工卸压措施,以防大面积突然卸压;搞好工作面通风,加强瓦斯检查,掌握瓦斯涌出与抽放动态,以便预报瓦斯喷出。

二、煤与瓦斯突出的规律

煤矿地下采掘过程中,在很短时间(数分钟)内,从煤(岩)壁内部向采掘工作空间突然喷出大量煤(岩)和瓦斯(CH_4、CO_2)的现象,称为煤(岩)与瓦斯突出,简称突出。它是一种伴有声响和猛烈力能效应的动力现象。它能摧毁井巷设施,破坏通风系统,使井巷充满瓦斯与煤粉,造成人员窒息,煤流埋人,甚至引起火灾和瓦斯爆炸事故。因此,它是煤矿中严重的自然灾害。

(一)煤与瓦斯突出的分类

1. 按突出现象的力学特征分类

(1)煤与瓦斯突出(简称突出)。

(2)煤突然压出并涌出大量瓦斯(简称压出)。

(3)煤突然倾出并涌出大量瓦斯(简称倾出)。

这三类动力现象的发动力都以地应力为主,所以它们的预兆相似,对震动以及引起应力集中的因素都非常敏感。在应力集中地带、地质构造带、松软煤带等都易发生这三类动力现象。凡能使地应力得到缓和和衰减的措施(例如开采保护层等)都可以减弱甚至消除它们的发生。但是实现这三类动力现象的基本能源不同,根据动力现象的力学特征,一般不难区分它们，从而采取不同措施。

2. 按突出的强度进行分类

突出强度是指每次突出抛出的煤（岩）数量和涌出的瓦斯量。由于瓦斯量的计量较难，暂以煤（岩）数量作为划分强度的主要依据。据此，可分为以下几类：

（1）小型突出：强度小于 100 t。

（2）中型突出：强度为 100 t（含 100 t）至 500 t。

（3）大型突出：强度为 500 t（含 500 t）至 1 000 t。

（4）特大型突出：强度等于或大于 1 000 t。

（二）瓦斯突出的基本规律

1. 地压是发动突出的主要动力

（1）突出的危险性随着煤层埋藏深度的增加而增大。

（2）采掘工作形成的集中应力区是突出点密集区。

（3）突出危险区集中在地质构造带，呈带状分布。向斜轴部地区、背斜构造中部隆起地区、地层扭转、断层附近、火成岩侵入形成的变质煤与非变质煤的交界附近等地区都是突出点密集地区，也是大型甚至特大型突出发生的地区。

（4）产生强烈震动的采掘作业可能诱导突出，这种作业不仅可引起应力状态的改变，而且可使动载荷作用在新暴露的煤体上，造成煤的突然破碎。

（5）受煤自重影响，上山掘进头发生突出的次数多，强度小；下山掘进头发生突出的次数少，强度稍大。

2. 大多数突出都有预兆

大多数突出都有预兆，主要表现在以下三个方面：

（1）地压显现方面的预兆：煤炮声，支架声响，煤岩开裂，掉碴，底鼓，岩煤自行剥落，煤壁颤动，钻孔变形，垮孔顶钻，夹钻杆，钻机过负荷等。

（2）瓦斯涌出方面的预兆：瓦斯涌出异常，瓦斯浓度忽大忽小，煤尘增大，气温、气味异常，打钻时喷瓦斯、喷煤、哨声、风声、蜂鸣声等。

（3）煤层结构与构造方面的预兆：层理紊乱，煤强度松软或不均匀，煤暗淡无光泽，煤层厚增大，倾角变大，挤压褶皱，波状隆起，煤体干燥，顶底板阶梯凸起、断层等。

三、预防煤与瓦斯突出的主要技术措施

防突措施一般分为两类：一类是区域性措施，其目的在于使大面积煤层（如一个采区）失去突出危险性；另一类是局部性措施，其目的在于使工作面前方小范围失去突出危险性。在采用防治突出措施时，应优先选择区域性防治突出措施。在不具备采取区域性防治突出措施的条件时，必须采取局部性防治突出措施。

（一）区域性防治突出措施

区域性防治突出措施主要有开采保护层、预抽煤层瓦斯以及煤层注水等三种。开采保护层是预防突出最有效、最经济的措施。自 1958 年以来，我国已有多数的突出矿井采用此法来解决突出危险煤层的开采问题。

1. 开采保护层

在开采煤层群的条件下，首先开采无突出危险或突出危险较小的煤层，使距离它一定范围内的突出危险煤层受采动影响而减少或失去突出危险性，这个先开采煤层称为保护层，后开采的煤层称为被保护层。保护层如果位于突出危险层的上方，称为上保护层，位于下方的叫下保护层。

保护层开采后，不但消除或减少了引起突出的两个重要因素（地压和瓦斯），而且增加了抵御突出的能力因素（煤的机械强度）。这就使得在卸压区范围内开采被保护层时，不再会发生煤与瓦斯突出。

因此，在有条件的情况下，应优先采取这个简单、安全可靠和效果良好的措施。必要时，也可以将不可采煤层作为保护层开采。但是，应当注意的是，在保护层的煤柱区域内被保护层仍有发生突出危险。《安全规程》规定：开采保护层时，采空区内不得留有煤（岩）柱。特殊情况非留煤（岩）柱不可时，必须严格遵守《安全规程》中有关规定，采取相应措施。

2. 预抽煤层瓦斯

对于无保护层或单一突出危险煤层的矿井，可以采用预抽煤层瓦斯作为区域性防治突出措施。这种措施的实质是，通过一定时间的预先抽放瓦斯，降低突出危险煤层的瓦斯压力和瓦斯含量，并由此引起煤层收缩变形、地应力下降、煤层透气系数增加和煤的强度提高等效应，使其丧失或减弱突出危险性。1980 年以来我国试验成功的大面积网格式穿层钻孔预抽突出危险煤层瓦斯的方法，使得区域防治突出效果更为理想。关于有关瓦斯抽放的知识，将在下一节讲述。

3. 煤层注水

近些年来，国内外都在研究煤层注水防止煤和瓦斯突出问题，主要针对回采工作面。例如阳泉煤业（集团）一矿北头咀井，在综采工作面进行浅孔煤体注水，使工作面压出次数减少 82%（少数几次压出发生在注水不充分区），瓦斯涌出量减少 28%，煤尘降低 49%。

实践表明，只要能将水均匀地注入煤体，而且煤内水分达 4% 以上，就能防止突出的发生。其原因是水改变了煤的力学性质，增加了煤的可塑性，降低了煤的弹性模量（降低 20% ~25%），使应力分布均匀化，弹性能释放的速度变小，降低了瓦斯释放的功率。水进入煤的孔隙，降低了瓦斯的排放，可使煤的瓦斯放散初速度减少 90%，大大地降低了瓦斯能释放的功率。

问题的关键在于如何设法使水均匀湿润煤体。水压过高，煤体在弱面破裂，水流易失去控制而流失，难以全面湿润煤体；水压过低，注不进水，也难以湿润煤层。近年来国内外都采用中压长时注水措施。其做法是，注水压力低于上覆岩层的静水压力，依靠水压和煤孔隙的毛细力缓慢地将水注入和吸入煤体内部，做到均匀湿润煤层。为了提高注水速度和湿润效果，可在水中加湿润剂。多次重复注水累计时间一般不少于 500 h，才能使一定的水量注入煤体内部。

采用反复间歇注水的效果比连续注水更好。适当地降低注水压力，可使煤体湿润得更加均匀，目前国内外使用的注水压力趋向低于 8 000 kPa。

对低透水煤层注水尚存在一些困难，如湿润不均、水注不进，因此防治突出效果差，这是一个有待解决的问题。关于煤层注水的有关知识还将在煤尘防治中讲述。

（二）局部性防治突出措施

局部性防治突出措施是指突出危险煤层采掘时采用的影响范围较小的预防措施。现就我国煤矿生产中常用的几种局部性防治突出措施简述如下。

1. 超前钻孔

超前钻孔就是在煤巷掘进工作面前方打一定数量直径为 120 ~ 150 mm 的钻孔，排放瓦斯，增加煤的强度，在钻孔周围形成卸压区，使集中应力区移向煤体深部，以防止突出发生。

工作面前方一般有三个应力带：卸压带、集中应力带和正常应力带。在卸压带内，地应力和瓦斯压力都大大降低。卸压带是阻止突出的保护带。

掘进工作面一般布置 3 ~ 5 个钻孔，孔深 15 ~ 20 m，应超过工作面前方集中应力区。掘进时钻孔至少保持 5 m 的超前距离，如图 8-6 所示。

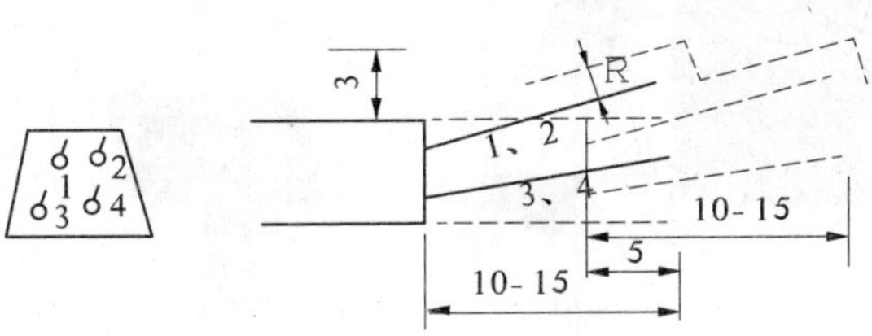

1 ~ 4—钻孔序号；R—钻孔排放半径

图 8-6　超前钻孔

钻孔数目与孔深要根据钻孔的排放瓦斯半径来定，而钻孔的排放瓦斯半径又与煤层的裂隙多少、透气性大小，排放时间长短和孔径有关。一般在软煤层中排放半径为 1 ~ 1.5 m，硬煤中排放半径为 0.8 m 左右。钻孔直径一般不小于 120 mm，当孔径为 120 ~ 150 mm 时，钻孔数目不应少于 4 个。

超前钻孔多用于煤层较厚、赋存稳定、煤质较软、透气性较好的情况，但打钻时易出现夹钻、垮孔，甚至孔内突出等现象。

我国约有近 40% 的突出矿井使用这种措施。它不仅应用于掘进工作面，而且也用于回采工作面。

2. 水力冲孔

水力冲孔是在进行采掘工作之前，利用钻机打钻的高压水射流，在突出煤层内冲出煤炭和瓦斯形成较大的孔洞，诱导可控制的小型突出，以造成煤体卸压、加速瓦斯排放、降低瓦斯含量和瓦斯压力、消除采掘突出危险的方法。水力冲孔可用于石门揭煤、煤巷掘进和回采工作面。

3. 震动性放炮

在工作面布置较多的炮眼，装较多的炸药，全断面一次揭开突出煤层，人为诱导突出的方法称为震动性放炮。

震动性放炮可用于瓦斯压力不大，煤厚 2 m 及其以下，煤质中硬，煤层稳定的条件下的煤巷掘进和石门揭穿煤层。

4. 松动爆破

松动爆破是向掘进工作面前方使用普通震动放炮的基础上，在煤体应力集中区内，打几个深孔装药爆破，使煤体松动，集中应力区向煤体深部移动，从而在工作面前方造成较长的卸压带和排放瓦斯区，以预防突出的发生。

5. 专用支架

专用支架是预防突出的一种辅助措施，它不能直接降低煤体内部的应力和瓦斯压力，但可增加煤体的稳定性和支架的承载能力，所以在一定条件下可以抑制突出的发生和发展。该措施多用于有突出危险的急倾斜煤层或厚煤层的煤层平巷掘进。专用支架的形式有超前支架（见图 8-7）和金属骨架（见图 8-8）。

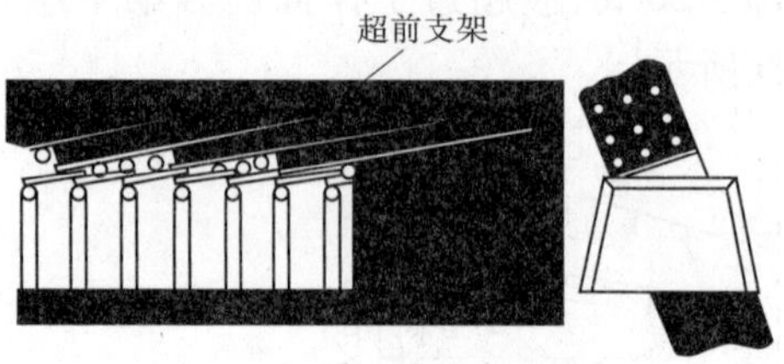

图 8-7　超前支架

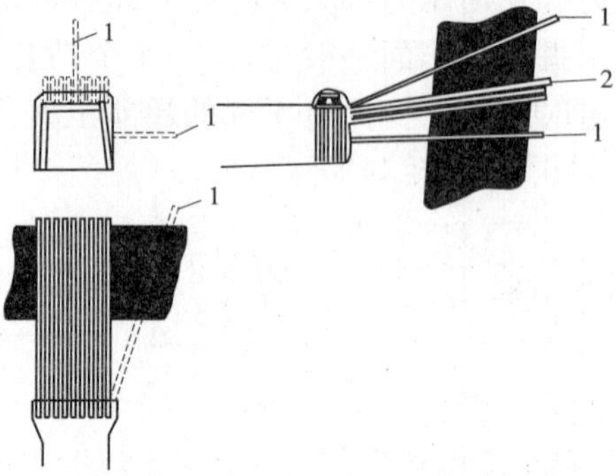

1—测压孔；2—金属骨架

图 8-8　石门单排金属骨架

预防突出措施有好多种，但突出事故仍不能完全杜绝，原因之一是这些措施及其各种参数是在一定的地质、技术条件下确定的。当条件改变而措施参数未作相应的改变时，其效果将受到影响，甚至导致措施无效，因此必须不断地对所采用的防治突出措施的效果进行检验。经检验无效时，应及时采取补救措施。

防治突出效果的检验方法与煤层突出危险性预测的方法基本上是一致的。

四、安全防护措施

为防止突出预测失误或措施失效而发生的突出，无论石门揭穿突出危险煤层或在突出煤层中进行采掘作业，都必须采取安全防护措施。安全防护措施包括石门揭穿煤层时的震动放炮、采掘工作面的远距离放炮、挡栏、反向风门、自救器、避难所和压风自救系统等内容。

（一）震动放炮

由于放炮前人员已撤到安全地点，所以震动性放炮即使诱导突出也不会伤人。在突出危险煤层厚度小于 0.3 m 或瓦斯压力小于 0.74 MPa 的煤层中，可采用震动放炮揭穿煤层。震动放炮必须有独立的回风系统。其进风侧应设置两道坚固的反向风门，回风系统严禁人员通行或作业。如果震动放炮未能一次揭穿煤层，在掘进剩余部分时，仍必须采取预防突出措施。

(二)远距离放炮

有突出危险的采掘工作面采用放炮作业时,都必须采用远距离放炮。远距离放炮地点应设在进风侧反向风门之外的全风压通风的新鲜风流中或避难所内,距采掘工作面不得小于300 m。放炮员放炮的地点,应配备急救袋或自救器。

(三)安设反风装置

主要通风机必须装有反风设备、设施,并做到每季度至少检查一次,一年至少进行一次反风演习,操作时间和反风风量达到《安全规程》规定的要求,保证在处理事故需要紧急反风时能灵活使用。

(四)设避难所和压风自救系统

突出危险矿井应在井下设避难所或急救袋,根据具体情况,可设置其中之一或混合设置。

(五)自救器

进入有突出危险采掘工作面的工作人员,必须佩戴隔离式自救器,每天下井前与升井后必须对自救器进行称重和气密性检查,以保持仪器性能良好。

单元五　瓦斯抽放技术

【学习目标】

1. 了解矿井瓦斯抽放的必要性和可行性。
2. 掌握矿井抽放瓦斯的方法。
3. 了解常用的矿井瓦斯设备。

【导入】

矿井瓦斯抽放是指采用专门设施,把煤层、岩层中和采空区内的瓦斯抽至地面。抽放瓦斯可使涌入井巷风流的瓦斯量减少,从而降低矿井风流中的瓦斯浓度,以实现安全生产。随着矿井开采深度和强度的增加,矿井瓦斯涌出量也日益增大,仅用增大风量的办法稀释瓦斯,不仅在经济上不合算,在技术上也不合理。抽放瓦斯可以改善矿井的安全状况和降低通风费用。

【正文】

瓦斯虽是矿井五大自然灾害之一,但对含瓦斯煤田进行综合开发时,即把含瓦斯煤田既作为煤田开采,又作为瓦斯田开采时,瓦斯便成为宝贵的矿产资源,试验证明1 m^3甲烷的发热量相当于1～2 kg煤的发热量。所以,瓦斯又是一种重要的能源。此外,抽放瓦斯还是防治煤与瓦斯突出的有效措施之一。

1949年我国在抚顺龙凤煤矿进行抽放瓦斯试验,1952年取得成功。至今,瓦斯抽放技术已经在我国多数矿区推广和应用。

一、矿井瓦斯抽放的必要性和可行性

(一)必要性

抽放瓦斯是解决矿井瓦斯问题的手段,但并不是所有瓦斯矿井都需要抽放瓦斯,衡量

一个矿井是否有必要抽放瓦斯,可以根据下列条件确定。

1. 矿井瓦斯涌出量超过通风所能稀释的瓦斯量

矿井瓦斯涌出量超过通风所能稀释瓦斯量时,可以考虑抽放瓦斯。

通风所能稀释瓦斯量,是指工作面所能排出的极限瓦斯量,可用下式计算:

$$q_{风} = \frac{24 \times 60 \times QC}{AK} \tag{8-6}$$

式中 $q_{风}$——工作面所能排出的极限瓦斯量,m^3/t;

Q——工作面风量,m^3/d;

C——工作面允许最大瓦斯浓度,取 1%;

A——工作面日产量,t/d;

K——瓦斯涌出不均衡系数,一般取 1.3~1.7。

2.《安全规程》规定

《安全规程》规定,有下列情况之一的矿井,必须建立地面永久抽放瓦斯系统或井下临时抽放瓦斯系统:

(1) 一个采煤工作面的瓦斯涌出量大于 5 m^3/min 或一个掘进工作面的瓦斯涌出量大于 3 m^3/min,用通风方法解决瓦斯问题是不合理的。

(2)矿井绝对瓦斯涌出量达到以下条件的:

①大于或等于 40 m^3/min;

②年产量 1.0~1.5 Mt 的矿井,大于 30 m^3/min;

③年产量 0.6~1.0 Mt 的矿井,大于 25 m^3/min;

④年产量 0.4~0.6 Mt 的矿井,大于 20 m^3/min;

⑤年产量小于或等于 0.4 Mt 的矿井,大于 15 m^3/min。

(3)开采有煤与瓦斯突出危险煤层的。

(二)可行性

抽放瓦斯的可行性是指对煤层抽放的难易程度。目前一般用煤层透气性系数 λ 和钻孔瓦斯流量衰减系数 α 来衡量。

对未卸压的原始煤层,瓦斯抽放的难易程度可划分为三类,如表 8-2 所示。

表 8-2 瓦斯抽放难易程度分类

抽放难易程度	煤层百米钻孔瓦斯流量衰减系数 $\alpha(d^{-1})$	煤层透气性系数 $\lambda(m^2/(MPa^2 \cdot d))$
容易抽放	0.015~0.03	>10
可以抽放	0.03~0.05	10~0.1
较难抽放	>0.05	<0.1

(三)抽放效果的衡量指标

1. 抽放瓦斯浓度

抽放瓦斯浓度是用来表示抽放瓦斯质量的指标。《安全规程》规定,利用瓦斯时,抽放瓦斯浓度不得低于 30%;不利用瓦斯、采用干式抽放瓦斯设备时,抽放瓦斯浓度不得低于25%。瓦斯浓度指标有时还可反映抽放工作管理的质量。抽放管路系统漏气必然导致浓度降低。从经济效益来看,浓度降低,瓦斯输送费就要提高,经济效益差。

2. 瓦斯抽放率

瓦斯抽放率是衡量抽放效果的重要指标之一,可分为矿井抽放率和采区抽放率。

1)矿井抽放率

矿井抽放率的计算公式如下:

$$d_{矿} = \frac{q_{矿抽}}{q_{矿涌} + q_{矿抽}} \tag{8-7}$$

式中 $d_{矿}$—— 矿井瓦斯抽放率(%);

$q_{矿抽}$——矿井抽出的瓦斯量,m^3/min;

$q_{矿涌}$——矿井涌出的瓦斯量,m^3/min。

2)采区抽放率

采区抽放率的计算公式如下:

$$d_{区} = \frac{q_{区抽}}{q_{开}} \tag{8-8}$$

式中 $d_{区}$——采区瓦斯抽放率(%);

$q_{区抽}$——采区抽出的瓦斯量,m^3/min;

$q_{开}$——采区瓦斯开发量,m^3/min ,用式(8-9)计算:

$$q_{开} = q_{采} + q_{掘} + q_{区抽} \tag{8-9}$$

式中 $q_{采}$——采区内采煤工作面涌出的瓦斯量 ,m^3/min;

$q_{掘}$——采区内掘进工作面涌出的瓦斯量,m^3/min。

《矿井瓦斯抽放管理规范》(AQ 1027—2006)规定:开采层预抽的矿井,矿井抽放率不小于10%;采区抽放率不小于20%。抽放邻近层瓦斯的矿井,矿井抽放率不小于20%;采区抽放率不小于35%。

二、抽放瓦斯的方法

抽放瓦斯的方法,按瓦斯的来源分为开采煤层抽放、邻近层抽放和采空区抽放三类;按抽放的机制分为未卸压抽放和卸压抽放两类;按汇集瓦斯的方法分为钻孔抽放、巷道抽放和巷道与钻孔综合法三类。抽放方法的选择必须根据对矿井瓦斯涌出来源的调查结果,考虑自然的与采矿的因素和各种抽放方法所能达到的抽放率。

(一)开采煤层瓦斯抽放

开采煤层瓦斯抽放,也称本煤层抽放,是在煤层开采之前或采掘的同时,用钻孔或巷道进行该煤层的抽放工作。煤层回采前的抽放属于未卸压抽放,在采掘工作面影响范围内的抽放,属于卸压抽放。决定未卸压煤层抽放效果的关键性因素,是煤层的天然透气系数。抽放之前,应按照煤层的透气系数评价未卸压煤层预抽瓦斯的难易程度。

1. 预抽煤体瓦斯

预抽煤体瓦斯即是抽放未卸压瓦斯。本法适用于透气系数较大的开采煤层预抽瓦斯。按钻孔与煤层的关系分为穿层钻孔和沿层钻孔;按钻孔角度分为上向孔、下向孔和水平孔。我国多采用穿层上向钻孔。

穿层钻孔是在开采煤层的顶板或底板岩巷(或煤巷),每隔一段距离开一长约 10 m 的钻场,从钻场向煤层打 3 ~ 5 个穿透煤层的钻孔,封孔或将整个钻场封闭起来,装上抽瓦斯管并与抽放系统连接。图 8-9 为抚顺龙凤煤矿穿层钻孔抽放瓦斯的示意图。

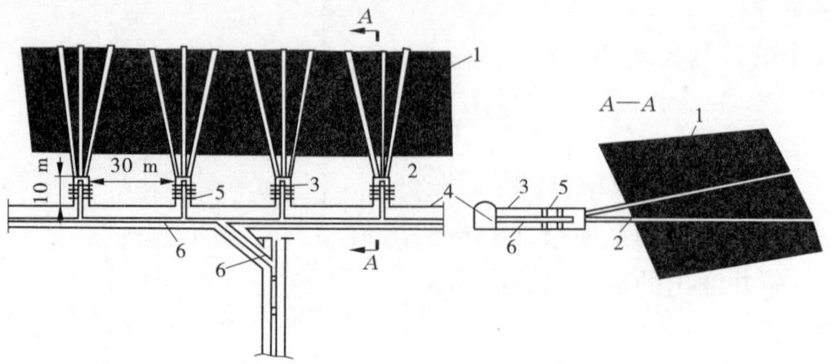

1—煤层;2—钻孔;3—钻场;4—运输巷;5—密闭墙;6—抽瓦斯管道

图 8-9　钻孔法抽放开采煤层的瓦斯

此法的优点是施工方便,可以预抽的时间较长。如果是厚煤层下行分层回采,第一分层回采后,还可在卸压的条件下,抽放未采分层的瓦斯。

沿层钻孔适用于赋存稳定的中厚或厚煤层。由运输平巷沿煤层倾斜打钻,或由上、下山沿煤层走向打水平孔(仰角 1° ~ 2°)。这类抽放方法常受采掘接替的限制,抽放时间不长,影响了抽放效果。国外采用的可弯曲钻,能由岩巷或地面打沿层钻孔,大大延长了抽放的时间。我国 1987 年开始了有关研究工作,着重于井下水平长钻孔的打钻工艺。

1) 钻孔方向

我国多为上向孔。在含水较大的煤层内打下向孔时必须及时排除孔内的积水。孔内水静压大于煤层的瓦斯压力时,就难以抽出瓦斯。

2) 钻孔间距

钻孔间距是决定抽放效果的重要参数。抽放瓦斯开始后,钻孔周围的瓦斯含量和瓦斯压力逐渐降低,随着时间的延长影响范围逐渐达到极限值,其影响半径称为极限抽放半径。钻孔的间距应小于极限抽放半径。由此可见,在极限半径范围内,抽放的时间长,钻孔的间距就可以大些;抽放的时间短,钻孔的间距就应该小些。预抽前应根据可能抽放的时间,通过试抽确定合理的孔间距,一般为 30 ~ 50 m。

3) 抽放负压

抽放负压与抽出量的关系,国内外都有不同的看法。瓦斯在煤层内流动的快慢,虽然取决于压差和透气系数,但是煤层内的瓦斯压力为几个到几十个大气压,而钻孔内的瓦斯压力变化不可能超过 1 个大气压,所以提高抽放负压对瓦斯的抽出量影响不大,反而增加了孔口和管道系统的漏气,管内放水也更困难。一般情况下,钻孔口负压不超过 14 kPa 为宜。

4) 钻孔直径

抽放瓦斯的钻孔直径一般为 70 ~ 100 mm。钻孔直径对瓦斯抽出量的影响随煤层不同而异。如抚顺龙凤矿 -400 m 水平,直径 100 mm 的钻孔,每米孔长的瓦斯涌出量为 0.005 1 ~ 0.017 7 m^3/(min·m);阳泉煤业(集团)的试验表明,预抽瓦斯钻孔直径由 73 mm 增大至 300 mm,抽出瓦斯量约增大 3 倍;开滦煤业集团历时 3 年的试验研究结果表明,大直径钻孔(180 mm)是普通钻孔(89 ~ 109 mm)抽放瓦斯量的 2 ~ 3 倍(在一年时间内)。

焦作煤业集团公司科研所新近研制的自动变径扩孔钻具,与 MYZ -150 型瓦斯抽放巷道钻机相匹配,外径 90 mm,可扩孔直径 150 mm。

2. 抽放卸压瓦斯

在受回采或掘进的采动影响下,引起煤层和围岩的应力重新分布,形成卸压区和应力集中区。在卸压区内煤层膨胀变形,透气系数大大增加。如果在这个区域内打钻抽放瓦斯,可以提高抽放量,并阻截瓦斯流向工作空间。这类抽放方法现场叫随掘随抽和随采随抽。

1)随掘随抽

如图 8-10 所示,在掘进巷道的两帮,随掘进巷道的推进,每隔 10 ~ 15 m 开一钻孔窝,在巷道周围卸压区内打钻孔 1 ~ 2 个,孔径 45 ~ 60 mm,封孔深 1.5 ~ 2.0 m,封孔后连接于抽放系统进行抽放。孔口负压不宜过高,一般为 5.3 ~ 6.7 kPa (40 ~ 50 mmHg)。巷道周围的卸压区一般为 5 ~ 15 m,个别煤层可达 15 ~ 30 m。开滦赵各庄矿在掘进工作面后面 15 ~ 20 m 处,用煤电钻打孔,孔深 4 ~ 9 m,孔距 4 ~ 6 m。封孔后抽放,降低了煤帮的瓦斯涌出量,保证了煤巷的安全掘进。

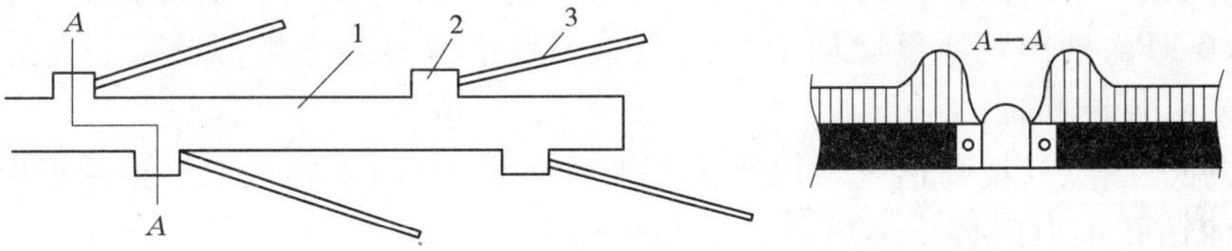

1—掘进巷道;2—钻场;3—钻孔

图 8-10 随掘随抽的钻孔布置

2)随采随抽

在回采工作面前方一定距离有一个应力集中带,并随工作面的向前推进而同时前移,如图 8-11 所示。在应力集中带与回采工作面之间有一个约 10 m 的卸压带,在此区域内可以抽放卸压瓦斯。布置钻孔时,抽放孔需提前布置在煤层内,在卸压带接近前开始预抽瓦斯;当卸压带移至钻孔时瓦斯抽出量增大;之后,当工作面推进到距钻孔 1 ~ 3 m 时,大量空气开始进入孔隙,使抽出的瓦斯浓度降低,当浓度低于 30% 时应停止抽放。这种抽放方式,因钻孔截断了工作面前方瓦斯向采场涌出,因此能有效地降低工作面瓦斯涌出量。同时,工作面不断推进使每一个钻孔抽放卸压瓦斯的时间较短,所以抽放率不高。

这类抽放方法只适用于赋存平稳的煤层,有效抽放时间不长,每孔的抽出量不大。

3. 增加本煤层瓦斯抽放量的途径

我国多数煤层属低透气性煤层,对低透气性煤层进行预抽瓦斯困难较多。虽然多打钻孔,长时间进行抽放可以达到一定的目的,但是由于打钻工作量大,长时间提前抽放与

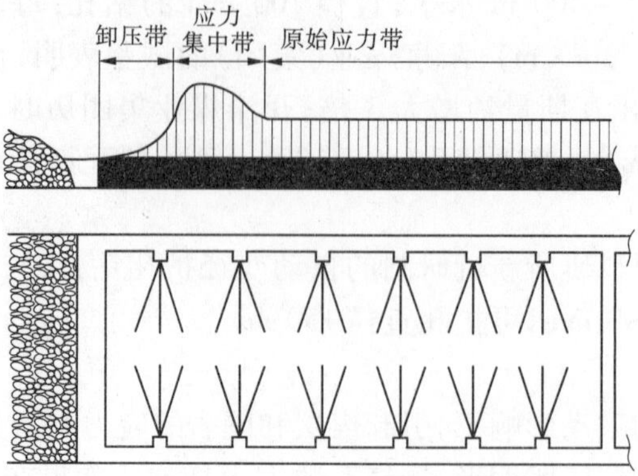

图 8-11　随采随抽的钻孔布置

采掘工作有矛盾,因此必须采用专门措施增加瓦斯的抽放率。这些措施主要有以下几种。

1)加大钻孔直径

目前各国的抽放钻孔直径都有增大的趋势。我国阳泉矿试验表明,预抽瓦斯钻孔直径由 73 mm 增大至 300 mm,抽出瓦斯量约增大 3 倍。日本亦平煤矿钻孔直径由 65 mm 增大至 120 mm,抽出量增加 3.5 倍。西德鲁尔区煤田也得到类似效果。

2)提高抽放负压

对于提高抽放负压是否能显著增加抽放量还存在着不同的看法,一些矿井提高抽放负压后抽放量明显增加,如日本歌志内和赤平煤矿抽放负压由 20 kPa 提高到 47 ~ 67 kPa,抽出量增加 2 ~ 3 倍。我国鹤壁煤业(集团)有限责任公司四矿抽放负压由 3.3 kPa 提高到 10.6 kPa,抽出瓦斯量增加 25%。其他一些矿井也测得类似结果。

3)提高煤层透气性

对低透气性煤层,提高透气性以增大瓦斯抽出量,目前主要采取的措施有以下几种。

A. 地面钻孔水力压裂

水力压裂是从地面向煤层打孔,以大于地层静水压力的液体压裂煤层,以增大煤层的透气性,提高抽放率。压裂液是清水加表面活性剂的水溶液、酸溶液,掺入增添剂。压裂钻孔间距一般为 250 ~ 300 m。

实践证明,当煤层瓦斯压力大于 470 ~ 7 000 kPa(在有高孔隙围岩时,瓦斯压力大于 980 kPa),瓦斯含量高于 10 m^3/t,进行水力压裂是适宜的。

B. 水力破裂

水力破裂是在井下巷道向煤层打钻,下套管固孔,注入高压水,破裂煤体,提高瓦斯抽放率。它与水力压裂的区别在于影响范围小,工作液内不加其他增添剂。一般破裂半径可达 40 ~ 50 m,因此应根据破裂半径在煤层内均匀布孔,使煤层全面受到破裂影响。当煤层破裂后(有时可见附近巷道或钻孔涌出压裂水),排出破裂液,在破裂区另打抽放钻孔与破裂孔联合抽放瓦斯,抽放率可达 50% ~ 60%,抽放孔间距不应大于 40 m。若只用水力破裂孔抽放瓦斯,抽放率仅为 10% ~ 20%。破裂煤体后,预抽瓦斯的时间可以缩短到 4 个月之内。

C. 水力割缝

水力割缝是用高压水射流切割孔两侧煤体(即割缝),形成大致沿煤层扩张的空洞与裂缝。增加煤体的暴露面,造成割缝上、下煤体的卸压,增大透气性。此法是抚顺煤科分院与鹤壁煤业(集团)合作进行的研究。鹤壁煤业(集团)有限责任公司四矿在硬度为0.67的煤层内,用8 MPa的水压进行割缝时,在钻孔两侧形成深0.8 m、高0.2 m的缝槽,钻孔百米瓦斯涌出量由0.01~0.079 m^3/min增加到0.047~0.169 m^3/min,使原来较难抽放的煤层变为可抽放的煤层。

D. 交叉钻孔

交叉钻孔是除沿煤层打垂直于走向的平行孔外,还打与平行钻孔呈15°~20°夹角的斜向钻孔,形成互相连通的钻孔网。其实质相当于扩大了钻孔直径,同时斜向钻孔延长了钻孔在卸压带的抽放时间,也避免了因钻孔坍塌而对抽放效果的影响。焦作九里山煤矿的试验结果表明,这种布孔方式较常规的布孔方式相比,相同条件下抽放量提高0.46~1.02倍。

(二)邻近层瓦斯抽放

开采煤层群时,回采煤层的顶、底板围岩将发生冒落、移动、龟裂和卸压,透气系数增大,回采煤层附近的煤层或夹层中的瓦斯就能向回采煤层的采空区转移。这类能向开采煤层采空区涌出瓦斯的煤层或夹层,就叫作邻近层。位于开采煤层顶板内的邻近层叫上邻近层,底板内的叫下邻近层。

邻近层的瓦斯抽放,即是在有瓦斯赋存的邻近层内预先开凿抽放瓦斯的巷道,或预先从开采煤层或围岩大巷内向邻近层打钻,将邻近层内涌出的瓦斯汇集抽出。前一种方法称巷道法,后一种方法称钻孔法。不论采用哪种方法,都可以抽出瓦斯。至于抽出量、抽出瓦斯浓度、可抽放的时间等经济安全效益,则有赖于所选择的方法和有关参数。

国内外都广泛采用钻孔法,即由开采煤层进、回风巷道或围岩大巷内向邻近层打穿层钻孔抽放瓦斯。当采煤工作面接近或超过钻孔时,岩体卸压膨胀变形,透气系数增大,钻孔瓦斯的流量有所增加,就可开始抽放。钻孔的抽出量随工作面的推进而逐渐增大,达到最大值后能以稳定的抽出量维持一段时间(几十天到几个月)。由于采空区逐渐压实,透气系数逐渐恢复,抽出量也将随之减少,直到抽出量减小到失去抽放意义,便可停止抽放。

1. 邻近层的极限距离

邻近层抽放瓦斯的上限与下限距离,应通过实际观测,按上述三带的高度来确定。上邻近层取冒落带高度为下限距离,裂隙带的高度为上限距离。下邻近层不存在冒落带,所以不考虑上部边界,至于下部边界,一般不超过60~80 m。

2. 钻场位置

钻场位置应根据邻近层的层位、倾角、开拓方式以及施工方便等因素确定,要求能用最短的钻孔,抽出最多的瓦斯,钻场可位于开采煤层的运输平巷内,或开采煤层的回风巷内或层间岩巷内。图8-12为利用开采层回风巷向上邻近层打钻孔布置图。

钻场位于回风巷的优点是:钻孔长度比较短,因为工作面上半段的围岩移动比下半段好,再加上在瓦斯的浮力作用下,抽出的瓦斯比较多;可减少工作面上隅角的瓦斯积聚;打钻与管路铺设不影响运输;抽放系统发生故障时,对回采影响较小,回风巷内气温较稳定,瓦斯管内凝结的水分比较少。缺点是：打钻时供电、供水和钻场通风都比运输巷内困难，巷道的维护费用增大等。

3. 钻场或钻孔的间距

决定钻场或钻孔间距的原则是工程量少、抽出瓦斯多，且不干扰生产。阳泉煤业（集团）一矿以采煤工作面的瓦斯不超限，钻孔瓦斯流量在 0.005 m^3/min 左右、抽出瓦斯中甲烷浓度为 35% 以上作为确定钻孔距离的原则。煤层的具体条件不同，钻孔的距离也不同，有的为 30 ~ 40 m，有的可达 100 m 以上。应该通过试抽，然后确定合理的距离。一般说来，上邻近层抽放的钻孔距离大些，下邻近层抽放的钻孔距离应小些；近距离的邻近层钻孔距离小些，远距离的大些。通常采用钻孔距离为 1 ~ 2 倍层间距。根据国内外抽放情况，钻场间距多为 30 ~ 60 m。一个钻场可布置一个或多个钻孔。

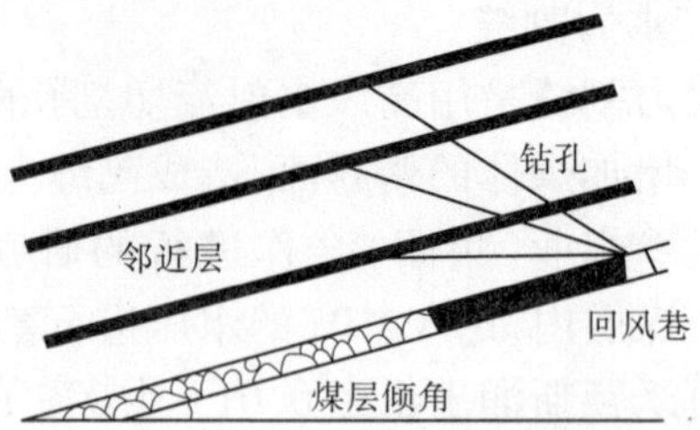

图 8-12　抽放上邻近层瓦斯回风巷钻孔布置图

此外，如果一排钻孔不能达到抽放要求，应在运输水平和回风水平同时打钻抽放，在较长的工作面内，还可由中间平巷打钻。

4. 钻孔角度

钻孔角度指钻孔的倾角（钻孔与水平线的夹角）和偏角（钻孔水平投影线和煤层走向或倾向的夹角）。钻孔角度对抽放效果关系很大。抽放上邻近层时的仰角，应使钻孔通过顶板岩石的裂隙带进入邻近层充分卸压区，仰角太大，进不到充分卸压区，抽出的瓦斯浓度虽然高，但流量小；仰角太小钻孔中段将通过冒落带，钻孔与采空区沟通，必将抽进大量空气，也大大降低抽放效果。下邻近层抽放时的钻孔角度没有严格要求，因为钻孔中段受开采影响而被破坏的可能性较小。

5. 钻孔进入的层位

对于单一的邻近层，钻孔穿透该邻近层即可。对于多邻近层，如果符合下列条件，也可以只用一个钻孔穿透所有邻近层：

（1）30 倍采高以内的邻近层，且各邻近层间的间距小于 10 m。

（2）30 倍采高以外的邻近层，且互相间的距离小于 15 ~ 20 m，否则应向瓦斯涌出量大的各层分别打钻。对于距离很近的上邻近层，一般应单独打钻，因为这类邻近层抽放要求孔距小，抽放时间也短，而且容易与采空区相通。对于下邻近层，应该尽可能用一个钻孔多穿过一些煤层。

6. 孔径和抽放负压

与开采煤层抽放不同，孔径对瓦斯抽出量影响不大，多数矿井采用 57 ~ 75 mm 孔径。同样抽放负压增加到一定数值后，也不可能再提高抽放效果，我国一般为几千帕（几十 mmHg），国外多为 13.3 ~ 26.6 kPa（100 ~ 200 mmHg）。

（三）采空区瓦斯抽放

采煤工作面的采空区或老空区积存大量瓦斯时，往往被漏风带入生产巷道或工作面，造成瓦斯超限而影响生产。如峰峰煤矿，大煤（厚 10 余 m）顶分层回采时，采煤工作面上隅角瓦斯积聚经常达 2.5% ~ 10% 以上，进行工作面采空区的抽放后，解决了该处的瓦斯积聚问题。

采空区瓦斯抽放可分为全封闭式抽放和半封闭式抽放两类。全封闭式抽放又可分为密闭式抽放、钻孔式抽放和钻孔与密闭相结合的综合抽放等方式。半封闭式抽放是在采空区上部开掘一条专用瓦斯抽放巷道(如鸡西煤业集团城子河煤矿),在该巷道中布置钻场向下部采空区打钻,同时封闭采空区入口,以抽放下部各区段采空区中从邻近层涌入的瓦斯。抽放的采空区可以是一个采煤工作面或一两个采区的局部范围,也可以是一个水平结束后的大范围抽放。

如果冒落带内有邻近层或老顶冒落瓦斯涌出量明显增加现象,可由回风巷或上阶段运输巷,每隔一段距离(20 ~ 30 m)向采空区冒落带上方打钻抽放瓦斯,钻孔平行煤层走向或与走向间有一个不大的夹角。如果采空区内积存高浓度瓦斯,可以通过回风巷密闭接管抽放。

老空区抽放前应将有关的密闭墙修整加固,以减少漏风,然后在老空区上部靠近抽放系统的密闭墙外再加砌一道密闭墙,两墙之间填以砂土,接管进行抽放。

采空区抽放时要及时检查抽放负压、流量、抽出瓦斯的成分与浓度。抽放负压与流量应与采空区的瓦斯量相适应,才能保证抽出瓦斯中的甲烷浓度。如果煤层有自燃危险,更应经常检查抽出瓦斯的成分,一旦发现有 CO、煤炭自燃的异常征兆,应立即停止抽放,采取防止自燃的措施。

项目小结

【技能训练】

瓦斯检测

一、实验目的

(1)学习矿井瓦斯检测设备的原理。
(2)掌握常见的矿井瓦斯检测仪器的使用方法。

二、实验要求

(1)掌握光学瓦斯检测仪的构造、原理和使用方法。
(2)掌握便携式瓦斯检测报警仪和瓦斯传感器的使用方法。

三、实验仪器和测定

(一)光学瓦斯检测仪

光学瓦斯检测仪是煤矿井下用来测定瓦斯和二氧化碳气体浓度的便携式仪器。这种仪器的特点是携带方便,操作简单,安全可靠,且有足够的精度,但由于其采用光学系统,因此构造复杂,维修不便。仪器测定范围和精度有两种:测定范围 0 ~ 10.0%,精度 0.01%;测定范围 0 ~ 100%,精度 0.1%。

1. 光学瓦斯检测仪的构造

光学瓦斯检测仪有很多种类,其外形和内部构造基本相同。现以 AQC－1 型光学瓦斯检测仪为例介绍其构造。

图 8-13 为 AQC－1 型光学瓦斯检测仪的内部构造,由以下三个系统组成。

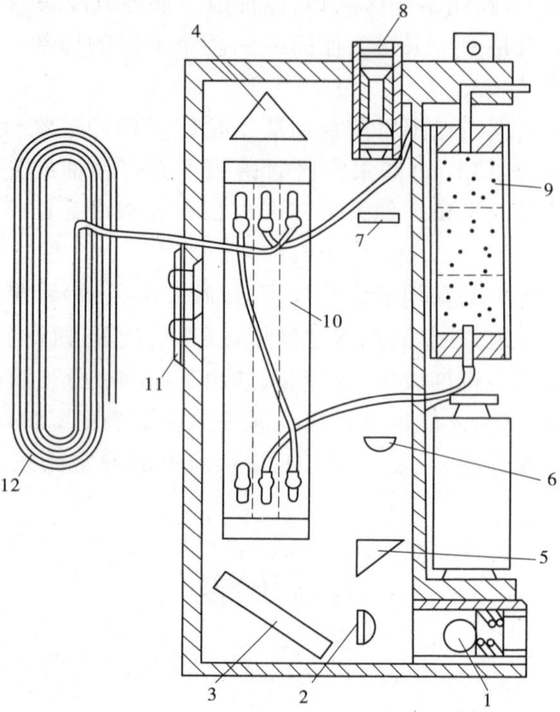

1—灯泡;2—聚光镜;3—平面镜;4—折光棱镜;5—反射棱镜;
6—物镜;7—测微玻璃;8—目镜;9—吸收管;10—气室;11—按钮;12—盘形管

图 8-13 光学瓦斯检测仪的内部结构

(1)气路系统。气路系统由进气管、二氧化碳吸收管、水分吸收管、气室、吸收管、吸气橡皮球、毛细管等组成。

(2)光路系统。光路系统及其组成如图 8-14 所示。

(3)电路系统。电路系统由电池(1 节 1 号电池)、光源灯泡、光源盖、微读数电门和光源电门等组成,实现光路系统的电能供给和电路控制功能。

2. 光学瓦斯检测仪的原理

工作原理如图 8-14 所示。由光源 1 发出的光,经聚光镜 2,到达平面镜 3 的 O 点后分为两束光。一束光在平面镜 O 点经反射穿过右空气室,经反光棱镜 6 两次反射后穿过左空气室,然后回到平面镜 3,折射入平面镜,经其底面反射到镜面,再折射,于 O′点穿出平

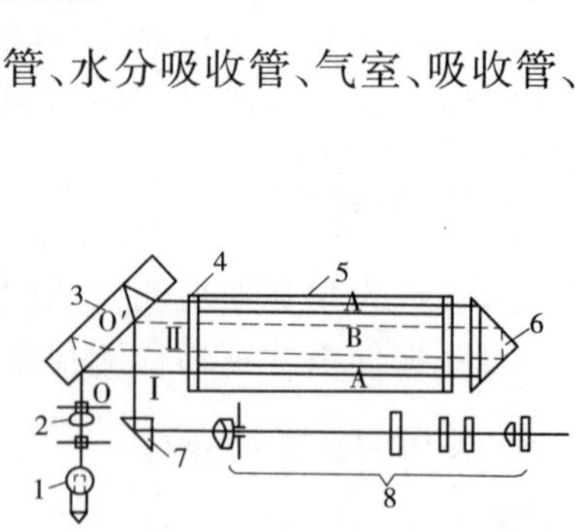

1—光源;2—聚光镜;3—平面镜;
4—平行玻璃;5—气室;6—反光棱镜;
7—反射棱镜;8—望远镜

图 8-14 光学瓦斯检测仪原理图

按照式(8-10)计算,$T=273+27=300(\mathrm{K})$,得 $K=1.2$,校正后瓦斯浓度为2.4%。

四、便携式瓦斯检测报警仪和瓦斯传感器

便携式瓦斯检测报警仪和瓦斯传感器是可连续测定环境中瓦斯浓度的电子仪器,当瓦斯浓度超过设定的报警点时,仪器能发出声、光报警信号。它具有体积小、质量轻及检测精度高、读数直观、连续检测、自动报警等优点,是煤矿防止瓦斯事故的一道有力防线。

复习思考题

8-1　瓦斯是怎样生成的?它以什么状态存在于煤体中?

8-2　影响煤层瓦斯含量大小的因素有哪些?

8-3　什么是矿井瓦斯绝对涌出量和瓦斯相对涌出量?影响瓦斯涌出量的因素有哪些?

8-4　矿井瓦斯等级根据什么来划分?分为几级?

8-5　瓦斯爆炸的原因和条件是什么?瓦斯爆炸的界限是多少?影响瓦斯爆炸界限的因素有哪些?

8-6　试述瓦斯爆炸的危害。

8-7　试述预防瓦斯爆炸措施的主要内容。如何处理局部积聚的瓦斯?

8-8　如何检查采煤工作面风流中瓦斯和二氧化碳的浓度?

8-9　什么是瓦斯喷出?什么是煤与瓦斯突出?

8-10　试述煤与瓦斯突出的预兆。

项目九 矿井火灾防治

矿井火灾是煤矿严重灾害之一,每年都会造成重大的财产损失和人员伤亡。本项目主要介绍矿井火灾的防治技术。

单元一 矿井火灾概述

【学习目标】

1. 能概述矿井火灾的概念、矿井火灾分类及其特征。
2. 能陈述矿井火灾的危害。

【导入】

矿井火灾的类型、发生的地点不同,灭火救灾所采用的方法也不同。为此,本单元将主要阐述矿井火灾的概念、分类及其特征。

【正文】

一、矿井火灾概念

火灾是指在时间和空间上失去控制的燃烧所造成的灾害,也就是指违背人们意愿而发生的非控制性燃烧。火灾往往造成巨大的经济损失和重多的人员伤亡。

矿井火灾是指发生在煤矿井下或地面井口附近,威胁到矿井安全生产,造成损失的非控制燃烧。如地面井口房、通风机房失火、井下胶带输送机胶带着火以及煤炭自燃等都是非控制燃烧,均属矿井火灾。

二、矿井火灾的类型及其特性

矿井火灾的分类方法很多,概括起来主要有以下几种分类方法。

(一)按引火热源分类

(1)外因火灾。它是由外部高温热源(如放炮、烧焊、电流短路、明火等)引起可燃物质燃烧造成的火灾。这种火灾多发生在井口房、井筒、井底车场、石门、机电硐室和有机电设备的巷道等地点。外因火灾具有火源明显、发生突然、来势凶猛、由表及里进行等特点,若发现及时,大多数此类火灾可以被控制住。

(2)内因火灾。内因火灾是煤炭或其他可燃物在一定的条件和环境下,本身发生物理化学变化,产生并聚集热量导致着火而形成的火灾,也称自燃发火。内因火灾大多发生在采空区、遗留的煤柱、破裂的煤壁、煤巷的高冒处以及浮煤堆积的地点。它具有发生和发展缓慢、须经历一段时间、有预兆和火源比较隐蔽等特点。

（二）按发火地点分类

矿井火灾按发火地点分为井上火灾和井下火灾。

井上火灾是指发生在矿井工业场地内的厂房、仓库、储煤场、矸石场、坑木厂等处的火灾。地面火灾具有征兆明显、易于发现、空气供应充分、燃烧完全、有毒气体产生量小、空间宽阔、烟雾易于扩散、灭火工作回旋余地大、易扑灭等特点。

井下火灾是指发生在煤矿井下，或发生在地面但能波及井下的火灾，如胶带输送机胶带着火、煤炭自燃等。井下火灾一般是在空气极其有限的情况下发生的，特别是采空区火灾和煤柱内火灾。即使发生在风流畅通的地点，其空间和供氧条件也是有限的，因此井下火灾发生发展过程比较缓慢。另外，井下人员视野受到限制，且大多数火灾发生在隐蔽的地方，一般情况下是不易发现的。

（三）按可燃物的性质分类

按可燃物的性质又可将火灾划分为以下五个类别：

A 类火灾：指含碳固体可燃物，如木材、棉、毛、麻、纸张等物质的火灾。

B 类火灾：指含甲、乙、丙类液体，如汽油、柴油、甲醇、乙醚、丙酮等物质的火灾。

C 类火灾：指含可燃气体，如煤气、天然气、甲烷、丙烷、乙炔、氢气等物质的火灾。

D 类火灾：指含可燃金属，如钾、钠、镁、钛、锆、锂、铝合金等物质的火灾。

E 类火灾：指含带电物质和精密仪器物质的火灾。

（四）其他分类

（1）根据井下发火位置不同，矿井火灾分为井筒火灾、巷道火灾、采面火灾、煤柱火灾、采空区火灾和硐室火灾等。

（2）根据燃烧物不同，矿井火灾分为机电设备（胶带、电缆、变压器、开关、风筒等）火灾、火药燃烧火灾、油料火灾、坑木火灾、瓦斯燃烧火灾和煤炭火灾等。

（3）根据发火性质不同，矿井火灾分为原生（初生）火灾与次生（再生）火灾。次生火灾是指由原生火灾而引起的火灾。在原生火灾的发展过程中，含有可燃物的高温烟流由于缺氧而未能完全燃烧，在排烟道路上一旦与新鲜风流汇合，很可能再次燃烧。

（4）按火源下风侧氧气浓度大小，矿井火灾分为富氧燃烧和富燃料燃烧。

（5）根据发火地点不同、火灾对矿井通风制度的影响以及与此相关的灭火救灾的难易程度，矿井火灾又分为上行风流火灾、下行风流火灾和进风流火灾。

三、矿井火灾危害

（1）产生大量的高温烟流，造成人员伤亡。

（2）引起瓦斯、煤尘爆炸，使灾情扩大。

（3）引起矿井风流状态紊乱，即高温烟流经过不同标高巷道而产生火风压，造成井下风流紊乱。

①风流逆转。火灾能使矿井某些巷道风流方向发生变化。风流逆转主要发生在其反向火风压大于正向机械风压的旁侧支路（主干风路是指从进风井经火源到回风井的通路，旁侧支路是指除主干风路外的其余支路）。

②烟流逆退。在浮力与节流效应作用下，加上巷道纵、横断面方向温度、压力梯度的

影响,在着火巷道火源上风侧,新鲜风流继续沿巷道底部供风的同时,烟流沿巷道顶部逆向流出。烟流逆退可能发生在着火巷道及其相连的主干风路上。

③烟流滚退。在火源下风侧节流效应和巷道断面温度、压力梯度的影响下,在新鲜风流沿巷道底部按原风向流入的同时,火源产生的烟流沿上风侧巷道顶部逆向回退并流向火源。在一定条件下,这种现象也可能发生在下风侧。

(4)破坏矿井正常生产秩序。

(5)造成重大经济损失。

(6)造成严重的环境污染。

单元二 煤炭自然发火

【学习目标】

1. 能概述煤炭自燃的条件及影响煤炭自燃的因素。
2. 能阐述煤炭自燃的各个阶段。
3. 能说出煤炭自燃倾向性的鉴定标准。
4. 能说出煤炭自然发火的判定方法和自然发火期的计算方法。
5. 能说出矿井自燃危险等级划分条件。
6. 能概述自然发火的早期预报方法。

【导入】

煤炭自燃是一种自然现象。我国是煤炭自然发火比较严重的国家,煤炭自然发火在矿井火灾中占90%以上。自然发火危险矿井在大部分矿区都存在,煤炭自然发火不但造成了严重的煤炭资源浪费,而且威胁着井下人员的人身安全。因此,研究和掌握煤炭自然发火的条件、过程和规律,掌握自然发火的早期预报方法,对防治自然发火有着重要的意义。

【正文】

一、煤炭自燃的条件

煤炭自燃必须具备以下四个条件:

(1)煤有自燃倾向性并呈破碎堆积状态存在。

(2)适量通风供氧。

(3)良好的蓄热环境。

(4)维持煤的氧化过程不断发展的时间。

二、影响煤炭自燃的因素

影响煤炭自燃的因素主要有以下几种。

(一)煤的自燃倾向性

煤的自燃倾向性主要受下列因素影响:

(1)煤的变质程度。煤的自燃倾向性随煤的变质程度增高而降低,即自燃倾向性从褐煤、烟煤至无烟煤逐渐减小。

(2)煤岩成分。煤岩成分对煤的自燃倾向性有一定的影响,煤的岩石化学成分有丝煤、暗煤、亮煤和镜煤。其中,丝煤结构松散、吸氧能力强、着火温度低(190～270 ℃),是煤自热的中心,在自燃中起"引火物"的作用;镜煤和亮煤脆性大,易破碎,有利于煤炭自燃;暗煤硬度大,难以自燃。

(3)煤的含硫量。煤中含有的硫和其他催化剂会加速煤的氧化过程。同牌号的煤中,含硫矿物(如黄铁矿)越多,越易自燃。

(4)煤中的水分。在煤的自热阶段,由于水分的生成与蒸发必然要消耗大量的热,煤体中外在水分没有全部蒸发之前温度很难上升到 100 ℃,这就是水分大的煤炭难以自燃的原因。但是,煤中的水分又能充填于煤体微小的孔隙中,把氮气、二氧化碳、甲烷等气体排除,当干燥以后对煤的吸附能力起活化作用。所以,煤的水分足够大时,会抑制煤的自燃,但失去水分后,其自燃危险性将会增大。另外,对于含有黄铁矿的煤层,水分是促使黄铁矿分解不可缺少的条件。从这方面来看,水分又有利于煤炭自燃的发生。

(5)煤的孔隙率和脆性。煤炭孔隙率越大,越易自燃。变质程度相同的煤,脆性越大,越易自燃。

(6)煤层瓦斯含量。吸附瓦斯占据了煤分子的表面,阻止了煤与氧的接触,所以煤层中的瓦斯具有较好的阻化作用,是防止自然发火的有利因素。当煤层中的瓦斯以自身压力涌出或实施瓦斯抽放后,煤层中的瓦斯压力下降,瓦斯含量随之降低,这样就增加了煤与空气接触的概率,增强了煤的自燃性。

(二)煤层地质赋存条件

影响煤层自然发火的地质因素主要有煤层的厚度、倾角、节理、裂隙、顶板性质以及地质构造(如断层、褶曲、火成岩侵入)等。煤层厚度越大,自燃危险性越大。煤层倾角越大,发火越严重。煤层顶板的性质坚硬难垮落时,煤层和煤柱上所受的矿山压力集中,易被压坏,采空区充填不实,漏风大,且封闭不严,有利于自燃的发生;松软易冒落的顶板,采空区充填充分,漏风小,自燃危险性较小。节理和裂隙发育的煤层更容易自然发火。

(三)开拓、开采条件

选择合理的开拓系统和采煤方法对防止自然发火是十分重要的。合理的开拓系统应保证对煤层切割少,留设的煤柱少,采空区能及时封闭。合理的采煤方法应使巷道布置简单,煤炭回收率高,推进速度快,采空区漏风小。

(四)通风条件及通风管理

通风对自燃的影响主要表现在采空区、煤柱、煤壁裂隙的漏风。当漏风风速过小时,漏风供氧量很小,氧化生成热量少,不易自热和自燃;当漏风风速过大时,虽供氧充足,但氧化生成的热量易被带走,同样不能形成热量积聚,煤也不能自燃。风网结构的合理性、采区风量分配、风压的合理确定、采空区的封闭、通风控制设施位置的选定和通风设施工程质量等通风管理措施也是影响煤炭自燃的重要因素。

三、煤炭自燃的过程

按照煤氧复合作用学说,煤的自燃发展过程一般分为三个阶段,即潜伏期、自热期和自燃期。图 9-1 是烟煤的自燃过程(图中虚线为风化进程线)。

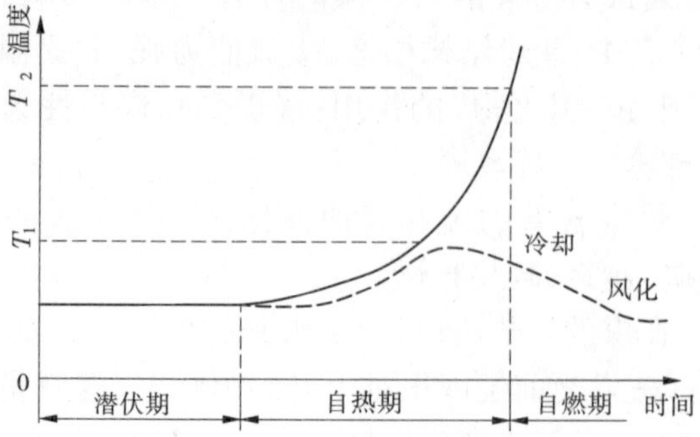

图 9-1　烟煤的自燃过程

(一)潜伏期

自煤层被开采、接触空气起至煤温开始升高为止的时间区间称为潜伏期。潜伏期的特征是:煤的表面生成不稳定的氧化物(OH、COOH 等),氧化放出的热量很少,能及时放散,煤温和巷道空气气温不变,但煤的比重略有增加,煤被活化(化学性增加),煤的着火温度降低。

(二) 自热期

经过潜伏阶段后,煤的氧化速度增加,不稳定的氧化物先后分解成水、CO_2 和 CO。氧化产生的热量使煤温上升,当温度超过临界温度(一般为 70 ℃)时,煤温急剧增加,氧化加剧,煤开始出现干馏,生成碳氢化合物,如 H_2、CO、CO_2 等火灾气体,煤呈赤热状态,当达到着火温度时便燃着。这一阶段为煤的自热阶段,又称自热期。

自热过程特点如下所述:

(1)氧化放热较大,煤温及其环境(风、水、煤壁)温度升高。

(2)产生 CO、CO_2 和碳氢类 C_mH_n 气体产物,并散发出煤油味和其他芳香气味。

(3)有水蒸气生成,火源附近出现雾气,遇冷会在巷道壁面上凝结成水珠,即出现所谓“挂汗”现象。

(4)微观结构发生变化。

自热阶段的发展有两种可能,一种是煤温持续上升到着火温度(T_2),导致自燃(煤的着火温度因煤种不同而不同,见表 9-1);另一种发展是外界条件的变化(改变了散热条件,使散热大于生热;限制供风,使氧浓度降低至不能满足氧化的需要),使煤体温度下降,氧化过程逐渐终止,煤将不会发展到自燃阶段,而进入风化阶段。风化后煤的物理化学性质发生变化,失去活性,不会再发生自燃。

表 9-1　煤和木材着火温度(氧含量 21%)

材质	着火温度(℃)
褐煤、木材	250
烟煤	300 ~ 350
贫、瘦煤,无烟煤	650 ~ 800

(三)自燃期

自热阶段后期,煤温达到其自燃点后,若得到充分的供氧,则发生燃烧,出现明火,这时会生成大量的高温烟雾,其中含有 CO、CO_2 以及碳氢类化合物;若煤温达到自燃点,但供氧不足,则只有烟雾而无明火,此称为干馏或阴燃。煤炭干馏或阴燃与明火燃烧稍有不同,CO 多于 CO_2,温度也较明火燃烧要低。自燃阶段的主要特征是:空气中氧含量显著减少,CO_2的含量倍增,同时由于燃烧不完全和 CO_2受热分解,而产生更多的 CO,巷道中出现浓烈的火灾气味和烟雾,有时还出现明火,火源温度可达 1 000 ℃以上。

四、煤炭自燃倾向性的鉴定

掌握煤的自燃倾向性是进行防灭火工作的基础,为此我国《安全规程》明确规定,所有煤矿都要对开采煤层的自燃倾向性作出鉴定。目前采用的鉴定方法为色谱吸氧法。色谱吸氧法使用的仪器为 ZRJ－1 型煤自燃倾向性测定仪。使用该仪器测定出常压下 30 ℃煤的吸氧量,然后根据每克干煤的吸氧量大小,将煤的自燃程度划分为三级:Ⅰ级——容易自燃;Ⅱ级——自燃;Ⅲ级——不易自燃。自燃倾向性划分标准如表 9-2 和表 9-3 所示。

表 9-2 褐煤、烟煤类自燃倾向性分类

自燃倾向性等级	自燃倾向性	煤的吸氧量(cm^3/g,干煤)
Ⅰ	容易自燃	≥0.71
Ⅱ	自燃	0.41～0.70
Ⅲ	不易自燃	≤0.40

表 9-3 高硫煤、无烟煤自燃倾向性分类

自燃倾向性等级	自燃倾向性	煤的吸氧量(cm^3/g,干煤)	含硫(%)
Ⅰ	容易自燃	≥1.00	>2.00
Ⅱ	自燃	≤1.00	≥2.00
Ⅲ	不易自燃	≥0.80	<2.00

注:无烟煤含可燃挥发分≤18.0%。

五、煤的自然发火期及煤层自燃危险性划分

(一)自然发火的判定

相关的矿井防灭火规范中对自然发火和存在自然发火隐患都有明确的规定:

(1)矿井某一区域出现如下现象之一时,即定为发生自然发火:①由于自燃出现火炭,火焰、烟雾等现象;②由于自燃出现空气、煤炭、围岩及其他介质温度升高,并超过 70 ℃,其风流中出现一氧化碳,且有上升趋势。

(2)矿井某一区域出现如下预兆之一时,即存在自然发火隐患:①风流中出现一氧化碳,其发生量呈上升趋势;②风流中出现二氧化碳,其发生量呈上升趋势;③煤、岩、空气和

水温升高，并超过正常温度；④风流中氧含量降低，其消耗量呈上升趋势。

（二）煤层自然发火期

从发火地点（即火源处）的煤层被开采暴露于空气（或与空气接触）之日起至温度上升到自燃点或出现自燃现象为止，所经历的时间叫煤层的自然发火期，以月或天为单位。自然发火期短，则表明其自然发火危险性大，反之则小。

（三）延长煤层自然发火期的途径

1. 减小煤的氧化速度

（1）避免或减少煤体的碎裂，可以减少氧向煤体内部扩散或漏风的通道，达到降低氧化速度的目的。

（2）提高回采率，减小采空区浮煤的厚度。

（3）降低自热区内的氧浓度。提高密闭的质量或对自热区采取均压措施，减小向自热区的供氧。

（4）选择分子直径较小、效果好的阻化剂或固体浆材，喷洒在碎煤或压注于煤体内，充填煤体的裂隙。目前应用的阻化剂、凝胶等防火措施就是延长煤自燃过程中的潜伏期。

2. 增加散热强度，抑制升温速度

（1）增加遗煤的分散度。对于相同体积的煤，其表面积越大，则散热量也越大。

（2）增加通风强度。

（3）增加煤体湿度。

（四）矿井自然发火等级的确定

相关的矿井防灭火规范中规定：凡开采自燃煤层的矿井均属于自燃矿井（或称自然发火矿井）。自燃矿井按自然发火的危险程度分为以下四级进行管理。

1. 一级自燃矿井

凡符合下列条件之一者定为一级自燃矿井：

（1）近 10 年内每产 100 万 t 煤发生自然发火的次数（即百万吨发火率）超过 3 次。

（2）自然发火期小于 3 个月。

（3）百万吨发火率超过 2 次且自然发火期小于 6 个月的下列矿井：①高瓦斯矿井；②突出矿井；③开采厚及特厚煤层矿井；④开采急倾斜中厚煤层矿井；⑤煤层自燃倾向性为Ⅰ级，煤尘爆炸指数在 30% 以上的矿井。

2. 二级自燃矿井

凡符合下列条件之一者定为二级自燃矿井：

（1）近 10 年内百万吨发火率超过 2 次但不超过 3 次。

（2）自然发火期小于 6 个月，但不小于 3 个月。

（3）百万吨发火率超过 1 次，且自然发火期小于 12 个月的下列矿井：①高瓦斯矿井；②突出矿井；③开采厚煤层矿井；④开采急倾斜中厚煤层矿井；⑤煤层自燃倾向性为Ⅱ级，且煤尘爆炸指数在 20% 以上的矿井。

3. 三级自燃矿井

凡符合下列条件之一者定为三级自燃矿井：

（1）百万吨发火率超过 1 次，但不超过 2 次。

(2)自然发火期小于12个月,但不小于6个月。

(3)百万吨发火率超过0.5次且自然发火期不小于12个月的下列矿井:①高瓦斯矿井;②突出矿井;③开采厚及特厚煤层矿井;④开采急倾斜中厚煤层矿井;⑤开采煤层自燃倾向性Ⅲ级,且煤尘指数在10%以上的矿井。

4. 四级自燃矿井

有自然发火史,但不符合以上一、二和三级矿井条件者。

六、煤炭自燃的早期预报

井下发生自然发火时往往会出现以下一些征兆,据此可初步判断煤自然发火的特征:

(1)温度升高。通常表现为煤壁温度升高、自然区域的出水温度升高和回风流温度升高,这是由于煤氧化自燃进入自热阶段放热所致。

(2)湿度增加。通常表现为煤壁“出汗”、支架上出现水珠等。这是因为煤在自燃氧化过程中生成和蒸发出一些水分,遇温度较低的空气或介质重新凝结形成水珠或雾气。

(3)出现煤焦油味。这是因为火源中心点的水分蒸发殆尽后,由于供氧不足而进入干馏阶段,释放出具有煤焦油味的气体所致。

(4)人体感到不适或出现某些病理现象。自然发火过程中释放出大量的CO、SO_2、H_2S等有害气体,人们吸入后往往会出现头痛、疲乏、昏昏欲睡、四肢无力等病理现象。

(5)出现烟雾或明火。自然发火发展到一定程度时,会出现烟雾或明火。此时处理措施一定要谨慎、得当,以免引燃引爆瓦斯,造成非常严重的后果。

自然发火的早期预测预报方法主要有气体分析法、测温法、光电法、电离法、烟雾法和气味检测法等。我国最常用的是气体分析法和测温法,以气体分析法为主。

(一)矿内空气成分分析法

矿内空气成分分析法就是通过分析煤炭自热阶段释放出的气体成分来发现自燃火灾的方法。

1. 预报煤炭自然发火的指标气体

煤炭热解过程中生成的气体有多种,因此预报自然发火的指标气体不是唯一的。但作为指标气体必须具备如下条件:

(1)此种气体为煤炭氧化生成,而不是煤层中含有或解吸物质。

(2)灵敏性。即正常大气中不含有或虽含有但数量很少且比较稳定,一旦发生煤炭自热或可燃物燃烧,则该种气体浓度就会发生较明显的变化,指示火灾的发生和发展。

(3)规律性。即生成量或变化趋势与自热温度之间呈现的规律和对应关系。

(4)可测性。可利用现有的仪器进行检测。

(5)若正常时大气中含有微量的指标气体,则一定要确定预报的临界指标。确定临界指标时应考虑煤的燃点(温度)、煤自热的温升速度、煤的自然发火期和正常时矿井大气中统计值。

为了预报及时准确,不仅要正确地选择指标气体,而且要确定指标气体的预报浓度值,即指标气体的临界指标。

2. 预报煤炭自燃的参数指标

1) 一氧化碳 CO

使用 CO 作指标气体时，可以使用 CO 浓度和 CO 的绝对生成量两种方式。其中，一氧化碳绝对生成量作为预报自然发火的参数，称为自然发火系数，用 H 表示。当进风流中一氧化碳的含量为零时只可用下式计算：

$$H = H_{CO}Q \tag{9-1}$$

式中 H——自然发火系数（如果进风流中 CO 浓度不为零，则 H 应为回风与进风流中 CO 绝对生成量之差），m^3/min；

H_{CO}——观测点气样中的 CO 浓度（%）；

Q——观测点处的风量，m^3/min。

应指出的是，应用 CO 作为指标气体预报自然发火时，要同时满足以下两点：

（1）CO 的浓度或绝对值要大于临界值。

（2）CO 的浓度或绝对值要有稳定增加的趋势。

2) 火灾系数（I_{CO}）

最早由英国 J. J. Graham（格拉汉姆）提出了风流经火源或自热源风流中的 CO 浓度增加量与氧浓度减少量之比，作为自然发火的早期预报指标，这一指标称为火灾系数或格拉汉姆系数。这一理论提出后经过分析研究，又将 CO_2 的浓度增加量也考虑进去，用三个火灾系数作为指标。

根据气样分析的结果，首先计算出 CO、CO_2 的增加量 $+\Delta_{CO}$、$+\Delta_{CO_2}$ 以及 O_2 的减少量 $-\Delta_{O_2}$，然后计算火灾系数，按火灾系数值预报。

火灾系数按下列公式计算：

$$R_1 = \frac{+\Delta_{CO_2}}{-\Delta_{O_2}} \times 100\% \tag{9-2}$$

$$R_2 = \frac{+\Delta_{CO}}{-\Delta_{O_2}} \times 100\% \tag{9-3}$$

$$R_3 = \frac{+\Delta_{CO}}{-\Delta_{CO_2}} \times 100\% \tag{9-4}$$

式中 R_1——第一火灾系数（%）；

R_2——第二火灾系数（%）；

R_3——第三火灾系数（%）。

应用时，一般以第二火灾系数 R_2 作为主要指标，以第一火灾系数作为辅助指标，第三火灾系数作为参考指标。在实际工作中，应通过长期观测，提出适用于本矿的预报临界值，以便对煤炭自燃做出准确的预报。

3) 乙烯 C_2H_4

煤温升高到某一值（80～120 ℃）后，会解析出 C_2H_4、C_3H_6 等烯烃类气体产物，而这些气体的生成量与煤温成指数关系，碳原子多的出现温度高。乙烯出现的温度与煤的燃点和挥发分多少有关。表 9-4 所示为乙烯出现温度与煤的燃点及挥发分之间的关系。

由于一般矿井的空气中是不含有乙烯的，因此利用乙烯作指标气体不需要制定临界指标。同时根据乙烯和丙烯出现的时间还可推测出煤的自热温度。

表 9-4　乙烯出现温度与煤的燃点及挥发分之间的关系

煤种	长焰煤	气煤	肥煤	焦煤	瘦焦煤	瘦煤	贫煤	无烟煤
挥发分(%)	40.38	31.94	31.33	23.62	22.24	21.75	11.95	8.04
燃点(℃)	302	341	357	430	426	454	429	477
温度(℃)	90	120	110	130	120	110	140	*

注：* 表示 200 ℃时未出现乙烯。

4)其他指标气体

有的煤矿采用乙烯 C_2H_4 和乙炔 C_2H_2 之比来预测煤的自热与自燃。有些高瓦斯矿井采用链烷比作为预报自然发火的指标气体。

(二)检测煤温法

在煤自热过程中,温度的变化直接反映了煤的自热程度,因此在产生自燃火源频率较高和可能发火的区域预埋测温探头,定时检测采空区遗煤温度,对于研究采空区中煤温随时间的变化规律、预报煤炭自热程度都是直接而有效的措施之一。

(三)连续监测系统

连续监测系统采用检测煤在自燃过程中释放出的气体作为早期预报自然发火的方法。目前,连续监测自然发火的系统有以下两类。

1.束管监测系统

束管监测系统主要由采样系统(粉尘过滤器、单管、束管、分路箱、抽气泵)、气体采样控制柜、气体分析、微机系统、输出设备等组成,如图 9-2 所示。

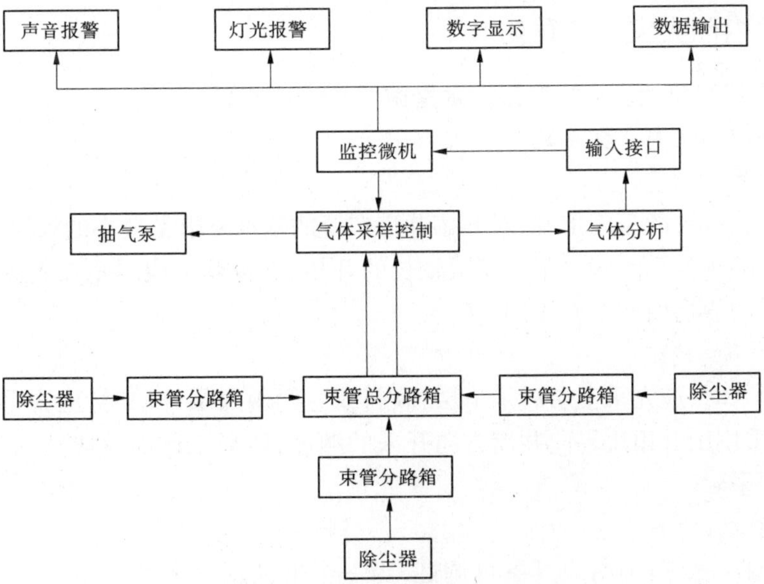

图 9-2　束管监测系统示意图

2. 安全监测系统

安全监测系统是通过烟雾、温度、CO 等传感器来实现对火灾的监测。在胶带输送机巷、机电硐室等易发生外因火灾的巷道和地点安设烟雾传感器和温度传感器，在机电设备易发热部位安装温度传感器，通过监测烟雾、温度的变化来预报外因火灾。在采煤工作面回风巷、密闭墙外安装 CO 传感器和温度传感器，通过监测 CO 浓度和温度的变化预报内因火灾。

单元三　矿井防火措施

【学习目标】

1. 能说出防止煤炭自然发火的技术措施。

2. 能解释预防性灌浆技术、阻化剂防火技术、凝胶防灭火技术、氮气防灭火技术、均压防灭火技术。

3. 能概述外因火灾类型、地面火灾预防措施和井下外因火灾预防措施。

4. 能说出外因火灾的预警预报方法。

5. 能说出矿井防灭火设施及其配备要求。

【导入】

矿井火灾对煤矿安全生产具有很大的危害。在了解矿井火灾基本规律的基础上掌握矿井防火技术措施对预防火灾事故、保证安全生产有着重要的意义。矿井火灾防治措施主要有内因火灾预防和外因火灾预防两个方面。

【正文】

一、矿井内因火灾及其预防

（一）防止煤炭自然发火的开采技术措施

1. 选择合理的矿井开拓系统

1）开拓巷道的布置

从预防自燃火灾的角度出发，对开拓巷道布置的基本要求是最小的煤层暴露面、最少的煤柱和易于隔绝的采空区。服务年限较长的开拓、准备巷道应尽量布置在稳定的岩层内或不易自燃的煤层内。

2）开采顺序的确定

煤层群开采时，应先采上层后采下层；倾斜或急倾斜煤层开采时，应先采上阶段后采下阶段；采区采用由井田边界向井筒方向开采的顺序；回采工作面一般从采区边界开始，采用后退式开采。

3）合理的通风系统

通风系统在一定范围内应具备可调性，当一个采区发生火灾时，能够根据救灾的需要，做到随时停风、减风或反风，避免事故范围的扩大。采区通风系统应采用分区式，尽量消除或减少角联风路。

2. 选择合理的采煤方法

预防煤炭自燃的开采要求是：巷道布置简单、煤层的切割量最小、煤炭采出率最大、回采速度最快、采空区漏风最小。长壁式采煤法基本符合上述要求，若根据具体情况辅以相应的技术措施，可降低煤炭自然发火概率。

合理的采煤方法如下所述：

(1)采用先进的采煤工艺：①推行综合机械化采煤工艺，加快回采速度；②提高回收率，减少采空区的遗煤；③采用合理的顶板管理方法。

(2)采用无煤柱开采。

(二)灌浆防灭火方法

《安全规程》规定："开采有自然发火的煤层，必须对采空区进行预防性灌浆……。"预防性灌浆是防止自然发火最有成效、应用最为广泛的措施，对胶结顶板、防尘、降温都有较好的效果。预防性灌浆的作用：一是隔氧，二是散热。浆液流入采空区后，充填于浮煤缝隙之间，包裹浮煤，使其与空气隔绝，防止氧化。而浆水所到之处，增加了煤的外在水分，抑制了煤的自热氧化进程，同时对已经自热的煤炭有冷却散热作用。

预防性灌浆是将水、固体材料按适当的比例混合，制成一定浓度的浆液，借助于输浆管路送往可能发生自燃的地区，以防止自燃火灾的发生。其作用有两个：一是浆液中的固体物沉淀，充填于浮煤缝隙之间，包裹浮煤，隔绝氧气与煤体的接触，杜绝漏风，防止氧化；二是浆液中的水分有助于增加煤的外在水分，抑制煤自热氧化的发展，同时有利于已自热煤体的散热。

(三)阻化剂防灭火方法

阻化剂又称阻氧剂，就是抑制氧气与煤炭结合、阻止煤炭氧化的化学药剂。煤炭经阻化处理后，属于化学药品的阻化剂吸附在其表面上，形成一层能抑制氧与煤接触的保护膜，使煤炭和氧的亲合力降低。它有一种主动排斥氧和煤化合的功能，但它并不和煤、氧等物质化合。目前主要采用的阻化剂为氯化物。它还有一定的物理作用，氯化物水溶液能浸入到煤体的裂隙中，并覆盖在煤的外部表面，把煤的外部表面封闭起来，将填塞煤炭的结构与结构之间的空隙，因此隔绝氧气。同时，氯化物是一种吸水能力很强的物质，它吸收大量水分覆盖在煤的表面，也减少了氧与煤接触的机会，延长了煤的自然发火期。

(四)凝胶防灭火

凝胶是以水为载体，以水玻璃为主剂，以硫酸盐类或碳酸盐类为促凝剂，以水泥、白灰或黄土为补强剂，化合而成的一种不燃性的化学防灭火材料。这种化合而成的不燃性防灭火材料形似胶冻(或皮胶状)，故称凝胶。凝胶在成胶前是液体，具有流动性，可渗入煤体缝隙中，成胶后充填空洞、裂隙，包裹松散煤体，隔绝空气，预防煤炭自燃。胶体含有大量的水，可吸热降温，且遇高温不易消失，也无毒。

(五)氮气防灭火技术

氮气防灭火技术是将氮气送入拟处理区，使该区域内空气惰化，氧气浓度小于煤自然发火的临界氧浓度，从而防止煤氧化自燃，或使已经形成的火区窒息的防灭火技术。

(六)均压防灭火方法

根据作用原理、使用条件不同，均压防灭火技术大体可分为开区均压和闭区均压两类。

1. 开区均压

(1)风门、风窗调节法：调节风门均压是针对采空区并联漏风采取的一项均压措施。在工作面回风巷安设风门是降低工作面压差、减少漏风最简便易行的措施。随着压差的减小，在风阻不变的前提下，工作面风量必然减少，氧化带宽度变小，窒息带前移，氧化带内的自然发火征兆也会消失。

风窗调节法，就是在需要改变风路压力关系的分支上设置风窗，增加或减少该分支的风压。风窗可使其前方风流的压力升高，使其后方风流的压力降低。

(2)改变工作面的通风方式：对于后退式回采工作面的“U”型通风，如果改为“W”型通风，则可以减小工作面压差，降低氧化带宽度，抑制遗煤自燃。

(3)扇风机与风门联合均压：这主要是针对采空区后部漏风采取的均压措施。如图9-3所示，在工作面进风巷安设风机，回风巷安设调节风门，提高工作面空气的绝对压力，使工作面空气的绝对压力稍高于后部漏风的绝对压力。需要指出的是，工作面空气压力的提高应与后部漏风源的绝对压力平衡，以避免工作面向采空区内部漏风。

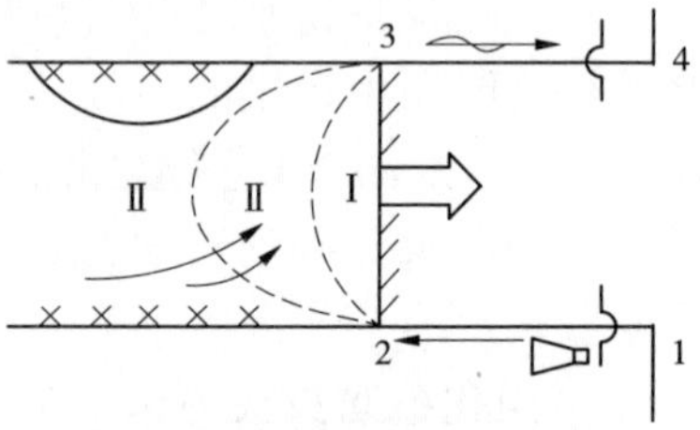

图9-3　风机与风门联合均压

(4)风筒风机调节法：在某些情况下，防火墙 T_1 和 T_2 相距较近，如要调节封闭区域 T_1 或者 T_2 中的风压，可以使用风筒风机调节，如图9-4所示。如果只需要调节密闭墙 T_1（进风侧密闭墙）的风压，可以把风机设在防火墙 T_1 外部，并在风机前接上风筒，如图9-4(a)所示。如果我们只需调节防火墙 T_2 处的压力状态，可以在风机的后方连上风筒，而将风机设于防火墙 T_2 外部分支中，风筒的吸风口则设于分支1—2中不影响防火墙 T_1 的风压状态的地方，如图9-4(b)所示。改变防火墙 T_2 处风压的另一种方法，是在分支1—2中设立调压风机，而将风筒的出风口置于防火墙 T_2 附近，如图9-4(c)所示。

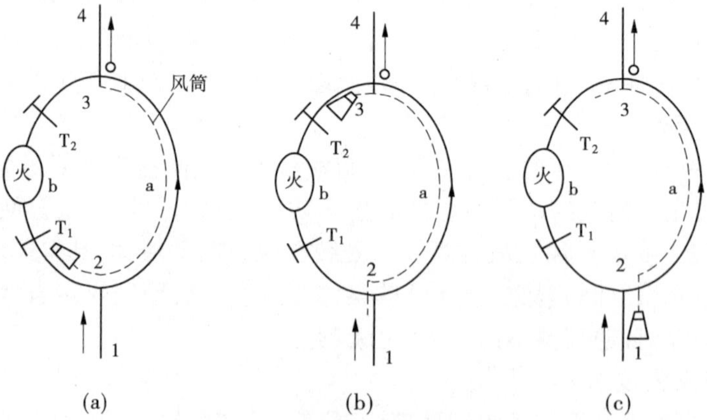

图9-4　风筒风机调节法示意图

(5)角联支路调节法：针对采空区形成角联支路漏风造成的煤炭自燃现象，采用在相邻支路安设调节风门改变相邻支路风阻的方法简便易行。

2. 闭区均压

(1)调压气室均压:在封闭火区的密闭墙外侧建立一道辅助密闭墙,并在辅助密闭墙上设置调压装置调节两密闭墙之间的气体压力,使之与火区内空气压力趋于平衡。为此目的而构筑的气室称为调压气室。

(2)调整通风系统:调整通风系统可以通过调整矿井主要通风机的工况,调整压风墙、调压风门、调压风窗的位置,利用并联风路和改变工作面通风方式等来实现。调整矿井主要通风机工况,可采取改变风机转速、调整风机叶片角度和风机联合运转等方法来实现。

二、矿井外因火灾及其预防

(一)地面火灾的预防

地面火灾的预防关键在于严格遵守《安全规程》有关规定和国家消防部门有关规定。《安全规程》的有关规定如下所述:

(1)生产和在建矿井必须制定井上、下防火措施。矿井的所有地面建筑物、煤堆、矸石山、木料场等处的防火措施和制度,必须符合国家有关防火规定。

(2)木料场、矸石山、炉灰场距离进风井不得小于 80 m。木料场距离矸石山不得小于 50 m。不得将矸石山或炉灰场设在进风井的主导风向上侧,也不得设在表土 10 m 以内有煤层的地面上和设在有漏风的采空区上方的塌陷范围内。

(3)新建矿井的永久井架和井口房、以井口为中心的联合建筑,必须用不燃性材料建筑。对现有生产矿井用可燃性材料建筑的井架和井口房,必须制定防火措施。

(4)进风井口应设防火铁门,防火铁门必须严密并易关闭,打开时不妨碍提升、运输和人员通行,并定期维修;如果不设防火铁门,必须有防止烟火进入矿井的安全措施。

(5)井口房和通风机房附近 20 m 内不得有烟火或用火炉取暖。通风机房位于工业广场以外时,除开采有瓦斯喷出区域的矿井和煤(岩)与瓦斯突出矿井外,可用隔焰式火炉或防爆式电热器取暖。暖风道和压入式通风的风硐必须用不燃性材料砌筑,并应至少装设 2 道防火门。

(6)井下和井口房内不得从事电焊、气焊和喷灯焊接等工作。如果必须在井下主要硐室、主要进风巷和井口房内进行电焊、气焊和喷灯焊接等工作,每次必须制定安全措施,并遵守下列规定:

①指定专人在场检查和监督。

②电焊、气焊和喷灯焊接等工作地点的前后两端各 10 m 的井巷范围内,应用不燃性材料支护,并应有供水管路,有专人负责喷水。上述工作地点应至少备有 2 个灭火器。

③在井口房、井筒和倾斜巷道内进行电焊、气焊和喷灯焊接等工作时,必须在工作地点的下方用不燃性材料设施接受火星。

④电焊、气焊和喷灯焊接等工作地点的风流中,瓦斯浓度不得超过 0.5%,只有在检查证明作业地点附近 20 m 范围内巷道顶部和支护背板后无瓦斯积存时,方可进行作业。

⑤电焊、气焊和喷灯焊接等工作完毕后,工作地点应再次用水喷洒,并应有专人在工作地点检查 1 h,若发现异状,立即处理。

⑥在有煤(岩)与瓦斯突出危险的矿井中进行电焊、气焊和喷灯焊接时,必须停止突出危险区内的一切工作。

(7)矿井必须设地面消防水池,并经常保持200 m^3以上的水量。

(二)预防井下外因火灾的规定

(1)井下必须设消防管路系统。井下消防管路系统应每隔100 m设置支管和阀门;带式输送机巷道中应每隔50 m设置支管和阀门。

(2)井筒、平硐与各水平的连接处及井底车场,主要绞车道与主要运输巷、回风巷的连接处,井下机电设备硐室,主要巷道内带式输送机机头前后两端各20 m范围内,都必须用不燃材料支护。

(3)井下严禁使用灯泡取暖和使用电炉。

(4)在煤层中未采用砌碹或喷浆封闭的主要硐室和主要进风大巷中,不得进行电焊、气焊和喷灯焊接等工作。

(5)井下使用的汽油、煤油和变压器油必须装入盖严的铁桶内,由专人押运送至使用地点,剩余的汽油、煤油和变压器油必须运回地面,严禁在井下存放。井下使用的润滑油、棉纱、布头和纸等,必须存放在盖严的铁桶内。用过的棉纱、布头和纸,也必须放在盖严的铁桶内,并由专人定期送到地面处理,不得乱放乱扔。严禁将剩油、废油泼洒在井巷或硐室内。井下清洗风动工具,必须在专用室进行,并必须使用不燃性和无毒性洗涤剂。

(6)井上、下必须设置消防材料库。消防材料库储存的材料、工具的品种和数量应符合有关规定,并定期检查和更换;材料、工具不得挪作他用。

(7)井下爆破材料库、机电设备硐室、检修硐室、材料库、井底车场、使用带式输送机或液力耦合器的巷道以及采掘工作面附近的巷道中,应备有灭火器材,其数量、规格和存放地点应在灾害预防和处理计划中确定。井下工作人员必须熟悉灭火器材的使用方法,并熟悉本职工作区域内灭火器材的存放地点。

(8)采用滚筒驱动带式输送机运输时,必须使用阻燃输送带,其托辊的非金属材料零部件和包胶滚筒的胶料、阻燃性和抗静电性必须符合有关规定,并应装设温度保护、烟雾保护和自动洒水装置。使用的液力耦合器严禁采用可燃性传动介质。

(9)使用矿用防爆型柴油动力装置时,排气口的排气温度不得超过70 ℃,其表面温度不得超过150 ℃;各部件不得用铝合金制造,使用的非金属材料应具有阻燃和抗静电性能。油箱及管路必须用不燃性材料制造,油箱的最大容量不得超过8 h的用油量,燃油的闪点应高于70 ℃,必须配置适宜的灭火器。

(10)井下电缆必须选用取得煤矿矿用产品安全标志的阻燃电缆。

(11)井下爆破不得使用过期或严重变质的爆破材料;严禁用粉煤、块状材料或其他可燃性材料作炮眼封泥;无封泥、封泥不足或不实的炮眼严禁爆破,严禁裸露爆破。

(12)箕斗提升井或装有带式输送机的井筒兼作进风井时,井筒中必须装设自动报警灭火装置和附设消防管路。

单元四 矿井火灾的处理

【学习目标】

1. 能概述矿井火灾时的行动原则、控制风流过程及严防火灾扩大的措施。
2. 能说出直接灭火的方法。
3. 能说出隔绝灭火的措施。
4. 能概述火区管理方面的要求。
5. 能说出火区启封条件及启封方法。

【导入】

矿井火灾的处理是矿井火灾发生时的现场处置过程,包括直接灭火、报告调度、人员的救护、火区侦察以及火区管理及恢复生产过程。其中,灭火过程是破坏矿井火灾三个条件同时存在和消除火灾三个条件(之一、之二或全部)的过程。

【正文】

一、矿井火灾时期应采取的措施

(一)基本原则

(1)任何人发现井下火灾时,首先应立即采取一切可能的方法直接灭火,并迅速报告矿调度室。

(2)当井下发生火灾时,为保证迅速而可靠地灭火,必须严守纪律,服从命令,决不要惊慌失措,擅自行事。在场的区、班长应组织人员撤离危险区城,必要时应当佩戴自救器进行呼吸。

(3)电气设备着火或受到火灾威胁时,应首先切断电源。在电源切断前,只准使用不导电的灭火器材进行灭火。

(4)在进行抢救人员、灭火及封闭火区工作时,要指定专人检查各种气体及煤尘和风流变化情况,并严密注意顶板变化,防止因燃烧或顶板冒落伤人。

(5)矿调度室在接到井下火灾报告后,值班领导人应立即通知矿山救护队抢险,并迅速通知井下受到火灾威胁的人员撤离危险区。矿长或总工程师接到火警报告后,应立即组织以矿长为首的救灾指挥部,组织力量抢救灾区人员。

(6)当井下火灾不能直接灭火时,必须封闭火区,在确保安全的前提下尽量缩小封闭火区范围。

(二)井下灭火的技术措施

(1)侦察火区确定火源。侦察火区确定火源、火灾性质、范围、蔓延的方向和速度,同时查明火区巷道情况,寻找可能接近火源的最安全路线等。

(2)保护井下人员的安全措施。煤矿井下发生火灾时,首要任务是保证人员的安全,即应迅速从危险区、威胁区撤出与救灾无关的人员,同时采取一定的通风措施,防止灾情扩大。

(3)控制风流。矿井发生火灾时,必须正确控制风流,如井下应保持正常风流方向,稳定风流;保持通风机的原工作状况;区域性局部反风,如果不是在进风井口、进风井筒、井底车场、运输大巷发生火灾,不采取全矿性反风和停风措施。

(三)《安全规程》规定

任何人发现井下火灾时,应视火灾性质、灾区通风和瓦斯情况,立即采取一切可能的方法直接灭火,控制火势,并迅速报告矿调度室。矿调度室在接到井下火灾报告后,应立即按灾害预防和处理计划通知有关人员组织抢救灾区人员和实施灭火工作。

矿值班调度和在现场的区、队、班、组长应依照灾害预防和处理计划的规定,将所有可能受火灾威胁地区中的人员撤离,并组织人员灭火。电气设备着火时,应首先切断其电源。在切断电源前,只准使用不导电的灭火器材进行灭火。

抢救人员和灭火过程中,必须指定专人检查瓦斯、一氧化碳、煤尘、其他有害气体和风向、风量的变化,还必须采用防止瓦斯、煤尘爆炸和人员中毒的安全措施。

二、矿井火灾时期的灭火方法

(一)直接灭火法

在火源附近利用灭火器材(如水、砂子或岩粉、化学灭火器)或挖除火源等方法把火灾直接扑灭的方法称为直接灭火法。

(二)隔绝灭火法

隔绝灭火法又称封闭法,就是在通往火区的所有巷道内砌筑防火墙(又称密闭),阻止空气进入火区,火区产生的惰性气体(CO_2、N_2)浓度逐渐增高,氧浓度逐渐降低,从而使火区缺氧逐渐熄灭。这是处理大面积火灾,特别是控制火灾发展的有效方法。

1. 火区封闭顺序

一般是先封闭对火区影响不大的次要风路的巷道,然后封闭火区的主要进回风的巷道。

(1)先封闭进风口,后封闭回风口。一般来说,在火区的进风侧建立防火墙要比回风侧容易得多。在非瓦斯矿井中,通常都是先封闭进风口,后封闭回风口。

(2)先封闭回风口,后封闭进风口。一般在火势不大、温度不高、无瓦斯存在且为了迅速截断火源蔓延时采用。在防火墙和火源之间有瓦斯源存在时,先封闭回风侧防火墙可能要安全一些。

(3)进、回风口同时封闭。即在砌筑防火墙的过程中,留有一定断面面积的通风口,保证供给的风量使火区内瓦斯不超限聚积,当砌墙工作完成时,在约定的时间同时将进回风侧防火墙上的通风口迅速封闭并立即撤出人员。这是瓦斯矿井封闭火区常用的封闭顺序。

2. 封闭火区时的防爆措施

(1)合理选择封闭顺序。有瓦斯爆炸危险时,一般应选用进、回风侧同时封闭的方法,在统一指挥下,同时封闭进、回风侧密闭墙上的通风口。

(2)合理选择封闭位置。密闭墙尽可能靠近火源,封闭区不得存在漏风口。

(3)加强火区气体成分的检测,正确判断瓦斯爆炸的危险程度。

(4)正确选用防爆密闭墙。建造防爆密闭墙时,边通风,边检测,边建筑,迅速封口,迅速撤离人员。

(5)向火区内注入惰性气体。封闭火区时向火区内注入大量氮气或其他惰性气体，以降低氧气浓度，使瓦斯因缺氧失去爆炸性。

(三)综合灭火法

火区封闭后，还要采取一些积极措施，如向火区灌入泥浆、惰性气体或调节风压等，加速火灾熄灭，称为综合灭火法。

1. 灌浆灭火

灌浆灭火方法应根据矿井与火区的具体情况而定，一般可采取下述方法：

(1)地面打钻灌浆灭火。当矿井采深度不大，火源距地表较浅，且地表又有黄土来源时，可从地表打钻孔，把泥浆直接送入火区。这种方法的灭火效果在很大程度上取决于火源位置的确定和灌浆钻孔的布置是否正确。

(2)消火巷道灌浆灭火。在井下火源四周开凿专用的消火巷道，直接接近火源进行灌浆灭火。也可将消火巷道掘进到火区附近(5 ~ 10 m)，从消火巷道向火区打钻孔穿灌浆灭火。这种方法比消火巷道直接穿入火区要安全可靠。

2. 惰性气体灭火

将惰性气体充入已封闭的火区可以排挤和置换火区内的空气，降低火区空气中的氧含量，冷却火源，增加密闭区内气压，减少新鲜空气进入；同时，由于其分子直径小，容易渗入岩石的缝隙，包围燃烧物体，阻止其燃烧与氧化，因而能扑灭火灾。

1)二氧化碳灭火

将液态或固态的二氧化碳注入或放入密闭空间内立即封闭，在火区温度作用下转化为大量二氧化碳气体，吸收热量，降低火区内的氧气浓度，使火灾熄灭。

液态二氧化碳需用钢瓶贮存。使用时，将钢瓶接上减压阀和管道，再把管道插入防火墙内，便可向火区输送二氧化碳。固态二氧化碳俗称干冰，可直接投入火区。当火区范围不大、火势较小、缺少水源和其他灭火器材时，可采用二氧化碳灭火。火区内瓦斯涌出量较大时，也可用二氧化碳抑制瓦斯爆炸，为抢险救灾创造安全条件。

2)氮气灭火

矿井用来灭火的氮气有气态和液态两种。液氮是制氧厂的副产品，可用槽车运输液氮到井口附近，将其汽化，再用管道输送到井下注入火区；或在地面将槽车中的液氮压入适宜井下运输储罐中，运往井下，在火区附近选定的地点，将液态氮或气－液两相的氮通过插入密闭的管道，直接注入火区中。液氮汽化吸收大量的热，降低火区的温度，氮气充满火区，降低火区氧浓度，使缺氧熄灭。

3)湿式惰气灭火

湿式惰气灭火是通过喷气涡轮燃油机燃烧汽油(柴油)产生以氮气、二氧化碳和水蒸气为主体的湿式惰气，并压送进入火区，从而达到防止瓦斯爆炸和灭火的双重目的。这种灭火方法，油料消耗大，成本较高，灭火效果也一般，因此目前用得比较少。

3. 均压灭火

1)漏风通道的查找

在某个漏风入口释放示踪气体，在一些漏风出口接收示踪气体，如果收到示踪气体，则说明与释放点连通，否则不通。如果同时收到 CO，说明该通道经过了火源。

常用的示踪气体为六氟化硫（SF_6），利用带有电子捕获检测器的各种型号气相色谱仪可辨别到 10^{-12}的浓度。在火区的进风侧主要漏风密闭处释放 SF_6，释放时记录释放地点、标高、坐标、释放时间、释放地点的空气位能、释放量等数据。在火区的回风侧布置接收点，用聚乙烯瓶或聚乙烯注射器采集气样。同一采样点采样间隔时间视释放点到采样点的距离而定，距离近的间隔 1 ~ 2 min，距离远的间隔 5 ~ 10 min。采集样品工作结束后，应立即送化验室检测。

根据各接收点采集的气样分析结果，绘制 SF_6浓度—时间曲线，以此曲线的形状来判断接收点与释放点之间的连通特点，如图 9-5 所示。

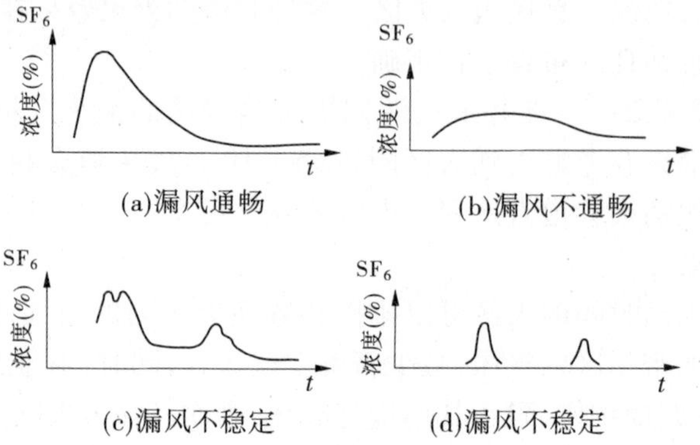

图 9-5　SF_6浓度—时间曲线

2）调压方法

查明火区的漏风通道后，针对漏风通道在通风系统中的位置、通道两端压力差的大小，实施合理的调压方法。

4. 胶体灭火

胶体灭火是从火区附近的巷道或新掘的灭火巷道打钻孔至着火点，利用钻孔压注胶体至火区的燃烧区，迅速降低煤的温度和氧化活性，充填裂隙，堵塞漏风通道，隔绝氧气，使火熄灭。胶体灭火具有灭火速度快、灭火后不易复燃的特点，因此在矿井灭火中得到了广泛的应用。

三、火区管理与启封

（一）火区管理

1. 建立火区档案

矿井通风部门对火区实行统一编号，建立火区档案，加以保存。火区档案的内容包括以下几点：

（1）建立火区卡片，详细记录发火日期、发火原因、火区位置、火区范围。

（2）处理火灾时的领导机构人员名单。

（3）灭火过程及采取的措施。

（4）发火地点的煤层厚度、煤质、顶底板岩性、瓦斯涌出量、火区封闭煤量等。

（5）生产情况，如采区范围、回采率、采煤方法、回采时间。建立火区管理卡片，绘制火区位置图。

(6)发火前后气体分析情况和温度变化情况。

(7)发火前后的通风情况(风量、风速、风向)。

(8)绘制矿井火区示意图。以往所有火区及发火地点都必须在图上注明,并按时间顺序编号。灌浆钻孔布置以及火区外围风流方向、通风设施等内容,并绘制必要的剖面图。

(9)永久密闭的位置和编号、建造时间、材料及厚度等。

2. 防火墙管理

(1)每个防火墙附近必须设置栅栏、警示警标,禁止人员入内,并悬挂说明牌,牌上记明防火墙建造日期、材质、厚度、防火墙内外的气体成分、温度、空气压差、测定日期和测定人员姓名。

(2)防火墙外的空气温度、瓦斯浓度、防火墙内外空气压差以及防火墙墙体本身,都必须每天检查一次。所有检查结果必须记入防火记录簿。发现检查结果急剧变化时,每班至少检查一次。

(3)防火墙的严密性检查。防火墙要用石灰水刷白,以便于发现是否有漏风的地方。由防火墙发出的嗞嗞声也可以作为防火墙漏风和渗出火灾瓦斯的征兆。凡是漏风的地方,立即用黏土、灰浆等封堵。

(4)此外,不管是进风侧防火墙还是回风侧防火墙,在外部都应保持良好的通风,只有携带良好的安全仪器的人员才允许进入该区进行观测和检查。

(二)火区检查

为了掌握火区的变化情况,应定期检查火区内的气体成分和温度。火区气体的采样地点应选在火区出风侧防火墙处,通过防火墙上的观测管采取气体试样。采样应定期进行,火区尚未稳定的阶段,每天检查采样一次,以后可三天或一周检查采样一次。火区温度的测定,通常是测定火区气体温度及出水温度,可在采取气样时进行测温。

(三)火区启封

1. 火区启封条件

《安全规程》规定,火区同时具备下列条件时,方可认为火已经熄灭:

(1)火区内空气温度下降到30 ℃以下,或与火灾发生前该区的日常空气温度相同。

(2)火区内空气中的氧气浓度降到5%以下。

(3)火区内空气不含有乙炔、乙烯,一氧化碳浓度在封闭期间内逐渐下降,并稳定在0.001%以下。

(4)火区的出水温度低于25 ℃,或与火灾发生前该区的日常出水温度相同。

(5)上述4项指标持续稳定的时间不得少于1个月。

影响火区状态的因素很多,应结合火区各方面的实际情况综合分析,做出正确的判断。火区启封前,必须制订安全措施和实施计划,并报主管领导批准。

2. 启封火区的准备工作

(1)启封之前,做好将火区的回风直接引入回风巷的准备。火区回风所通过的巷道内不准有人员工作,并要切断电源。

(2)在有瓦斯和煤尘爆炸危险的矿井中,与火区相连的巷道内应撒布岩粉或设置隔爆水棚、岩粉棚。

(3)准备好足够的启封火区和重新封闭火区所需的一切材料设备和灭火器具。

3. 启封火区方法

1)通风启封火区法

火区范围不大,并确认火完全熄灭,可采用通风启封火区法启封火区,即一次打开火区的方法。启封时,选择一个出风侧防火墙,首先打开,由佩戴呼吸器的救护队员进入火区侦察和检查瓦斯,经侦察火已确实熄灭,再打开进风侧防火墙。待火区内有害气体排放一段时间,无异常现象后,可相继打开其余的防火墙。为了使火区气体压力能够逐渐地平衡,在打开第一个防火墙时,应先开一个小孔,然后逐渐扩大,严禁一次将防火墙全部打开。

注意事项:①开启密闭时,应估计到有火区瓦斯、二氧化碳等有害气体涌出;②打开进、回侧密闭后短期内要采取强力通风,以迅速降低火区内的瓦斯浓度,预防瓦斯爆炸,应把人员撤到安全地点,至少等 1 h 以后再进入火区工作;③排放火区内的瓦斯,应控制在《安全规程》允许浓度以内。

2)锁风启封火区法

当火区范围较大,难以确认火源是否已完全熄灭,或火区内可能积存大量可燃气体时,应采用锁风启封火区法,即分段逐次打开火区。

在启封火区工作完毕后的 3 天内,每班必须由矿山救护队检查通风工作,并测定水温、空气温度和空气成分。只有在确认火区完全熄灭且通风等情况良好后,方可恢复生产作业。

项目小结

【技能训练】

凝胶灭火实训

一、实训目的

(1)学习凝胶灭火的原理。
(2)学习凝胶灭火材料的配制方法。

二、实训要求

(1)掌握硅酸凝胶的成分和配方。
(2)掌握凝胶成胶时间的调节方法。

三、实训设备、仪器和材料

实训设备、仪器和材料如表 9-5 所示。

表 9-5　设备、仪器和材料一览表

序号	名称	型号或规格	单位	数量	备注
1	塑料桶	5 L	个	2	
2	大烧杯	>1 L	个	7	
3	量杯		个	2	
4	玻璃棒		个	6	
5	电子称	10 kg	台	1	
6	火炉	加煤 5 kg	个	4	
7	硅酸钠 ($Na_2O \cdot nSiO_2$)	模数(M) = 3.1 ~ 3.6 波美度(°Be') = 36 ~ 45 密度(d) = 1.35 ~ 1.4 g/cm^3	kg	1	
8	氯化钙或氯化镁	分析纯	kg	0.5	

四、实训内容及步骤

(一)材料选择

根据煤矿火灾特点,矿井防灭火用的胶体必须具备以下特点:

(1)无毒无害,对井下设备无腐蚀,对环境无污染。

(2)渗透性好,能进入松散煤体内部。

(3)具有良好的耐高温性,在高温下不会迅速汽化。

(4)具有一定的堵漏性和阻化性阻止煤再次氧化而复燃。

(5)成本低廉,成胶工艺简单,便于现场应用,符合煤矿井下煤层自然火灾防治要求。

用于矿井防灭火的胶体包括凝胶类、复合胶体、稠化胶体三大类。煤矿防灭火常用的硅酸凝胶是无机凝胶的一种。它是由基料、促凝剂和水按一定的比例混合,在一定时间内发生胶凝生成的。本次实验以硅酸凝胶的灭火性为实验对象。

1. 硅酸凝胶基料(A)选择

一般情况下硅酸钠($Na_2O \cdot nSiO_2$)溶液价格较低,可与水以任意比例混合,当达到一定浓度时可以通过调节其 pH 值而生成凝胶,因此选择硅酸钠溶液作为硅酸凝胶的基料。

模数和波美度是硅酸钠的两个重要参数。模数是指硅酸钠溶液中 SiO_2 和 Na_2O 的物质的量之比,用 M 表示。硅酸钠溶液的酸碱性与模数有关,M 越大,pH 值越小,一般 $M>3$ 时为中性,$M<3$ 时为碱性。SiO_2 是硅酸钠溶液制备硅酸凝胶的主要成分,其中的 SiO_2 含量越高越好。硅酸钠溶液的浓度用波美度(°Be')表示:

$$°Be' = 145 - 145/d \tag{9-5}$$

式中　d——硅酸钠溶液的密度。

一般来说,$M = 3.1 \sim 3.6$、°$Be' = 36 \sim 45$、$d = 1.35 \sim 1.4\ g/cm^3$ 的中性硅酸钠溶液最适合于作为矿井灭火硅酸凝胶的基料。

2. 硅酸凝胶促凝剂(B)选择

能使硅酸钠溶液胶结成为凝胶的促凝材料很多,如氯化铵、碳酸氢铵、硫酸铵、硫酸铝、稀盐酸、稀硫酸等都可作为促凝剂。强酸类促凝剂对设备腐蚀性太强,也容易造成环境污染和对工人人身造成伤害。铵盐类促凝剂成胶浓度范围较宽，成胶稳定，效果较好，在低温下分解量小，对环境污染小，成胶时间易控制，成本较低，产品来源广，因此在温度不高的矿井可选用铵盐类促凝剂。

实验表明，氯化铵、碳酸氢铵、硫酸铵三类铵盐要生成等量的胶体，碳酸氢铵用量最少、成本最低，氯化铵次之，硫酸铵用量是前两者的 3 倍，且价格高。此外，碳酸氢铵做促凝剂的成胶过程最稳定，不易分解。生产中可根据实际情况选择相应的铵盐类促凝剂。铵盐类促凝剂在较高的温度下都有分解倾向，释放出有害气体氨气（NH_3）。在井下温度高于 25 ℃时就不宜用氨类促凝剂，应选用无氨促凝剂。

（二）点燃火炉

取 4 个火炉，置于空旷的地方，依次编号为 1、2、3、4，分别加满煤点火，等煤燃着后待用。

（三）基料配制

硅酸凝胶的成胶时间受基料的模数、波美度、浓度和促凝剂性质以及促凝剂的浓度等因素的影响，本次实验硅酸钠采用 $M=3.1\sim3.6$、$°Be'=36\sim45$ 的基料，基料的浓度选用 8%。基料配制方法如下所述：

（1）取塑料桶一个，称取 0.30 kg 的硅酸钠，加入塑料桶中。

（2）注入 3.75 kg 的自来水，搅拌均匀，即可制成 8.0% 的硅酸钠水溶液。

（四）促凝剂配制

取 6 个烧杯，依次编号，按照表 9-6 中比例配制 6 个不同浓度的碳酸氢铵溶液。

表 9-6　促凝剂浓度配制表

浓度（%）	2.0	2.0	3.5	5	6	8
碳酸氢铵（kg）	0.01	0.01	0.017 5	0.025	0.03	0.04
水（kg）	0.49	0.49	0.482 5	0.475	0.47	0.46

（五）阻化剂的配制

取烧杯 1 个，称取 0.15 kg 的 $CaCl_2$ 或 $MgCl_2$ 加入其中，注入 0.85 kg 自来水，搅拌均匀，即可制成 1 kg 15% 的阻化剂溶液。

（六）凝胶成胶时间的测定

每次取基料溶液 0.5 kg，分别注入盛有碳酸氢铵溶液的 5 个烧杯中（留 1 个 2.0% 的试样），用秒表测量基料加入到成胶（失去流动性）的时间。将记录的时间填入表 9-7 中。

表 9-7　基料 A（其浓度 8.0%）与促凝剂 B 的成胶时间记录表

B 的浓度（%）	2.0	3.5	5.0	6.0	8.0
成胶时间					

（七）灭火实验

将实训室制好的 1 kg 阻化剂溶液、1 个 1 kg 成胶后的凝胶、2% 的促凝剂和剩余的基料放在火炉处，再准备 1 kg 自来水。

(1)将 1 kg 自来水加入 1 号火炉中,观察发生的现象。

(2)将 1 kg 阻化剂溶液加入 2 号火炉中,观察发生的现象。

(3)在 0.5 kg 促凝剂中注入 0.5 kg 的基料,稍加搅拌后,加入 3 号火炉中,观察发生的现象。

(4)将 1 kg 成胶凝胶加入 4 号火炉中,观察发生的现象。

对 4 种灭火材料灭火时发生的现象作比较,按产生的水蒸气量的大小排次序。

注意:在火炉中加入灭火材料时,其他人员应在火炉 5 m 之外,操作人员与火炉应保持 1 m 以上的距离,施加灭火材料后迅速撤离火炉,以防大量水蒸气和飞溅的煤碴伤人。

五、灭火效果

观察 4 个炉内的变化情况,重点观察凝胶遇火后的变化,直到出现 4 号炉内火彻底熄灭。对各种灭火材料的灭火效果加以比较。

复习思考题

9-1　什么是矿井火灾?矿井火灾的危害有哪些?

9-2　煤炭自燃的条件有哪些?

9-3　煤炭自燃发展过程分为哪几个阶段?各阶段有哪些特点?

9-4　阐述煤层的自然发火期的概念。煤层的自然发火期估算方法有哪些?延长煤层自然发火期的途径有哪些?

9-5　哪些人体生理感觉能够预报矿井火灾的发生?

9-6　束管监测系统监测的气体有哪些?

9-7　外因火灾常用的预警方法有哪些?

9-8　MPZ－1 型矿用胶带输送机自动灭火装置由哪几部分组成?各部分有什么功能?

9-9　预防煤炭自然发火的措施有哪些?

9-10　试述预防灌浆的作用、设备、工艺和灌浆方法。

9-11　简述阻化剂防火的作用和工艺系统。

9-12　凝胶防灭火的原理是什么?简述管网式大流量注胶的工艺过程。

9-13　简述注氮防灭火的工艺过程。

9-14　何谓均压防灭火技术?简述防灭火的原理。

9-15　消灭矿井火灾的方法可以分为哪三大类?

9-16　简述用水灭火的使用条件及其注意事项。

9-17　封闭火区的顺序有几种?各适用什么条件?

9-18　什么叫综合灭火法?

9-19　判别火区熄灭的条件是什么?

9-20　详述通风启封火区法和锁风启封火区法。

项目十　矿井水灾防治

在矿井生产与建设过程中，地面水与地下水可能通过各种通道流入矿井中，所有流入矿井中的水统称为矿井水。为了维持正常生产与建设，必须采取各种措施防止水进入矿井，或将已进入矿井的水及时排至地面，前者叫矿井防水，后者叫矿井排水。

当矿井涌水量超过了矿井的正常排水能力时，造成矿井水泛滥成灾的现象，叫矿井水灾。矿井水灾是矿井主要自然灾害之一。

单元一　矿井水源

【学习目标】

1. 了解矿井涌水水源的主要来源及其危害。
2. 掌握矿井充水程度的衡量指标。

【导入】

了解矿井涌水水源的主要来源及其危害，在此基础上，掌握矿井充水程度的衡量指标。

【正文】

一、矿井涌水的水源

矿井涌水的水源可分为地面水源和地下水源。

（一）地面水源

地面水源包括大气降水和地表水。

1. 大气降水

大气降水的主要形式是降雨和降雪。地面的降雨和降雪将成为地下水的主要补给来源，同时它又能通过各种涌水通道直接进入矿井中。

大气降水对矿井涌水量的影响，有着明显的地区差别和季节性特点：大气降水量大的地区，矿井的涌水量也较大；大气降水量少的地区，矿井的涌水量也较少。这种影响，对于分布于河谷洼地，并且煤层上部有透水层、溶洞、裂隙或塌陷裂缝的浅井表现尤为显著。另外，同一矿井不同季节，矿井涌水量不一样，雨季时涌水量增大，旱季时涌水量减少。

2. 地表水

地表水是指位于地球表面的江河、湖泊、沼泽、水库、池塘、洼地等聚积的水源。它可以通过井巷、塌陷裂缝、断层、裂隙、溶洞和钻孔等直接流入井下，造成水灾，如图 10-1 所示；也可以作为地下水的补给水源，经过地下水与井巷的通路流入井下，造成水灾，如图 10-2所示。

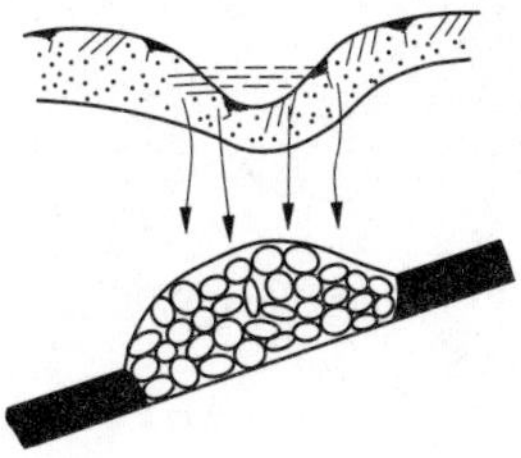

图 10-1 地表水直接流入矿井

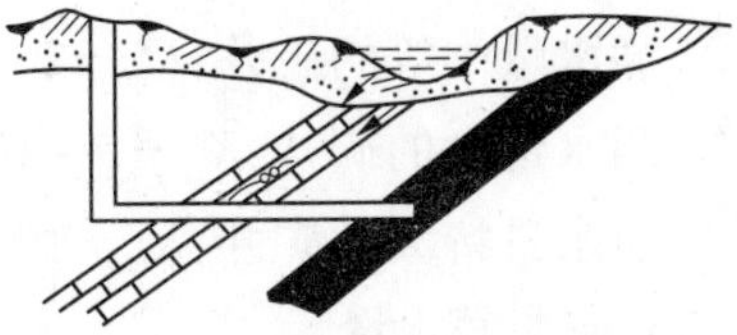

图 10-2 地表水作为地下水的补给水源流入矿井

(二)地下水源

地下水源包括含水层水、断层水和老空水。

1. 含水层水

含水丰富的岩层叫含水层,如流沙层、砂岩层、砾岩层和具有喀斯特溶洞的石灰岩层等。当掘进巷道穿透含水层或回采工作面放顶后所形成的岩石裂缝与这些含水层相通时,含水层水就将涌入矿井。含水层水的特点是水压高、水量大、来势猛,特别是当它与地面水源连通时,对矿井生产的威胁更大。

2. 断层水

断层破碎带内的积水叫断层水。当掘进巷道或回采工作面与之沟通时,就可能造成涌水事故。特别是当断层与地面水源或含水层沟通(见图 10-3)时,造成水灾的危害将更大。

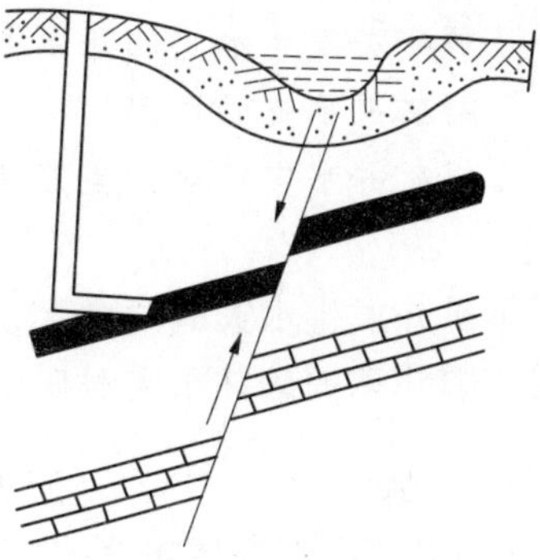

图 10-3 地表水或含水层水经断层进入矿井

3. 老空水

废弃的井巷、老井、小窑和采空区内的积水称为老空水。老空水的特点是水压力大,积水量多,来势凶猛,且常伴有大量有害气体(二氧化碳、硫化氢等)。如果开采时与之相通,就会造成透水事故,有害气体将使人中毒。所以,当井田范围内有老空水时,应特别注意防治。

二、矿井充水程度

矿井充水程度是指地下水涌入矿井内的水量的多少,用来反映矿井水文地质条件的复杂程度。生产矿井常用含水系数或矿井涌水量两个指标来表示矿井的充水程度,基建矿井充水程度常用矿井涌水量来表示。

(一)含水系数

含水系数又称富水系数,是指从生产矿井中排出的水量 Q(m^3)与同一时期内煤炭产量 T(t)的比值,即每开采 1 t 煤,需要从矿井内排出的水量。含水系数通常用 K_m(m^3/t)表示。

$$K_m = Q/T \tag{10-1}$$

根据含水系数的大小,可将生产矿井分为以下几种：

(1)涌水量小的矿井：$K_m < 2\ m^3/t$。

(2)涌水量中等的矿井：$K_m = 2 \sim 5\ m^3/t$。

(3)涌水量大的矿井：$K_m = 5 \sim 10\ m^3/t$。

(4)涌水量特大的矿井：$K_m > 10\ m^3/t$。

(二) 矿井涌水量

矿井涌水量是指单位时间内流入矿井的水量,通常用 Q 表示。根据矿井涌水量的大小,可将矿井分为以下几种：

(1)涌水量小的矿井：$Q < 100\ m^3/h$。

(2)涌水量中等的矿井：$Q = 100 \sim 500\ m^3/h$。

(3)涌水量大的矿井：$Q = 500 \sim 1\ 000\ m^3/h$。

(4)涌水量特大的矿井：$Q > 1\ 000\ m^3/h$。

单元二　造成矿井水灾的原因及危害

【学习目标】

1. 了解矿井发生水灾的基本条件。
2. 了解矿井水灾的成因。
3. 掌握矿井水灾对矿山生产的危害。

【导入】

了解矿井发生水灾的两个必备的基本条件:存在水源和涌水通道;理解造成矿井水灾的主要成因并掌握矿井水灾对矿山生产的危害。

【正文】

一、发生水灾的基本条件

分析涌水事故可知,造成矿井水灾必须具备两个基本条件,即存在水源和涌水通道。水源就是流经或积存于井田范围内的地面水和地下水;涌水通道就是水源进入矿井的渠道,如井筒、塌陷坑、裂缝、断层、裂隙、钻孔和溶洞等。为了防止水患的发生,我们必须深入地进行调查研究,摸清井田内的水文地质条件,掌握矿区内水源的分布、“来龙去脉”及其与矿井的联系、沟通情况,并采取相应的防范措施,防患于未然。

二、造成水灾的原因

发生矿井水灾的根源,在于水文情况不清、设计不当、措施不力、管理不善和人的思想麻痹、违章作业。具体来说有以下 7 个方面的原因。

(一)地面防洪措施不详

地面防洪、防水措施不周详,或有了措施不认真贯彻执行,暴雨、山洪冲破了防洪工程,洪水由井筒或塌陷区裂缝大量灌入井下,而造成水灾。

（二）井筒位置设计不当

把井筒（井巷）布置于不良的地质条件中或强含水层附近，施工后在矿山压力和水压力共同作用下，易导致顶底板透水事故。或者井筒的井口位置标高低于当地历年最高洪水位，这样一旦暴雨袭来，山洪暴发，就可能造成淹井事故。

（三）盲目施工

对井田内水源的分布情况及其相互通连的关系等水文地质资料不清楚，或掌握不准确，就进行盲目施工，致使当掘进井巷接近老空、充水断层、强含水层、溶洞等的水源时，施工者仍然不知道，未能事先采取必要的探放水措施，从而造成突水淹井或人身事故。

（四）施工质量低劣

管理不力，施工质量低劣，平巷掘进腰线忽高忽低，致使井巷塌落、冒顶、跑沙，导通顶板含水层而发生透水事故。

（五）乱采乱掘破坏防水煤柱

乱采乱掘破坏防水煤柱或岩柱而造成透水事故，特别是一些小煤窑毫不顾及大矿的安危，只讲个人利益，乱采乱挖隔离煤柱或岩柱而造成透水事故的现象更为突出。

（六）技术差错造成事故

由于对断层附近、生产矿井与废弃矿井之间、采空区与新采区之间是否留设煤柱和确定煤柱尺寸时出现技术决策错误，该设煤柱的没有设，或所留设的煤柱尺寸太小，起不到应有的作用，导致矿井水灾发生。另外，测量误差或探水钻孔方向偏离，没有准确掌握水源位置、范围、水量和水压等技术参数，或者是巷道掘进方向偏离探水钻孔方向，超出了钻孔控制范围，与积水区掘透等技术差错也会导致涌水事故。

（七）麻痹大意强行违章

许多事例说明，造成水灾的主要原因不是基于地质资料不清或技术措施不正确，而是由于忽视安全生产，思想上麻痹大意，丧失警惕，违章作业造成的。

除以上所述原因外，如果井下未构筑防水闸门，或虽有防水闸门，但在矿井发生突水事故时未能及时关闭，没起到应有的堵截水作用，也将导致水灾。井下水泵房的水仓不按时清理，容量减小；水泵的排水能力不足，在矿井发生突水时，涌水量超过排水能力，而且持续的时间很长，采取临时措施也无法补救时，矿井也会被淹没。

矿井发生突水事故的可能性总是存在，但是只要我们搞清水灾发生的可能原因，并有针对性地采取措施，加强管理，杜绝违章，矿井水灾是可以避免的。

三、矿井水灾的危害

矿井水灾的危害主要表现在以下四个方面：

（1）造成顶板淋水，使巷道内空气的湿度增大、顶板破碎，对工人的身体健康和劳动生产率都会带来一定的影响。

（2）由于矿井水的存在，生产、建设过程中必须进行矿井排水工作，矿井水的水量越大，所需安装的排水设备越多或功率越大，排水所用的电费就越高，增大了原煤生产成本。

（3）矿井水对各种金属设备、钢轨和金属支架等有腐蚀作用，使这些生产设备的使用寿命大大缩短。

(4)当矿井水的水量超过矿井的排水能力或发生突然透水时,轻则造成矿井局部停产或局部巷道被淹没,重则造成矿井淹没、人员伤亡,被迫停产、关井。

单元三　矿井防治水的方法及措施

【学习目标】

1. 掌握地面防治水的方法及措施。
2. 掌握井下防治水的方法及措施。

【导入】

掌握地面防治水的方法(排、疏、堵、填、蓄、查)及措施;掌握井下防治水的方法(查、测、探、放、截、堵)及措施。

【正文】

一、地面防治水

为了防止或减少大气降水和地表水涌入工业场地,或通过渗漏区及井口进入井下,必须认真做好地面防治水工作。地面防治水是预防矿井水灾的第一道防线,对于以大气降水和地表水为主要涌水水源的矿井来说尤为重要。

要做好地面防治水工作,首先要掌握地表水的性质、特点及变化规律,其次要掌握本矿区的地形、地貌及当地气候条件,要研究确定防治水措施及防排水工程。地面防治水措施可以概括为6个字,即排、疏、堵、填、蓄、查。

(一) 排

排,即排泄山洪、排放积水。

1. 挖沟排洪

矿井井口和工业场地内建筑物的高程必须高出当地历年最高洪水位,在山区还必须避开可能发生泥石流、滑坡的地段。井口及工业场地内建筑物的高程低于当地历年最高洪水位时,必须修筑堤坝、沟渠或采取其他防排水措施,以防暴雨山洪从井口灌入井下。

当矿井四周环山或依山而立时,山洪极易灌入井下,甚至淹没矿井。这时应根据水流的方向在矿井的上方挖排洪沟,使暴雨山洪泄入排洪沟,并引至井田以外,如图10-4所示。徐州某矿三面环山,每到雨季均遭洪水危害,后来在井口外围修了10多km的排水沟,消除了山洪威胁,保证了安全生产。

2. 排泄矿区内的积水

对矿区内面积较大的洼地、塌陷区及池沼等积水区内的积水,可开凿排水沟渠排泄积水,必要时可安设排水设备排除积水,以减少对矿井的威胁。

3. 设置排洪站

对于洪水季节河水有倒流现象的矿区,应在泄洪总站的出口处建立水闸,设置排洪站,以备河水倒灌时用水泵向外排水。

(二) 疏

疏,即疏干或迁移地表水源。

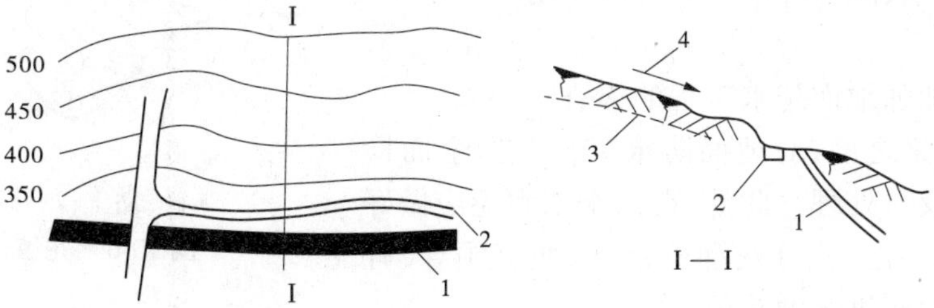

1—煤层露头;2—排洪沟;3—潜流;4—山洪流向

图 10-4　挖沟排洪

当井田范围内存在有江河、湖泊、沟渠等地表水,且煤体上部无足够厚度的隔水地层时,应尽可能将这些地表水源疏干或迁移。如徐州大黄山矿为防止地表水进入矿井,将流经井田范围内的不老河改道(见图 10-5)。疏干或迁移,可以彻底解除地表水对矿井的威胁。

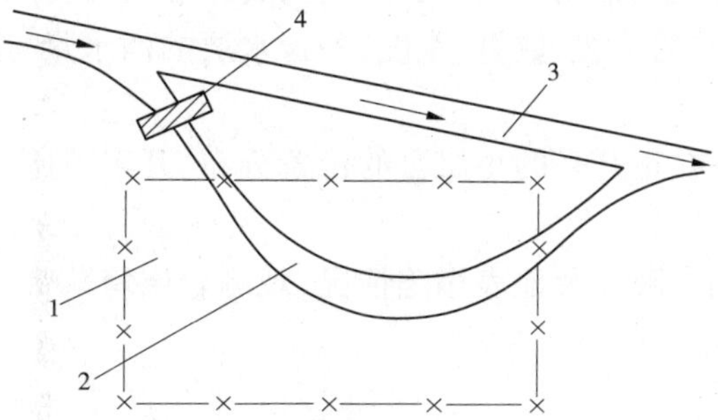

1—受益范围;2—天然河道;3—人工河道;4—水坎

图 10-5　河流改道

(三)堵

堵,指加固河床堵渗漏,灌注浆液堵通道。

当经过井田范围内的河流(或冲沟、渠道),其河床渗水性强,能导致大量河水渗入井下时,则应采取局部或全部铺底办法加固河床,以制止或减少河水渗(漏)入井下。如北京矿务局门头沟矿对 44 km 的主沟渠采取大规模铺底防漏措施,对防止地表水漏入井下起到了重要作用。

对于可能将地面与井下连通的基岩裂隙、溶洞、废钻孔及古井老窑等,都必须灌注水泥砂浆或用黏土填平夯实,以防漏水。

(四)填

填,是指充填、平整洼地。

对于矿区内容易积水但面积不大的洼地、塌陷区,可用熟土充填,并夯实,使之高出地面(见图 10-6),以排出或防止积水。

(五)蓄

蓄,是指在井口和工业场地上游的有利地形建筑水库,雨季前把水放到最低水位,以争取最大蓄洪量,减少降雨对矿井的威胁。

(六) 查

查,是指加强地面防水工程的检查。

在雨季到来之前,对地面防水工程应做全面检查,发现问题及时处理。此外,在雨季期间还应做好防洪宣传组织工作,充分发动群众,以便有领导、有组织、有计划地同洪水做斗争。

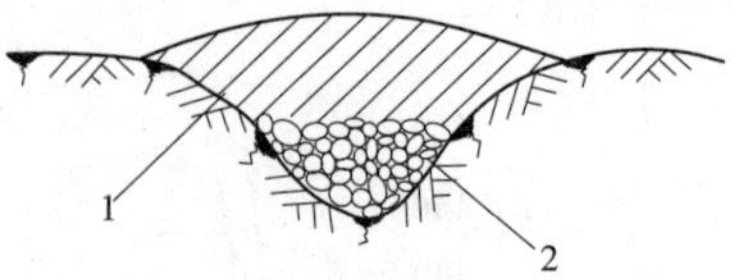

1—黏土;2—碎石

图 10-6　充填洼地

二、井下防治水

井下防治水措施亦可概括为6个字,即查、测、探、放、截、堵。

(一) 查

查,即查明水源和通道。为了查明水源和可能涌水的通道,应掌握以下情况:

(1)冲积层的组成及厚度,各分层的含水性及透水性。

(2)裂隙和断层的位置、错动距离、延伸长度、破碎带范围、含水情况和导水性能。

(3)含水层与隔水层的位置、数量、厚度,各含水层的涌水量、透水性及其与开采煤层的距离。

(4)老窑、老井和现在正开采的小煤窑的位置分布、开采范围、开采深度和积水情况,废弃钻孔的处理情况等。

(5)开采过程中,围岩破坏及地表塌陷情况,观测岩层垮落带、断裂带、沉降弯曲带的高度及其对涌水的影响。

(二)测

测,即做好水文观测工作。为此,应掌握以下情况:

(1)收集当地气象、降水量和河流水文资料(流速、流量、水位、枯水期和洪水期等),查明地表水体的分布、水量的补给、排泄条件,明洪水泛滥对矿区、工业广场及居民点的影响程度。

(2)通过探水钻孔和水文观测孔,观测各种地下水源的水位及水质,查明矿井水的来源及其补给关系。

(3)观测矿井涌水量及其季节性变化规律等。

(三)探

探,即井下探水。

1. 坚持"有疑必探,先探后掘"的探放水原则

《安全规程》规定:矿井必须做好水害分析预报,坚持"有疑必探、先探后掘"的探放水原则。煤矿生产属地下作业,地质和水文地质条件错综复杂,在很多情况下,由于勘探手段和客观认识能力的限制,对地下含水条件掌握不清,不能确保没有水害威胁,或者说还存在水害"疑问区"。所以,在掘进施工过程中,必须分析推断前方是否有"疑问区",有则采取超前钻探措施,探明水源位置、水压、水量及其与开采煤层的距离,以便采取相应的防治水措施,确保安全生产。

2. 必须探水前进的情况

《安全规程》规定，若采掘工作面遇到下列情况之一，必须确定探水线进行探水：

(1)接近水淹或可能积水的井巷、老空或相邻煤矿时。

(2)接近含水层、导水断层、溶洞和导水陷落柱时。

(3)打开隔离煤柱放水时。

(4)接近可能与河流、湖泊、水库、蓄水池、水井等相通的断层破碎带时。

(5)接近有出水可能的钻孔时。

(6)接近有水的灌浆区时。

(7)接近其他可能出水地区时。

经探水确认无突水危险后，方可前进。

3. 探水作业参数

1)探水的起点

探水起点有下列4种不同情况：

(1)当老空、老巷、废弃硐室等积水区的位置准确且水压又不超过981 kPa时，探水起点至积水区的最小距离：煤层中不得小于30 m，岩层中不得小于20 m。

(2)对矿井的积水区，虽有图纸，但不能确定积水区边界位置时，探水起点至推断的积水区边界的最小距离不得小于60 m。

(3)掘进巷道附近有断层或陷落柱时，探水起点至最大摆动范围预计煤柱线的最小距离不得小于20 m。

(4)石门揭开含水层前，探水起点至含水层的最小距离不得小于20 m。

2)钻孔深度与超前距离

采用边探边掘时，探水钻孔的孔底位置，必须始终保持超前掘进工作面一定距离，如图10-7所示。这样就留有相当厚度的矿柱，以确保掘进工作的安全。

超前距离一般不小于20 m，在薄煤层中可适当缩短，但最小不得小于5 m。岩层中的探水钻孔，其超前距离一般为5～10 m。钻孔深度一般为40 m左右，这样每一次钻，可以连续掘进20～30 m。

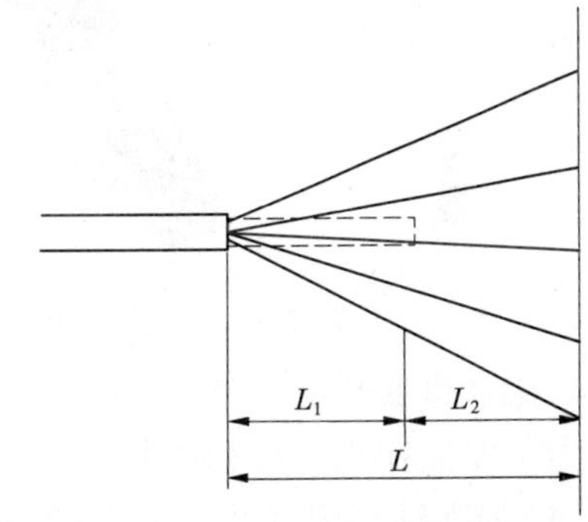

L—钻孔深度；L_1—掘进距离；L_2—超前距离

图10-7 超前探水钻孔

3)钻孔直径与数目

一般是利用探水钻孔放出积水，因此钻孔直径的大小要求既能使积水顺利排出，又能防止冲垮煤壁，故探水钻孔直径以不大于75 mm为宜。

探水钻孔的数目不少于3个，1个中心孔、2个帮孔，其方向应保证在工作面前方的中心和上下左右都能起到探水作用。

4)钻孔布置

探水效果的好坏与钻孔的布置方式有很大关系，因此应根据具体条件采用不同的布置方式。

在缓倾斜薄煤层中，如掘进上山巷道，探水钻孔应布置成扇形，如图 10-8 所示；如为平巷掘进，探水钻孔应在上帮方向布置成半扇形，如图 10-9 所示。钻孔之间的夹角一般为 10°～15°，开始探水时可打 5～7 个钻孔，以后根据情况可适当减少，但不能少于 3 个。

在急倾斜薄煤层中掘进巷道探水时，钻孔应沿煤层布置成扇形，如图 10-10 所示。

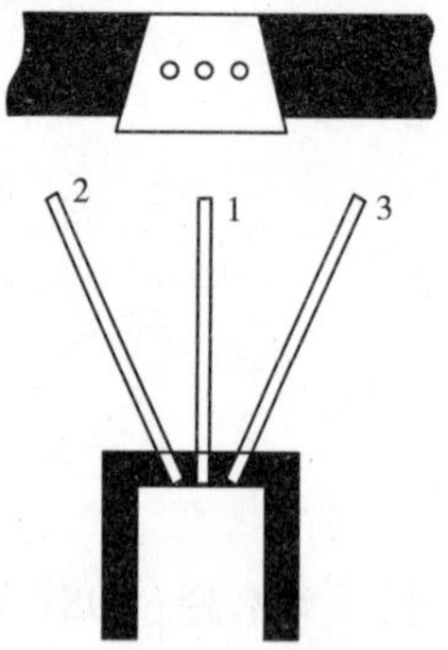

1—中心孔；2、3—帮孔

图 10-8　扇形探水钻孔布置

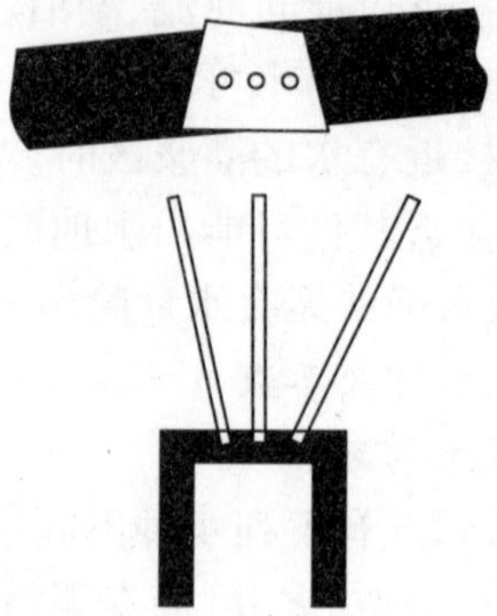

图 10-9　半扇形探水钻孔布置

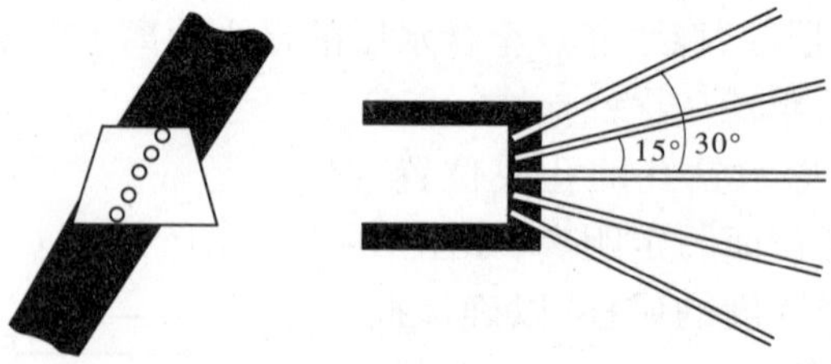

图 10-10　急倾斜薄煤层探水钻孔布置

4. 探水作业的安全措施

为了保证探水人员和矿井生产的安全，探水时应遵守下列安全措施：

(1) 加强钻场附近的巷道支护，并在工作面迎头打好坚固的立柱和栏板。

(2) 清理巷道，挖好排水沟。探水钻孔位于巷道低洼处时，必须配备与探放水量相适应的排水设备。

(3) 在打钻地点或其附近安设专用电话。

(4) 测量和防探水人员必须亲临现场，依据设计，确定主要探水孔的位置、方位、角度、深度以及钻孔数目。

(5) 预计水压较大的地区，探水钻进之前，必须先安好孔口管和控制闸阀，进行耐压试验，达到设计承受的水压后，方准继续钻进。特别危险的地区，应有躲避场所，并规定避灾路线。

(6) 钻孔内水压过大时，应采用反压和防喷装置钻进，并有防止孔口管和煤（岩）壁突然鼓出的措施。

(7)钻进时,发现煤岩松软、片帮、来压或钻孔中的水压、水量突然增大,以及有顶钻等异状时,必须停止钻进,但不得拔出钻杆,现场负责人员应立即向矿井调度室报告,并派人监测水情。如果发现情况危急,必须立即撤出所有受水威胁地区的人员,然后采取措施进行处理。

(8)探放老空水前,首先要分析查明老空水体的空间位置、积水量和水压。老空水区高于探放水点位置时,只准用钻机探放水。探放水孔必须打中老空水体,并要监视放水全过程,核对放水量,直到老空水放完。

(9)钻孔接近老空,预计可能有瓦斯或其他有害气体涌出时,必须有瓦斯检查工或矿山救护队员在现场值班,检查空气成分。如果瓦斯或其他有害气体浓度超过《安全规程》有关规定,必须立即停止钻进,切断电源,撤出人员,并报告矿调度室,及时处理。

(四)放

放,即疏放水。疏放水就是在探明矿井水源之后,根据水源的类型采取不同的疏放水方法,有计划、有准备地将威胁矿井安全生产的水源疏放,它是防止矿井水灾最积极、最有效的措施。下面按不同类型的水源说明其疏放水方法。

1. 老空水疏放方法

(1)直接放水。当水量不大,不超过矿井排水能力时,可利用探水钻孔直接放水。

(2)先堵后放。当老空水与溶洞水或其他水源有联系,涌水储量很大,不堵住水源则短时间排不完或不可能排完时,应先堵住出水点,然后排放积水。

(3)先放后堵。如老空水或被淹井巷虽有补给水源,但补给量不大,或在一定季节没有补给。在这种情况下,应选择时机先行排放,然后进行堵漏、防漏施工。

(4)先隔后放。当采区位于不易泄水的山涧或沙滩洼地之下,雨季渗水量过大时,应暂时隔离,把积水区留到开采末期处理。另外,若积水水质很坏,腐蚀排水设备,也应先暂时隔离,做好排水准备工作后再排放。

2. 含水层水疏放方法

(1)地面疏放。在地面打钻孔或打大口径水井,利用潜水泵抽排。

(2)利用疏水巷道疏放。如果煤层顶板有含水层,可把采区巷道提前掘出,使含水层的水通过其空隙和裂隙疏放出来,如图 10-11 所示。若将疏水巷道直接布置在被疏干的含水层中,会提高疏放效果。

(3)利用钻孔疏放。若含水层距煤层较远或含水层较厚,可在疏水巷道中每隔一定距离向含水层打放水钻孔进行疏干,如图 10-12 所示。若在煤层下部,岩层的储水能力大于上部含水层的泄水量时,可利用泄水或吸水钻孔导水下泄,以疏干煤层和上部含水层,这是一种理想的、经济的疏干方法。

(4)巷道与钻孔结合疏放。在水文地质条件复杂,如喀斯特发育的矿区,因喀斯特发育程度不同,采用疏放措施也不同,要根据具体条件布置疏水巷道和疏水钻孔。

(五)截

截,即截水。在探到水源后,由于条件所限无法放水,或者虽能放水但不合理时,利用防水墙、防水闸门、防水煤柱或岩柱等设施,永久地或临时性地截住水源,将采掘区与水隔开,使局部地点涌水不至于威胁其他区域。

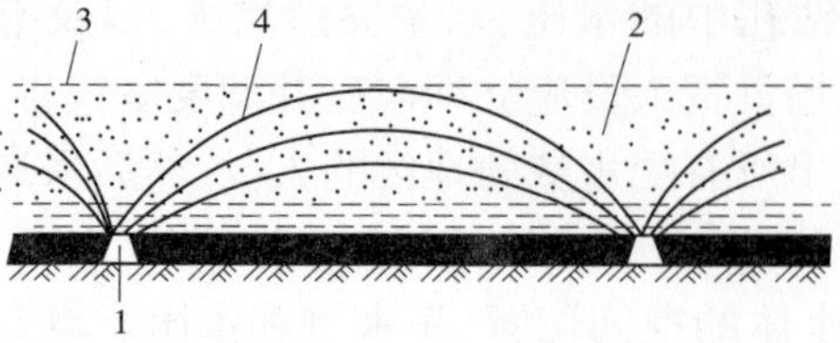

1—疏干巷道;2—含水层;3—静止水位;4—降落曲线

图 10-11　利用巷道疏放

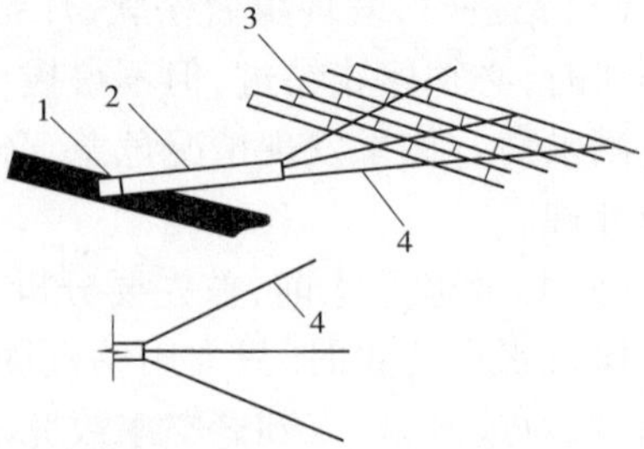

1—疏干巷道;2—小石门;3—含水层;4—钻孔

图 10-12　利用钻孔疏放

1. 防水墙

防水墙是井下防水、截水的一种设施,用于隔绝积水区(水源)或有透水危险的区域。

根据防水墙服务时间的长短和作用的不同,可分临时性防水墙和永久性防水墙两种。临时性防水墙可作为应急之用和为砌筑永久性防水墙服务。

根据建筑防水墙所用材料的不同,可分木制防水墙(见图 10-13)、砖或石料防水墙(见图 10-14)及钢筋混凝土防水墙(见图 10-15)。

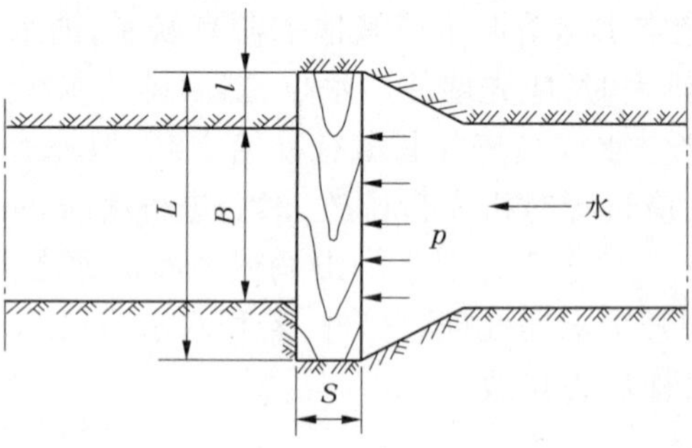

L—防水墙长度;p—防水墙承受的水压;B—巷道宽度;

l—防水墙伸入岩石中深度;S—防水墙厚度

图 10-13　木制平面防水墙

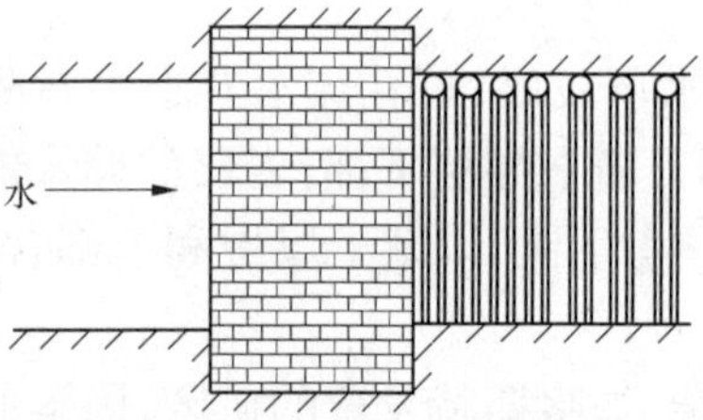

图 10-14　砖砌防水墙

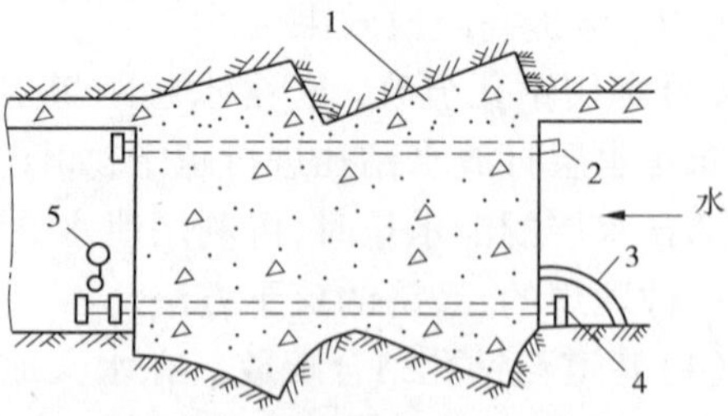

1—截槽口;2—细管;3—保护罩;4—放水管;5—压力表

图 10-15　钢筋混凝土防水墙

根据防水墙的形状不同,可分平面形防水墙、圆柱形防水墙(见图 10-16)、球面形防水墙和多段形防水墙(见图 10-17)。

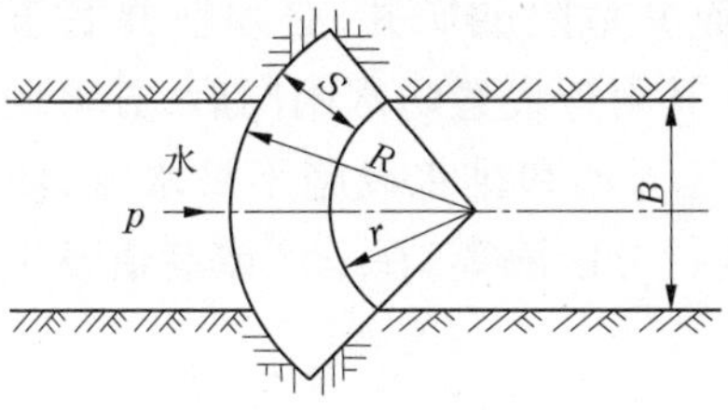

S—防水墙厚;R—防水墙外半径;r—防水墙内半径;p—最大水压;B—巷道宽

图 10-16　圆柱形防水墙

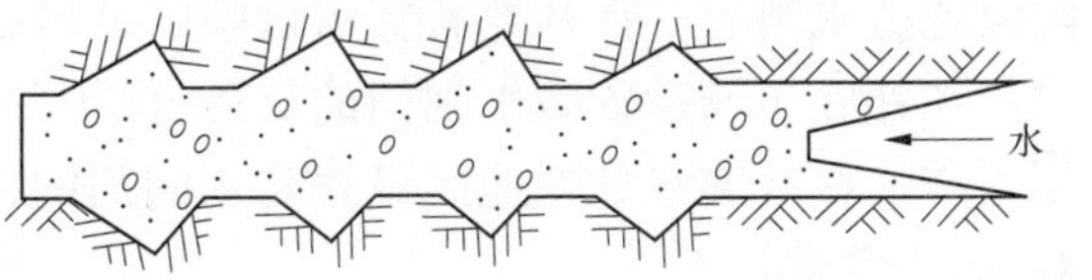

图 10-17　多段形防水墙

平面形防水墙虽抗压能力较低些,但构造简单,施工容易。煤矿常采用平面形砖砌防水墙,并用水泥抹面。圆柱形或球面形防水墙虽抗压能力较强,但修建施工困难。当水压特别大时,可采用多段形防水墙。

防水墙的厚度,可按最大水压、围岩和构筑材料的允许强度进行计算。平面形防水墙厚度一般不小于巷道宽度的一半。

2. 防水闸门

防水闸门类似风门,设置在发生突水时需要堵截而平时需要行人和通车的巷道中。它是防止水灾的重要工程,不少矿井就是靠防水闸门避免了淹井事故的发生。

1)防水闸门的结构

如图 10-18 所示,防水闸门是由混凝土墙垛、门扇、放水管、放气管和压力表等组成的。门框的尺寸大小应满足运输方面的要求,一般宽为 0.9 ~ 1.0 m 以上,高为 1.8 ~ 2.0 m。门扇视具体情况采用单扇或双扇。门扇亦有单层与双层之别,根据需要选用。门扇一般是平面形的,当水压超过 2 452 ~ 2 942 kPa 时,可采用球面形门扇,以增加其抗压能力。

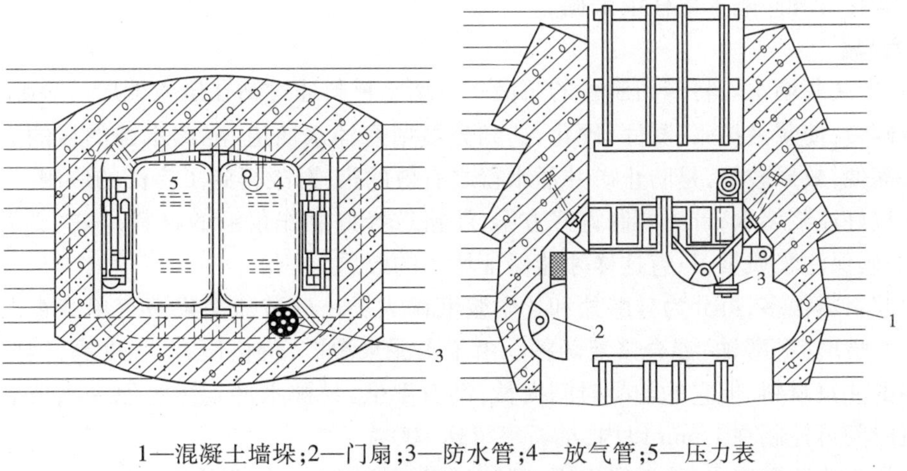

1—混凝土墙垛;2—门扇;3—防水管;4—放气管;5—压力表

图 10-18　防水闸门

2）防水闸门的设置地点及目的

《安全规程》规定：水文地质条件复杂或有突水淹井危险的矿井，必须在井底车场周围设置防水闸门。在其他有突水危险的地区，只有在其附近设置防水闸门后，方可掘进。

在井底车场设置防水闸门的目的：保护井筒、井底车场和排水设施不被水淹，便于恢复生产。在有突水危险地区设置防水闸门的目的：进行分区隔离，在采区或巷道发生突水时，阻止灾情扩大。

3）防水闸门的维护与管理

《安全规程》规定：防水闸门必须灵活可靠，并保证每年进行 2 次关闭试验，其中 1 次应在雨季前进行，关闭闸门所用的工具和零配件必须由专人保管，专门地点存放，不得挪用、丢失。

3. 防水煤（岩）柱

对于井上下的各种水源，在一般情况下都应尽量疏干或堵塞其入井通道，彻底解除水的威胁，但这样做有时是不合理或不可能的，因此采取留设一定宽度防水煤（岩）柱的方法来截住水源。

一般在下列情况下需留防水煤（岩）柱：

（1）相邻矿井的分界处，必须留有防水煤柱。矿井以断层分界时，必须在断层两侧留有防水煤柱。

（2）井田内有与河流、湖泊、溶洞、含水层等有水力联系的导水断层、裂隙（带）、陷落柱时，必须找出其确切位置，并按规定留设防水煤（岩）柱。

防水煤柱的尺寸，应根据相邻矿井的地质构造、水文地质条件、煤层赋存条件、围岩性质、开采方法以及岩层移动规律等因素，在矿井设计中规定。总的原则是：既能抵抗水的压力，确保安全生产，又能尽量减少煤炭损失。目前在煤矿生产中主要采用经验比拟法和分析计算法来确定煤柱尺寸。已留设的防水煤柱需要变动时，必须重新编制设计，报省级煤炭管理部门审批。

严禁在各种防隔水煤柱中采掘。

（六）堵

堵，即注浆堵水。将专门制备的浆液——堵水材料通过钻孔压入地层的裂隙、溶洞或断层破碎带，使浆液扩张、凝固、硬化，达到充填堵塞涌水通道、隔离水源的目的。注浆堵水方法简便，效果较好，是防止矿井涌水行之有效的措施，故得到了广泛的应用。

要搞好注浆堵水，首先要制订好方案，严格选择好制作浆液的材料；其次要掌握好注浆工艺，确保注浆质量，只有这样才能保证堵水的效果。

注浆材料很多，可分为硅酸盐和化学浆液两大类。硅酸盐类浆液有单纯水泥浆液和水泥 + 水玻璃（硅酸钠）混合浆液两种。由于水泥来源广、价格便宜、强度高，因此成为应用最多的注浆材料，但它的初凝时间太长，结石率低，易被水冲走。水泥 + 水玻璃混合浆液初凝时间可控制在 1 min 以内，结石率可达 100%。

化学类浆液黏度小，渗透能力强，凝胶时间可控制在几秒到几十分钟以内。目前国内外用得较多的是丙凝 MG646、MS－10 树脂和 AF－3 甲醛丙酮等。

单元四 矿井透水事故的处理

【学习目标】

1. 掌握矿井透水事故发生的预兆。
2. 掌握矿井透水事故处理的方法及措施。
3. 学习恢复被淹井巷的方法及措施。

【导入】

透水事故是指矿井建设和生产过程中,由于防治水措施不到位而导致地表水和地下水通过裂隙、断层、塌陷区等各种通道无控制地涌入矿井工作面,造成作业人员伤亡或财产损失的水灾事故,通常也称为透水。

【正文】

一、透水预兆及应采取的措施

实践证明,采掘工作面发生透水之前一般都有预兆。作为企业职工,特别是井下工作人员,熟悉和掌握这些预兆,对即将或可能发生透水事故时及时采取对策、保证人员安全撤离险区有着重要意义。我国广大工人在与水灾进行的长期实践斗争中,总结归纳出了许多透水预兆。

(一)透水预兆

(1)煤壁"挂汗"。具有一定压力的积水透过煤岩体的细微裂隙而在采掘面煤岩上凝聚成水珠的现象,称为"挂汗"。透水预兆中的"挂汗"与其他原因造成的"挂汗"有所不同。透水预兆中顶板"挂汗"多呈尖形水珠,有"承压欲滴"之势;自然预兆中的"挂汗"为蒸汽凝结于煤岩壁所致,多为平形水珠。另外,井下空气中的水分遇到低温的煤岩体时,也可能聚结成水珠。区别"挂汗"现象是否为透水预兆的方法是剥离一层煤壁面,仔细观察所暴露的煤壁面上是否潮湿,若潮湿则是透水预兆。

(2)煤壁"挂红"。当积水中含有铁的氧化物时,上述煤岩壁上所挂之"汗"呈暗红色(铁锈使水色变得暗红),故称为"挂红"。

(3)空气变冷,煤壁发凉。水的热导率比煤岩体大,所以采掘面接近积水区域时,空气温度会骤然下降、变冷,人进入后有凉爽、阴冷之感。煤岩体的含水量增大时,其热导率增大,所以用手摸煤岩壁有发凉的感觉。

(4)出现雾气。当采掘面气温较高时,从煤壁渗出的积水就会被蒸发而形成雾气。

(5)发出水叫声。含水层或积水区内的高压水在向煤壁裂隙挤压时,与煤壁摩擦会发出"嘶嘶"叫声,有时能听到空洞泄水声,这是透水的危险征兆,若是煤巷掘进,透水即将发生。

(6)淋水加大,顶板来压,底板鼓起或产生裂隙并出现渗水。

(7)出现压力水流(或称水线)。这表明离水源已较近,应密切注视水流情况。若出水浑浊,说明水源很近;若出水清净则水源尚远。

(8)工作面有害气体增加。这是因为积水区常常有瓦斯、二氧化碳、硫化氢等有害气体逸散出来的缘故。

(9)煤层发潮、发暗。原本干燥、光亮的煤层内有水的渗入,就变得潮湿、暗淡。如果挖去表面一层,里面仍然如此,就说明附近有积水。

(二) 采掘工作面出现透水预兆时应采取的措施

《安全规程》规定:采掘工作面或其他地点发现有"挂红""挂汗"、空气变冷、出现雾气、水叫、顶板淋水加大、顶板来压、底板鼓起或产生裂隙出现渗水、水色发挥、有臭味等突水预兆时,必须停止作业,采取措施,立即报告矿调度室,发出警报,撤出所有受水威胁地点的人员。

二、透水时的措施

(一)透水现场人员的行动原则

当矿井中某地点发生透水时,现场人员一定要发扬临危不惧的精神,沉着镇静、果断有序地采取有效措施妥善处理,具体要求如下:

(1)立即报告矿调度室或矿井领导人。

(2)设法堵住出水点。在班、组长或者工人的指挥下,尽量就地取材加固工作面(如打木垛和堆集支柱等),设法堵住出水点,防止事故继续扩大。

(3)迅速撤离险区。如果水势太猛,无法堵住出水点,也来不及加固工作面,则应有组织地沿着预定的避灾路线迅速撤至上一水平面或地面,切莫惊慌失措误入独头下山巷道,撤离过程中,当发现有硫化氢等有害气体逸出时,要注意防止中毒。

(4)避难待救。井下人员万一来不及撤至安全地点时,可找一独头上山,暂时避难待救。被困待救人员应保持镇静,避免体力过度消耗。如果是多人遇难,应发扬团结互助精神,共同克服一切困难,要坚信组织上一定会设法营救,坚信一定能够安全脱险。

(二)抢救措施

矿调度室和矿井领导人接到透水报告后,应迅速采取下列抢救措施:

(1)立即报告上级有关部门。

(2)通知矿山救护队做好抢险救灾准备,到达指定位置,随时调用营救遇难人员。

(3)准确核查井下工作人员,如发现有人被堵于井下,首先应制定营救措施,及时组织力量,抢救遇难人员。为此,要判断人员可能的躲避地点,根据涌水量和排水能力,估计排水所需时间。当判断有人被堵在高于积水面的独头上山巷道内时,必要时可通过地面钻孔向井下输送食物等。

(4)关闭有关的防水闸门,开动全部排水设备,调动一切人力、物力,争取在最短的时间内排出积水。在关闭防水闸门时,必须清查人员是否全部撤出。对尚未关闭但涌水量增大、水面升高时需要关闭的防水闸门,要派专人看守闸门是否灵活、严密;清理淤碴,拆除短节轨道,做好准备,待命关闭。

(5)立即通知泵房人员,将水仓的水位降到最低程度,以争取较长的缓冲时间。

(6)加强通风,排出透水带来的有害气体,并经常检查其浓度变化情况。

(7)地质人员应分析判断突水来源和最大突水量,测量涌水量及其变化,察看水井及地表水体的水位变化,判断突水量的发展趋势,采取必要的措施,防止淹没整个矿井。

(8)检查维护所有排水设施和输电线路，了解水仓现有容量。如果水中挟带大量泥沙和浮煤，应在水仓进口处的大巷内分段建筑临时挡墙，使其沉淀，减少水仓淤塞。若水泵龙头被堵塞，应组织人员下水清除龙头上的杂物。

(9)根据涌水的发展趋势，及时通知受涌水威胁区域的人员，乃至井下所有人员迅速向安全地点转移，直至安全出井。

三、恢复被淹井巷

(一)排除被淹井巷积水的方法

恢复被淹井巷的工作大致包括查清水源、堵水、排水、初整巷道、逐段恢复通风以及进一步整修巷道和恢复生产等内容。其主要工作首先是排除积水。为了有效地排除被淹井巷中的积水，必须对水源、水量及涌水通道进行周密的调查研究，然后采取相应的措施。

排除被淹井巷中积水的方法有以下两种。

1. 直接排干法

在水量不大、补给水源有限的情况下，可采取增加排水设备、加大排水能力的方法，直接将被淹井巷中的积水排干。

2. 先堵后排法

当涌水的动储量特别大，补给水源丰富，单纯采用加大排水能力的方法仍不可能排干时，则必须采取先堵住涌水通路，截断补给水源，然后进行排水的措施。

(二)恢复被淹井巷的注意事项

(1)保持良好通风，经常检查有害气体含量。随着水位的下降，积存在被淹井巷中的有害气体 CO_2、H_2S、CH_4 等可能大量泄出。因此，应事先准备好通风设备，随着排水工作的进行，保持良好通风，逐段排出有害气体。

(2)严禁在井筒内和井口附近使用明火，以防井下瓦斯突然大量涌出而引起爆炸。

(3)在井筒内安装排水管或进行其他工作的人员都必须佩戴安全带和自救器。

(4)在修复井巷时，应特别注意防止发生冒顶与坠井事故。

复习思考题

10-1 矿井主要充水水源有哪些?

10-2 简述发生矿井水灾的原因及危害。

10-3 简述地面防治水的主要措施。

10-4 简述井下防治水的主要措施。

10-5 简述井下不同水源的疏放方法。

10-6 防水闸门位置的选择应注意哪些问题?

10-7 简述建筑防水墙时的注意事项。

10-8 矿井突水征兆有哪些?

10-9 简述透水时现场人员的行动原则和抢救措施。

10-10 简述恢复被淹井巷的方法以及恢复被淹井巷时应采取的措施。

项目十一 矿 尘

矿尘是矿山在生产和建设过程中产生的各种煤、矿石及岩石细微颗粒,也称为粉尘。悬浮于空气中的矿尘称为浮(飘)尘;沉降在地面、器物表面及井巷四壁的粉尘称为落尘。

矿尘的粒径用 μm 计量,代表矿尘颗粒的大小。由于矿尘形状不规则,不能直接用直径表示,一般采用当量直径表示,且根据测定方法和目的来确定。矿山多用投影定向直径(显微镜测定尘粒)代表矿尘的粒径。还有一种空气动力学直径,是指与被测粒子在静止空气中具有相同终末沉降速度、密度为 1.0 g/cm^3 的球的直径。

直径 <0.25 μm 为超细尘,0.25 ~ 10 μm 为微尘,10 ~ 40 μm 为细尘, >40 μm 为粗尘。粉尘,通常是≤75 μm 的固体粒子。煤尘则是 1 ~ 100 μm 的煤粒。

单元一 矿尘性质及危害

【学习目标】

1. 了解矿尘的主要性质。
2. 了解矿尘对矿山职工、机械设备及生产的危害。

【导入】

矿尘对人体健康和安全生产危害极大,因此我们必须了解矿尘的主要性质,了解矿尘影响人体健康和对生产造成危害的机制。

【正文】

一、矿尘性质

粉尘的性质是指粉尘的物理化学特性,主要包括粒度、分散度、爆炸性、可燃性、荷电性、湿润性、黏性、流动性、磨损性、放射性、扩散性、光学特性和化学组分等。

(一)粉尘的粒度

粉尘的粒度是指粉尘颗粒的大小,又称为粒径。因粉尘的形状不规则,一般用尘粒的平均直径或其投影定向直径来表示粒度,通常用 μm 计量。一般来说,粉尘的粒度越小,危害性越大。粒度小于 5 μm 的呼吸性粉尘易被人体吸入细支气管和肺泡里引起尘肺病。

(二)粉尘的分散度

分散度是指物质破碎的程度,通常所说的粉尘分散度是指某粒级的粉尘量与粉尘总量的百分比。矿井生产过程中产生的粉尘,小于 5 μm 的一般占 80% 左右。湿式作业情况下,粉尘总量减少,分散度却增加了,个别场合小于 5 μm 的尘粒可达 90% 以上。粉尘的分散度越高,危害性越大,而且越难捕获。所以,在制定防尘措施时,必须考虑粉尘的分散度，以收到最佳效果。

（三）粉尘中游离二氧化硅（SiO_2）含量

二氧化硅是地壳内最常见的氧化物，它以两种状态存在：一种是结合状态的二氧化硅，即硅酸盐矿物，危害性不大；另一种是游离状态的二氧化硅，是粉尘危害人体的决定因素，其含量越高，危害性越大。

煤矿生产过程中产生粉尘一般都不伴有化学变化，因此飘浮于空气中的粉尘的化学成分与其来源物料的化学成分基本相同，在工程上常把煤炭、岩石粉尘的化学成分与煤炭、岩石的化学成分同等对待。

（四）粉尘的湿润性

粉尘的湿润性是指尘粒与水分子的亲和能力，亦称吸湿性、浸润性。根据湿润性，可将粉尘分为亲水性粉尘（易湿润的粉尘）和疏水性粉尘（不易湿润的粉尘）。湿式除尘就是利用粉尘的湿润性从空气中分离（易湿润的）粉尘的。

煤矿中的岩尘一般为亲水性粉尘，煤尘为疏水性粉尘。通常采取提高尘粒与水滴的相对运动速度、降低水的表面张力等方法来提高湿润效果。湿润后的粉尘质量增加，同时粒子间相互碰撞时容易凝聚在一起形成较大的尘粒，从而加快了沉降速度。井下使用喷雾装置就是利用粉尘的这种性质捕捉粉尘的。

在除尘技术中，粉尘的湿润性是选用除尘设备的主要依据之一。为了加强液体（水）对粉尘的浸润，往往需要加入某些湿润剂，以减少固、液体之间的表面张力，增加粉尘的亲水性，提高降尘效果。

（五）煤尘的燃烧性与爆炸性

具有爆炸性的煤尘悬浮在空气中并达到一定浓度时，在引爆热源的作用下能发生燃烧和爆炸。

二、矿尘危害

（1）引起职业病，危害人体健康。

人体肺部长期吸入大量的粉尘，就会导致尘肺病。尘肺病是目前对煤矿职工身体健康危害最大的一种职业病，一旦患病，凭现阶段的医学水平还很难根治。又因其发病缓慢，往往容易被人们忽视，因此造成更严重的后果。

（2）具有爆炸性的煤尘，在一定条件下能发生爆炸。

煤尘爆炸将给矿井造成严重灾害：产生高温、高压，生成大量有毒有害气体，破坏井巷，毁坏设备，伤亡人员，甚至导致整个矿井的毁灭，严重威胁矿井的安全生产和人员的生命安全。

（3）加速机械磨损，缩短精密仪器的使用寿命。

随着矿山机械化、电气化、自动化程度的提高，粉尘对设备性能及其使用寿命的影响将会越来越突出，应引起高度重视。

（4）降低作业场所能见度，增加工伤事故的发生。

一些综采工作面在割煤时，粉尘浓度高达 4 000 ~ 8 000 mg/m^3，有的甚至更高，使得工作面的能见度极低，往往会导致误操作或不能及时发现事故隐患，增加了发生人身事故的可能性。

此外,皮肤上沾染粉尘,能阻塞毛孔,引起皮肤病或皮肤发炎;粉尘刺激眼膜,能引起角膜炎,造成视力减退;粉尘吸入人体后,刺激呼吸系统,引起上呼吸道发炎等。

单元二　尘肺病预防

【学习目标】

1. 了解尘肺病的发病机制及其危害。
2. 了解影响尘肺病的主要因素。
3. 掌握矿尘的测定方法。
4. 掌握防止尘肺病的方法。

【导入】

了解矿山尘肺病的发病机制及其影响因素;熟悉矿尘的测定方法、步骤等知识,以及有效防范尘肺病的方法。

【正文】

一、尘肺病的发病机制

矿尘中的石英(游离 SiO_2)尘是硅肺病的主要原因,但是石英如何在肺内引起纤维化,还不完全清楚。在上呼吸道的咽喉、气管内,大于 10 μm 的尘粒沉降,经鼻腔和气管黏膜的分泌物黏结,排出体外。在上呼吸道的较大支气管内,有 5 ~ 10 μm 的尘粒沉积,经支气管的纤毛运动,咳嗽随痰排出体外。因此,5 μm 以下的尘粒是引起尘肺病的有害部分。在下呼吸道的细小支气管内,由于支气管增多,气流速度减慢,使部分 2 ~ 5 μm 的尘粒沉积下来,通过纤毛运动逐级排出体外。2 μm 的尘粒进入呼吸性支气管和肺内,大部分随呼出气体排出人体,极小部分残留在肺内,危害最大。残留在肺内的尘,被吞噬细胞吞噬后,因 SiO_2 表面活性强而使吞噬细胞死亡,堆积在肺内,肺泡纤维化,出现病变,逐步失去弹性而硬化,无法担负呼吸作用,降低了人的抵抗力,诱发肺结核、肺心病等,从而形成硅肺病。

二、影响尘肺病的因素

(1)矿尘的成分。其中 SiO_2 含量尤其重要。

(2)粒径。粒径为 1 μm,有 100% 的危害;粒径为 5 μm,有 50% 的危害;粒径为 7 μm,无危害。其中,粒径为 2 μm 危害最大。尘肺死亡者肺部观察,粒径为 2 μm 的尘沉积占了 80% 以上。

(3)矿尘浓度。矿尘浓度分全尘浓度和呼吸性尘浓度两种,单位为 mg/m^3。呼吸性尘浓度高,则危害大。

三、矿尘测定

矿尘测定包括矿尘浓度、分散度和矿尘内 SiO_2 量的测定。

(1)浓度测定。滤膜测尘最常用,如图 11-1 所示的滤膜测尘采样系统,适用于无瓦斯的矿井。采样头如图 11-2 所示,滤膜安装如图 11-3 和图 11-4 所示。根据滤膜前后的质量差和采样时通过的空气量,即可计算测点的矿尘浓度。

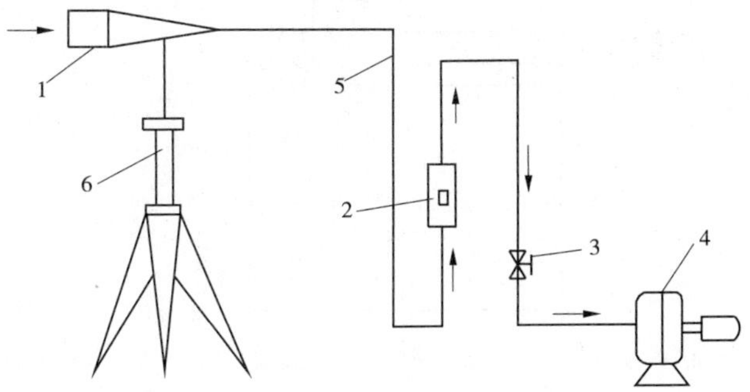

1—采样头;2—流量计;3—流量控制阀;4—电动风机;5—胶管;6—三脚架

图 11-1 滤膜测尘采样系统

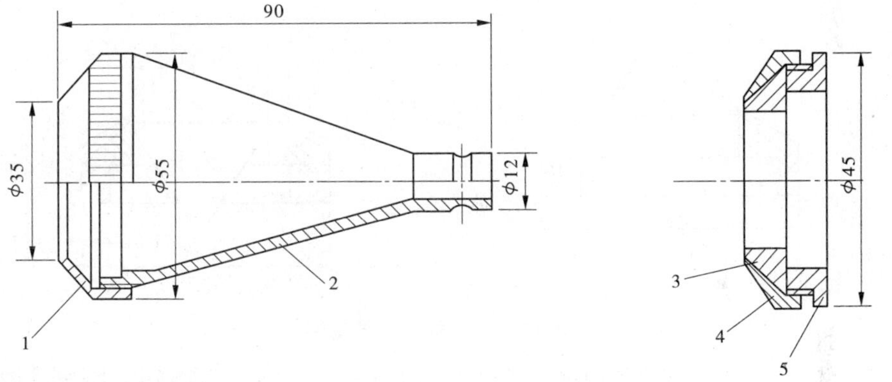

1—漏斗顶盖;2—漏斗;3—锥形环;4—固定盖;5—底座

图 11-2 采样头

在瓦斯矿,可用本安型的 BFC-1 型便携式高浓度测尘仪直接测定。其矿尘内的呼吸性尘,可用 AZF-01 或 AZF-02(本安型)采样。

(2)分散度测定。将测尘结束的滤膜制成片,在显微镜下数,得到各种粒径的比例。如果使用 CC1 型粉尘粒度—浓度测定仪,则浓度和分散度均同时测定。CCGZ-1000 型直读式测尘仪,为本安型,可直接测到全尘浓度和呼吸性尘浓度。

(3)SiO_2量测定。粉尘中,常见的硅酸盐、碳酸盐和金属氧化物等溶于加热的焦磷酸,而游离 SiO_2几乎不溶,过滤后便得到 SiO_2量。

四、防止尘肺病

实践证明,只要长期坚持综合防尘,就可有效降低尘肺病的发生概率。矿山总结出的包括技术与组织措施的综合防尘措施,其基本内容是:通风除尘;湿式作业,密闭尘源与净

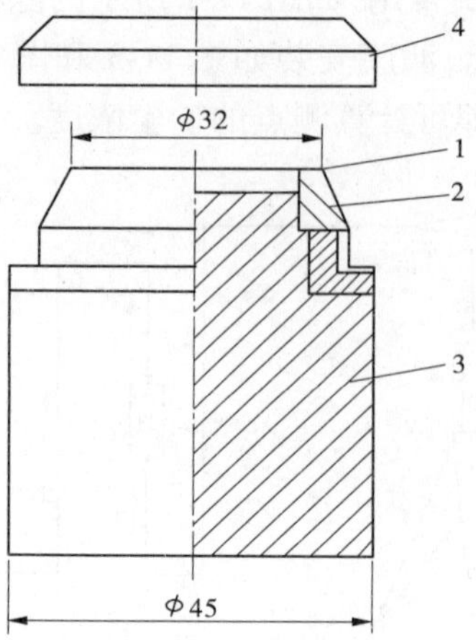

1—滤膜;2—锥形环;3—装样柱;4—顶盖

图 11-3　小号滤膜的安装

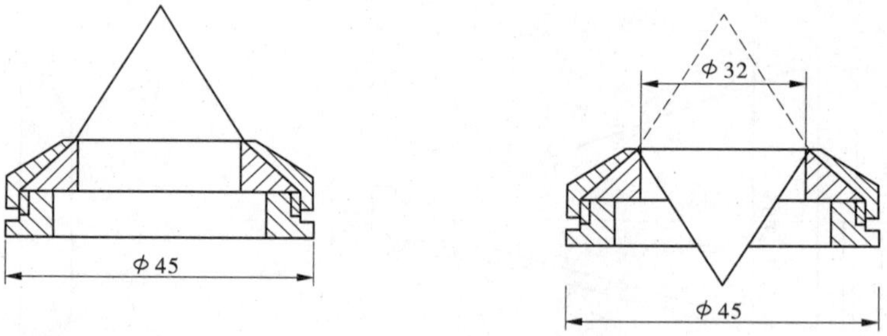

图 11-4　大号滤膜的安装

化;个体防护;改革工艺与设备以减少产尘量;科学管理,建立规章制度,加强宣传教育;定期进行测尘和健康检查。

单元三　防尘技术

【学习目标】

1. 掌握使用水防尘的方法及措施。
2. 掌握使用风防尘的方法及措施。
3. 了解其他防尘方法及措施。

【导入】

在熟悉矿井粉尘的基本知识、粉尘的危害及其机制的基础上,掌握使用不同方法有效防止矿尘的措施,掌握矿井综合防尘技术。

【正文】

一、水防尘

湿式打眼,可减少50%以上的矿尘。

喷雾洒水,主要有采掘机械外喷雾、内喷雾,运输、转载处及翻矿(煤)处喷雾等,自动喷雾净化风流。喷雾洒水除尘,简单方便,广泛应用于矿山生产过程中,其缺点是对微细尘粒的捕集效率较低。应根据生产过程中产生粉尘的不同分散度选用合适的喷雾嘴。

水封爆破,可降尘,全尘降低70%~80%,呼吸性尘降低50%~70%,爆破产生的有害气体还可减少33%~50%。

煤层注水是一种多作用效果的措施可降尘,还可降低瓦斯涌出量,防止煤与瓦斯突出(冲击地压)。

二、风排尘

最低排尘风速为0.15 m/s,而最佳排尘风速则为1.2~2.0 m/s。

三、其他排尘

干式排尘,如布袋除尘,全尘排尘效率可达99.5%,呼吸尘可达90%。物理化学降尘,如添加降尘剂降尘、泡沫除尘、磁化水除尘和粘尘剂抑尘等。个体防护,即接触粉尘人员佩戴防尘面罩、防尘帽、防尘呼吸器和防尘口罩等。

单元四　防止煤尘爆炸

【学习目标】

1. 了解矿井煤尘爆炸的条件。
2. 了解矿井煤尘爆炸的危险性。
3. 掌握防止矿井煤尘爆炸的措施。

【导入】

在熟悉煤尘爆炸的基本知识、煤尘的危害及其爆炸机制的基础上,掌握有效防止煤尘爆炸的措施。

【正文】

一、煤尘爆炸条件

(1)煤尘的爆炸危险性。煤尘是否具有爆炸危险,应由国家授权的单位进行鉴定。其鉴定方法是:大型煤尘爆炸试验巷道试验鉴定,方法较准确可靠,但试验繁杂,一般用于标准鉴定;用大管状煤尘爆炸鉴定仪鉴定,煤矿的煤尘多用这种方法鉴定其爆炸性。地质勘探报告提供的煤尘爆炸指数,是按试验煤样工业分析结果计算的可燃挥发分含量,即

$$V = \frac{V^t}{100 - A^t - W^t} \times 100\% \qquad (11\text{-}1)$$

式中 V——可燃挥发分含量(%);

V^t——煤样的挥发分含量(%);

A^t——煤样的灰分含量(%);

W^t——煤样的水分含量(%)。

煤尘爆炸指数作为评价煤尘爆炸危险性的初步评价指标,是因为有的煤尘爆炸指数虽然大于10%,但在大管状煤尘爆炸鉴定仪内测定却没有爆炸性;而有的煤尘爆炸指数小于10%,最后试验为煤尘有爆炸性。因此,煤尘爆炸指数只是参考指标。

(2)悬浮煤尘浓度。悬浮于空气中有爆炸危险的煤尘,达到一定浓度时才会爆炸,其最低和最高浓度为煤尘爆炸的下限和上限。由于煤尘爆炸受多种因素影响,爆炸上、下限的范围变化大。通常,认为煤尘爆炸的下限是30~50 g/m^3,上限为2 000 g/m^3。英国的试验结果表明,煤尘爆炸的下限为5 g/m^3。一般情况下,井下空气中有爆炸危险的煤尘是不会达到爆炸下限浓度的。如果有瓦斯等混合,爆炸下限浓度会降低。

(3)引火温度。煤尘爆炸的引火温度多为700~800 ℃,一般明火均可点爆。瓦斯爆炸点爆煤尘爆炸的情况更多,也最危险。

(4)氧浓度。若空气中氧浓度低于17%,煤尘就不会爆炸。

(5)煤尘粒径。1.0 μm以下的煤尘都可能参与爆炸,而75 μm以下的煤尘,特别是30~75 μm的煤尘爆炸威力最强。

二、煤尘爆炸的破坏性

煤尘爆炸的火焰温度,在试验巷道中测得为2 242 ℃,火焰传播速度为610~1 800 m/s。爆炸冲击波的传播速度,起始段与火焰传播速度相差较小,而随着爆炸的发展,冲击波的传播速度加快,超过火焰传播速度,可达到2 340 m/s即爆炸压力,可测到930 kPa,遇巷道有障碍物或断面突然变化,压力突然上升;对于结焦性煤(气煤、肥煤和焦煤等)尘,爆炸后会产生结焦和黏块,黏附在支架、老巷或煤壁上,可分析黏块判断煤尘是否参与爆炸;产生大量的有害气体,使CO和CO_2浓度分别达到8.15%、11.25%,O_2浓度降为1.15%;煤尘爆炸时挥发分减少,对于爆炸不产生黏块的煤尘,可据此确定煤尘是否参与爆炸。可见,煤尘爆炸后的高温、高压气流或冲击波以及有害气体,可大量伤害井下人员,破坏井下设施和设备。

三、防止煤尘爆炸

防止煤尘爆炸,可采取如下措施:

(1)减少煤尘的产生(如煤层注水)。

(2)定期清扫堆积的煤尘。

(3)防止大量扬起干燥的堆积煤尘。

(4)防止火源,特别是防止瓦斯爆炸再次引起煤尘爆炸。

(5)防止冲击波,因为通常条件下,空气中煤尘是达不到爆炸下限的煤尘,加上火源,就容易发生煤尘爆炸。

四、防止煤尘爆炸事故扩大

防止煤尘爆炸事故扩大,可采取如下措施:

(1)实行分区通风,即并联通风。

(2)完善阻隔爆设施,缺水的地区可用岩粉棚,而最佳的方式用隔爆水棚(水袋、水槽)。

项目小结

【技能训练】

粉尘浓度的测定

一、实验目的

了解评价作业场所空气中粉尘对人体健康的危害程度,研究改善防尘技术措施以及评价其效果。

二、实验要求

(1)根据《作业场所空气中粉尘测定方法》(GB 5748—85)及相关文献,确定粉尘浓度的测定方法。

(2)掌握各种仪器设备的使用方法。

三、实验仪器和设备

实验所用的仪器和设备如表 11-1 所示。

表 11-1　实验所用的仪器和设备

序号	名称	型号和规格	数量
1	粉尘采样器	D－4	1
2	滤膜	ϕ40 mm	10
3	尘云室		1
4	显微镜	XSP－13A	1
5	显微镜测微尺		1
6	扭力天平	JN－A－100	1
7	气体流量计	15～40 L/min	1
8	秒表		
9	玻璃棒		
10	物镜测微尺		
11	内盛变色硅胶		
12	干燥器		

四、实验内容及步骤

(一)粉尘浓度的测定

1. 方法和原理

测定方法采用滤膜质量浓度法。

测定原理:在电动抽气机的作用下,使一定体积的空气在一定时间内通过已知质量的滤膜,粉尘被阻留在滤膜上,然后通过测量采气量和测量滤膜上粉尘的质量,计算出粉尘的浓度。

2. 测定步骤

(1)滤膜的准备。用镊子取下滤膜两面的夹衬纸,置于天平上称量,记录初始质量,然后将滤膜装入滤膜夹,确认滤膜无褶皱或裂隙后,放入带编号的样品盒里备用。

(2)采样器的架设。取出准备好的滤膜夹,装入采样头中拧紧,采样时,滤膜的受尘面应迎向含尘气流。当迎向含尘气流无法避免飞溅的泥浆、砂砾对样品的污染时,受尘面可以侧向。

(3)采样开始的时间。在连续性产尘作业点,应在作业开始 30 min 后采样;在阵发性产尘作业点,应在工人工作时采样。

(4)采样的流量。常用流量为 15 ~40 L/min。浓度较低时,可适当加大流量,但流量应稳定。

(5)采样的持续时间。根据测尘点的粉尘估计值及滤膜上所需粉尘增量的最低值确定采样的持续时间,但一般不得小于 10 min(当粉尘浓度高于 10 mg/m^{3}时,采气量不得小于0.2 m^3;粉尘浓度低于 2 mg/m^{3}时,采气量为 0.5 ~1 m^3)。采样持续时间一般估算为

$$t \geqslant \frac{\Delta m \times 1\ 000}{CQ} \tag{11-2}$$

式中 t——采样持续时间,min;

Δm——要求的粉尘增量,mg,其质量应大于或等于 1 mg;

C——作业场所的估计粉尘浓度,mg/m^3;

Q——采样时通过滤膜的单位时间空气量,L/min。

(6)采集在滤膜上的粉尘的增量。直径为 40 mm 的滤膜上的粉尘的增量,不应小于 1 mg,但不得多于 10 mg。直径为 75 mm 的滤膜,应做成锥形漏斗进行采样,其粉尘增量不受此限制。

(7)采样后样品的处理。采样结束后,将滤膜从滤膜夹上取下,一般情况下,不需干燥处理,可直接放在天平上称量,记录质量。如果采样时现场的相对湿度在 90% 以上或有水雾存在,应将滤膜放在干燥器内干燥 2 h 后称量,并记录测定结果。称量后再放入干燥器中干燥 30 min,再次称量,当相邻两次的质量差不超过 0.1 mg 时,取其最小值。

3. 粉尘浓度计算

粉尘浓度的计算公式如下:

$$C = \frac{(m_2 - m_1) \times 1\ 000}{Qt} \tag{11-3}$$

式中 C——粉尘浓度,mg/m^3;

m_1——采样前的滤膜质量,mg;

m_2——采样后的滤膜质量,mg;

t——采样时间,min;

Q——采样时通过滤膜的单位时间空气量,L/min。

(二)粉尘分散度的测定

1. 原理

采样后的滤膜溶解于有机溶剂中,形成粉尘粒子的混悬液,制成标本,在显微镜下测定。

2. 操作步骤

(1)将采有粉尘的滤膜放在瓷坩埚或小烧杯中,用吸管吸入1~2 mL乙酸丁酯,再用玻璃棒充分搅拌,制成均匀的粉尘混悬液,立即用滴管吸取一滴,滴于载物玻片上,用另一载物玻片成45°角推片,添上标签、编号,注明采样地点及日期。

(2)镜检时如发现涂片上粉尘密集影响测定,可再加适量乙酸丁酯稀释,重新制备标本。

(3)制好的标本应保存在玻璃平皿中,避免外界粉尘的污染。

(4)在400~600倍的放大率下,用物镜测微尺校正目镜测微尺每一刻度的间距,即将物镜测微尺放在显微镜载物台上,目镜测微尺放在目镜内。在低倍镜下(物镜4×或10×),找到物镜测微尺的刻度线,将其刻度移到视野中央,然后换成测定时所需倍率,在视野中心,使物镜测微尺的任一刻度与目镜测微尺的任一刻度相重合。然后找出两尺再次重合的刻度线,分别数出两种测微尺重合部分的刻度数,计算出目镜测微尺一个刻度的间距。

(5)测定分散度时,取下物镜测微尺,将粉尘标本放在载物台上,先用低倍找到粉尘粒子,然后用400~600倍观察。用目镜测微尺无选择地依次测定粉尘粒子的大小,遇长径量长径,遇短径量短径,至少测量200个尘粒,按表11-2记录,算出百分数。

五、实验数据记录

粉尘数量和分散度的测量结果填入表11-2中。

表11-2 粉尘数量和分散度的测量结果

粒径(μm)	<2	2~5	5~10	>10
尘粒数(个)				
百分数(%)				

复习思考题

11-1 何谓矿尘?它的危害有哪些?

11-2　粉尘在人体呼吸系统内的发病机制是什么？

11-3　影响尘肺病的发病因素有哪些？如何防止尘肺病的发生？

11-4　测定矿尘的方法有哪些？

11-5　防尘技术有哪些？

11-6　何谓最低及最优排尘风速？

11-7　试述煤尘爆炸的条件及过程。

11-8　防止煤尘爆炸的措施有哪些？

参考文献

[1] 吴中立. 矿井通风与安全[M]. 徐州:中国矿业大学出版社,1989.
[2] 吕智海,王占员. 矿井火灾防治[M]. 北京:煤炭工业出版社,2011.
[3] 张国枢,谭允祯,陈开岩,等. 通风安全学[M]. 徐州:中国矿业大学出版社, 2004.
[4] 张国枢,戴广龙. 煤炭自燃理论与防治实践[M]. 北京:煤炭工业出版社,2002.
[5] 靳建伟,吕智海,常海虎,等. 煤矿安全[M]. 北京:煤炭工业出版社,2005.
[6] 国家煤矿安全监察局人事培训司. 全国煤矿安全培训统编教材[M]. 徐州:中国矿业大学出版社, 2002.
[7] 屈新安. 矿井通风与安全[M]. 北京:北京工业出版社,2007.
[8] 国家煤矿安全监察局. 煤矿安全规程[M]. 北京:煤炭工业出版社,2011.
[9] 于不凡. 煤矿瓦斯灾害防治及利用技术手册[M]. 北京:煤炭工业出版社,2000.
[10] 王永安,朱云辉. 矿井瓦斯防治[M]. 北京:煤炭工业出版社,2007.
[11] 国家煤矿安全监察局. 煤矿瓦斯防治标准汇编[M]. 北京:煤炭工业出版社,2012.
[12] 何国益. 矿井瓦斯治理实用技术[M]. 北京:煤炭工业出版社,2011.
[13] 宁延全. 瓦斯检查员[M]. 北京:煤炭工业出版社,2008.
[14] 张国枢. 矿井通风与安全[M]. 徐州:中国矿业大学出版社,2000.
[15] 浑宝炬,郭立稳. 矿井通风与除尘[M]. 北京:冶金工业出版社,2007
[16] 支学艺,何锦龙,张红婴. 矿井通风与防尘[M]. 北京:化学工业出版社,2009.
[17] 黄力波, 刘彦伟, 李志强,等. 矿井通风网络图[J]. 焦作工学院学报(自然科学版),2002, 21(1):11-14.
[18] 赵以蕙. 矿井通风与空气调节[M]. 徐州: 中国矿业大学出版社, 1990.
[19] 黄元平. 矿井通风[M]. 徐州:中国矿业大学出版社,1991.
[20] 王德明. 矿井通风与安全[M]. 徐州: 中国矿业大学出版社 2007.
[21] 王省身, 张国枢. 矿井火灾防治[M]. 徐州:中国矿业大学出版社, 1992.
[22] 刘其志,孙玉峰. 矿井通风[M]. 北京: 煤炭工业出版社 2007.